高等职业教育创新型人才培养系列教材

经济数学

主　编　王桠楠

副主编　周　渊　杨　丽

北京航空航天大学出版社

内容简介

目前，高职院校经济数学课程的课时较少，学生生源来自职高、普高和技校等，文化基础参差不齐，本书正是为适应高职院校的数学课程教学而编写的.本书淡化理论，与专业衔接，注重培养学生的数学文化素养和数学思维方式，提升计算能力，通俗易学.

本书包含6章，主要内容有常用的经济函数、极限与连续、一元函数微分学及应用、一元函数积分学及应用、线性代数初步、概率论初步.

本书可作为高职高专院校经济类、管理类的经济数学课程教材，也可作为自学经济数学的参考书.

图书在版编目(CIP)数据

经济数学 / 王椏楠主编. -- 北京 ：北京航空航天大学出版社，2022.12

ISBN 978-7-5124-3954-2

Ⅰ.①经… Ⅱ.①王… Ⅲ.①经济数学 Ⅳ.①F224.0

中国版本图书馆CIP数据核字(2022)第237311号

经济数学

主 编 王椏楠

副主编 周 渊 杨 丽

策划编辑 冯 颖 责任编辑 杨 昕 孙兴芳

*

北京航空航天大学出版社出版发行

北京市海淀区学院路37号(邮编100191) http://www.buaapress.com.cn

发行部电话：(010)82317024 传真：(010)82328026

读者信箱：goodtextbook@126.com 邮购电话：(010)82316936

北京时代华都印刷有限公司印装 各地书店经销

*

开本：787×1 092 1/16 印张：12 字数：307千字

2023年1月第1版 2023年1月第1次印刷 印数：2 000册

ISBN 978-7-5124-3954-2 定价：39.00元

前　言

21世纪以来，高职高专教育不断发展，学生的生源不断变化，为了适应高职高专教育发展的需要及应用型人才培养目标的要求，提高学生的培养质量，根据教育部制定的《高职高专教育高等数学课程教学基本要求》，依据新修订的经济类、管理类人才培养方案编写了此书. 在编写过程中我们遵循以下原则：

第一，注重对基础知识的巩固及数学学科素质的提升. 目前高职高专招生生源多元化，大部分学生来自职业中学，文化课基础薄弱. 本书注重学生对基础知识的掌握，以基础为主线，主要培养学生的学科素养.

第二，淡化理论，注重计算能力的提升. 数学本身有其完整的系统性、严密性和逻辑性，但考虑到学生素养和文化基础等因素，在本书编写过程中，对相关的数学证明和推导尽量少涉及，主要提升学生的计算能力，培养数学思维方式，为后续课程做好准备.

第三，与专业结合，强调应用功能. 职业教育发展有其必然要求，主要以培养应用型、技能型人才为主，结合经济类、管理类专业的特色，在教材编写过程中，注重教材的应用性，把常见的经济问题利用数学思维及方法来解决，使学生学会用数学思维的方式去观察、分析和解决学习中遇到的实际问题.

本书包含6章，主要内容有常用的经济函数、极限与连续、一元函数微分学及应用、一元函数积分学及应用、线性代数初步、概率论初步. 其中，由杨丽老师编写第1章和第2章，周渊老师编写第3章和第5章，王椪楠老师编写第4章和第6章并统稿.

在本书编写过程中得到了四川航天职业技术学院唐绍安教授的指导和大力帮助，北京航空航天大学出版社的相关老师提出了宝贵的意见，并提供了帮助，在此表示衷心的感谢！

最后，由于水平有限，衷心希望广大读者对书中的不足之处给予批评与指正.

编　者

2022年10月

目　　录

第 1 章　函数与常用的经济函数

函数是高等数学中最重要的基本概念之一，也是微积分学研究的主要对象；本章将复习函数的基本知识，同时引入常用的经济函数，为学好经济数学打下坚实基础.

1.1　函数的概念与性质

函数是微积分研究的对象，在中学数学中，应用"集合"与"对应"已经给出了函数的概念，并在此基础上讨论了函数的一些简单性质.这里除了重点复习中学数学的函数及其性质外，还要根据需要对函数作进一步讨论.

1.1.1　函数的概念

在观察自然界现象或技术应用的过程中，常会遇到各种不同的量，其中有的量在某个过程中不起变化，始终只取同一个数值，这种量叫作常量.

而一些量在某个过程中是变化的，也就是可以取不同的数值，这种量叫作变量.

这里考虑的问题不只是一个变量，而可能是几个变量.所要研究的问题是两个变量之间具有什么关系，包含什么性质，而函数就是用来确定变量之间对应关系的.

引例　某名牌服装店出售某名牌运动服的单价为 300 元/件.显然其销售收入如表 1.1 所列.

表 1.1　服装店销售收入

销售量/件	销售收入/元
1	300
2	600
3	900
4	1 200
…	…

对于集合 $A=\{1,2,3,4,\cdots\}$ 中的任一值，按照乘以 300 的法则，在集合 $B=\{300,600,900,\cdots\}$ 中有唯一一个值与它对应.如果用 x 表示 A 中的任一值，y 表示相对应的值，则根据乘以 300 的法则知，$y=300x$，该式反映了销量 x 与销售收入 y 之间的函数关系.一般地，有如下定义.

1. 函数的定义

定义 1　设 D 是一个实数集，如果对于 D 中的每一个数 x，变量 y 按照某种对应法则 f 总有确定的值与之对应，那么就称 y 为定义在数集 D 上的 x 的函数，记作 $y=f(x)$. x 称为自变量，y 称为函数或因变量.数集 D 称为函数的定义域.当 x 取定 x_0 时，与 x_0 对应的值称为

函数在点 x_0 处的函数值，记做 $y_0=y|_{x=x_0}=f(x_0)$. 当 x 取遍 D 中的一切实数值时，对应的函数值的集合 M 叫作函数的值域.

2. 函数的两个基本要素

函数的对应法则 f 和定义域 D 称为函数的两个基本要素，值域一般称为派生要素.

(1) 对应法则 f

例如，对于函数 $f(x)=\sin x$，由 f 确定的对应规律为 $f(\ )=\sin(\ )$.

(2) 定义域

在实际问题中，函数的定义域是根据问题的实际意义来确定的. 若抽象地研究函数，则规定函数的定义域是由使其表达式有意义的一切实数组成的集合，一般考虑以下几个方面：

① 分式函数的分母不能为零.

② 偶次根式的被开方式必须大于或等于零.

③ 对数函数的真数必须大于零.

④ 三角函数与反三角函数要符合其定义.

⑤ 如果函数表达式中含有上述几种函数，则应取各部分定义域的交集；如果是分段函数，则取其并集.

例 1 求下列函数的定义域：

(1) $y=\dfrac{1}{x}-\sqrt{1-x^2}$；　　(2) $y=\dfrac{1}{\sqrt{1-x}}+\ln(4-x^2)$.

解 (1) 由 $\begin{cases}x\neq 0\\1-x^2\geqslant 0\end{cases}$，得 $\begin{cases}x\neq 0\\-1\leqslant x\leqslant 1\end{cases}$.

因此，函数的定义域为 $[-1,0)\cup(0,1]$.

(2) 由 $\begin{cases}1-x>0\\4-x^2>0\end{cases}$，得 $\begin{cases}x<1\\-2<x<2\end{cases}$.

因此，函数的定义域为 $(-2,1)$.

由函数的定义可以看出，定义域和对应法则是确定函数的两个必不可少的要素，也就是说，如果两个函数的对应法则和定义域都相同，那么这两个函数就是相同的函数.

例 2 判定下列函数是否相同：

(1) $f(x)=2\ln x$ 与 $f(x)=\ln x^2$；　　(2) $f(x)=1-x$ 与 $f(x)=\sqrt{(1-x)^2}$.

解 (1) 不相同，因为 $f(x)=2\ln x$ 的定义域为 $x>0$，$f(x)=\ln x^2$ 的定义域为 $x\in\mathbf{R}$ 且 $x\neq 0$.

(2) 不相同，因为 $f(x)=1-x$ 的值域为 $\mathbf{R}$，$f(x)=\sqrt{(1-x)^2}$ 的值域为 $[0,+\infty)$.

3. 函数与函数值的记号

y 是 x 的函数，可记为 $y=f(x)$. 但在同一个问题中，如需要讨论几个不同的函数，就要用不同的函数记号来表示，如 $y=f(x)$，$y=\phi(x)$，$y=y(x)$，$y=s(x)$ 等.

当 x 取定 x_0 时，与 x_0 对应的 y_0 值称为函数在点 x_0 处的函数值，记作 $y_0=y|_{x=x_0}=f(x_0)$.

若函数在某个区间上的每一点都有定义，则称这个函数在该区间上有定义.

例 3 设 $f(x)=\begin{cases}x^2+1, & x<0\\ \mathrm{e}^x, & 0\leqslant x<2\\ x-1, & x\geqslant 2\end{cases}$，求 $f(-2)$，$f(0)$，$f(1)$，$f(a)(a>3)$.

解　$f(-2)=(-2)^2+1=5$；

$f(0)=e^0=1$；

$f(1)=e$；

$f(a)=a-1$.

4. 函数的表示法

函数的表示方法常用的有公式法(也称解析法)、表格法(也称列表法)和图像法(也称图示法)3 种,下面举几个函数的例子.

(1) 绝对值函数

$$y=|x|=\begin{cases}x, & x\geqslant 0\\ -x, & x<0\end{cases}$$

它的定义域为$(-\infty,+\infty)$,值域为$[0,+\infty)$,如图 1.1 所示.

(2) 取整函数

$y=[x]=n$, $n\leqslant x<n+1(n=0,\pm1,\pm2,\cdots)$,如图 1.2 所示.

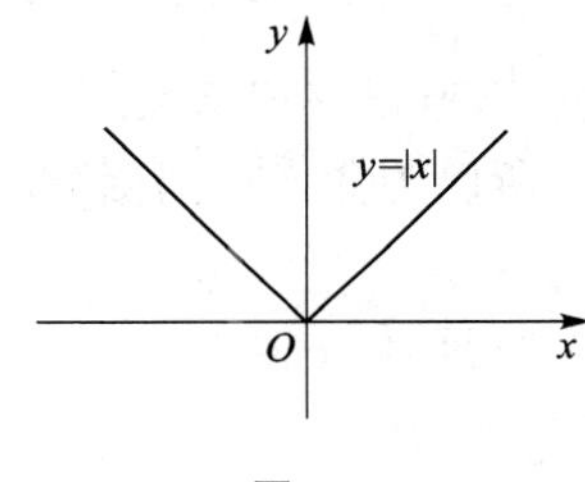

图 1.1

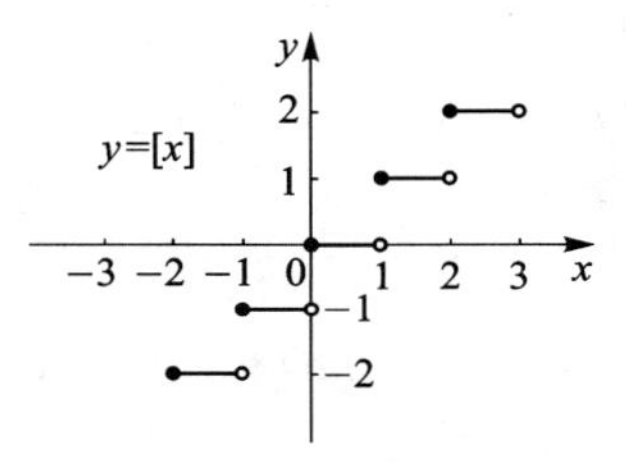

图 1.2

(3) 符号函数

$$y=\operatorname{sgn} x=\begin{cases}1, & x>0\\ 0, & x=0\\ -1, & x<0\end{cases}$$

它的定义域为$(-\infty,+\infty)$,值域为$\{-1,0,1\}$,如图 1.3 所示.

(4) 分段函数

在不同区间用不同解析式来表示的函数称为分段函数.如:

$$y=f(x)=\begin{cases}2\sqrt{x}, & 0\leqslant x\leqslant 1\\ 1+x, & x>1\end{cases}$$

它的定义域为 $D=[0,1]\cup(1,+\infty)=[0,+\infty)$,如图 1.4 所示.

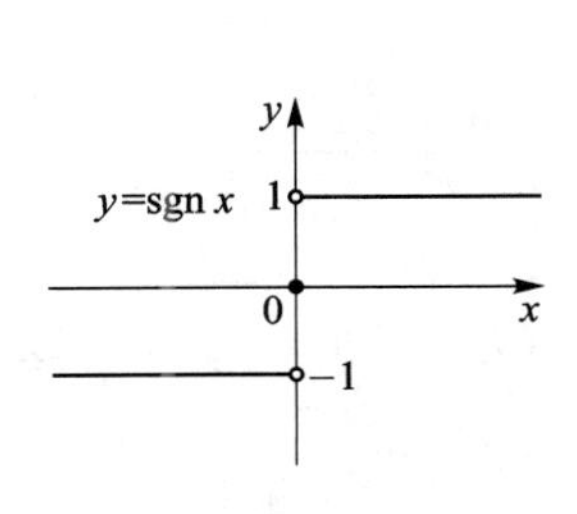

图 1.3

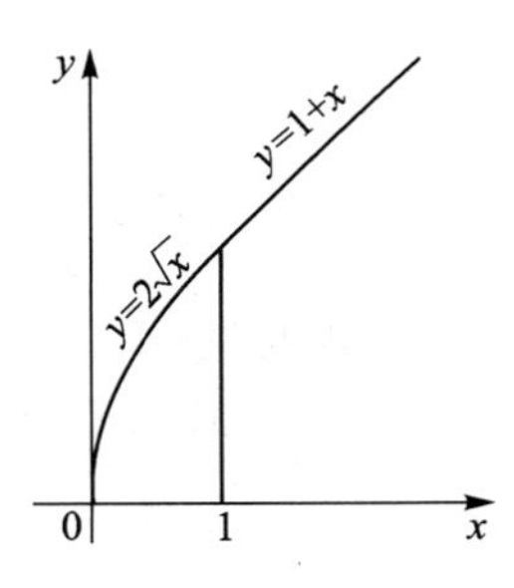

图 1.4

1.1.2 函数的性质

1. 单调(增、减)性

定义 2 如果函数 $f(x)$对定义区间 I 内的任意两点 x_1、x_2，当 $x_1<x_2$ 时，总有 $f(x_1)<f(x_2)$，则称 $f(x)$在 I 上单调增大，区间 I 称为单调增区间；若 $f(x_1)>f(x_2)$，则称 $f(x)$在 I 上单调减小，区间 I 称为单调减区间.单调增区间或单调减区间统称为单调区间.

2. 奇偶性

定义 3 如果函数 $f(x)$对关于原点对称的定义区间 I 内的任意一点 x，均有 $f(-x)=f(x)$，则称 $f(x)$为偶函数；若 $f(-x)=-f(x)$，则称 $f(x)$为奇函数.

例 4 判断函数奇偶性：

(1) $f(x)=\dfrac{\sin x}{1+\cos x}$；　　(2) $f(x)=x^2\cos x$；　　(3) $f(x)=x^2-\tan x$.

解 (1) 因为 $f(-x)=\dfrac{\sin(-x)}{1+\cos(-x)}=-\dfrac{\sin x}{1+\cos x}=-f(x)$，所以为奇函数.

(2) 因为 $f(-x)=(-x)^2\cos(-x)=x^2\cos x=f(x)$，所以为偶函数.

(3) 因为 $f(-x)=(-x)^2-\tan(-x)=x^2+\tan x$，所以为非奇非偶函数.

3. 有界性

定义 4 如果函数 $f(x)$对定义区间 I 内的任意一点 x，总有 $|f(x)|\leqslant M$，其中 M 是一个与 x 无关的常数，则称 $f(x)$在区间 I 上有界，否则称为无界.

4. 周期性

定义 5 函数 $f(x)$，若存在一个常数 $T\neq 0$，对定义区间 I 上的任意一点 x，有 $x+T\in I$，且 $f(x+T)=f(x)$，则称 $f(x)$为周期函数.通常所说的函数的周期是指其最小正周期.

习题 1.1

1. 下列各题的两个函数是否相同？为什么？

(1) $f(x)=x+1, g(x)=\sqrt[3]{(x+1)^3}$；

(2) $f(x)=\dfrac{|x|}{x}, g(x)=1$；

(3) $f(x)=\sin^2 x+\cos^2 x, g(x)=1$.

2. 求下列函数的定义域.

(1) $f(x)=\sqrt{4-x^2}$；　　(2) $f(x)=\lg(x-1)+\dfrac{1}{\sqrt{x+1}}$；

(3) $f(x)=\dfrac{1}{x-2}+\sqrt{x^2-1}$；　　(4) $f(x)=\dfrac{x+1}{\sqrt{x^2-x-2}}$.

3. 下列函数为偶函数的是(　　).

A. $f(x)=x+\sin x$　　B. $f(x)=xe^x$　　C. $f(x)=1+\cos x$　　D. $f(x)=x^2\tan x$

1.2　初等函数

1.2.1　基本初等函数

在初等数学中都学过六类函数：常数函数、幂函数、指数函数、对数函数、三角函数、反三角函数，它们统称为基本初等函数.

基本初等函数的主要性质及图像如表 1.2 所列.

表 1.2　基本初等函数的主要性质及图像

名　称	表达式	定义域	图　像	性　质
常数函数	$y=a$ （a 为常数）	$(-\infty,+\infty)$		① 有界函数； ② 偶函数
幂函数	$y=x^{\mu}$ $(\mu\neq 0)$	根据 μ 值不同，定义域不同	（第一象限图像）	图像必过点$(1,1)$，具有奇偶性（与 μ 值相关）
指数函数	$y=a^{x}$ $(a>0,a\neq 1)$	$(-\infty,+\infty)$		① 图像必过点$(1,1)$； ② 位于 x 轴上方； ③ $a>1$ 单调递增，$a<1$ 单调递减
对数函数	$y=\log_a x$ $(a>0,a\neq 1)$	$(0,+\infty)$		① 图像必过点$(1,0)$； ② 位于 x 轴正半轴； ③ $a>1$ 单调递增，$a<1$ 单调递减

续表 1.2

名称		表达式	定义域	图像	性质
三角函数	正弦函数	$y=\sin x$	$(-\infty,+\infty)$	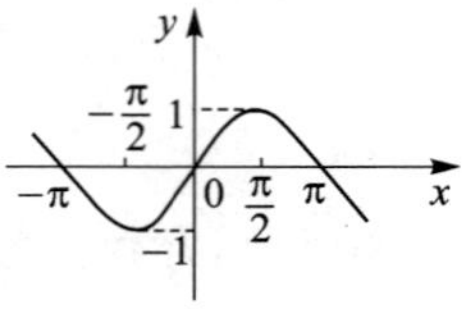 y, $-\frac{\pi}{2}$, 1, $-\pi$, 0, $\frac{\pi}{2}$, π, x, -1	① 奇函数； ② 有界函数； ③ 周期函数
	余弦函数	$y=\cos x$	$(-\infty,+\infty)$	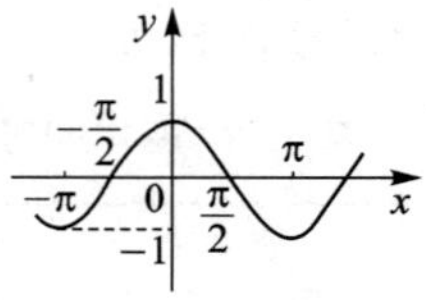 y, 1, $-\frac{\pi}{2}$, π, $-\pi$, 0, $\frac{\pi}{2}$, x, -1	① 偶函数； ② 有界函数； ③ 周期函数
	正切函数	$y=\tan x$	$x\neq k\pi+\frac{\pi}{2},k\in\mathbf{Z}$	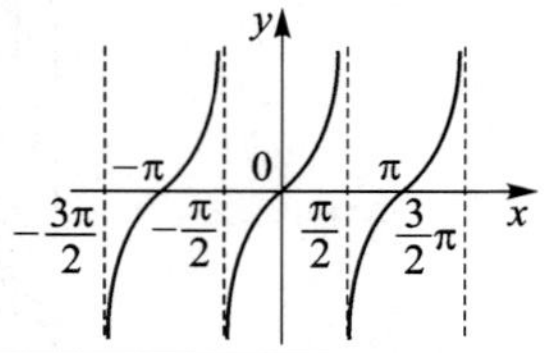 y, $-\pi$, 0, π, $-\frac{3\pi}{2}$, $-\frac{\pi}{2}$, $\frac{\pi}{2}$, $\frac{3}{2}\pi$, x	① 奇函数； ② 周期函数
	余切函数	$y=\cot x$	$x\neq k\pi,k\in\mathbf{Z}$	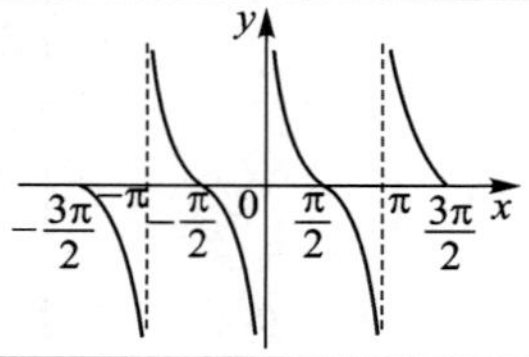 y, $-\frac{3\pi}{2}$, $-\pi$, $-\frac{\pi}{2}$, 0, $\frac{\pi}{2}$, π, $\frac{3\pi}{2}$, x	① 奇函数； ② 周期函数
反三角函数	反正弦函数	$y=\arcsin x$	$[-1,1]$	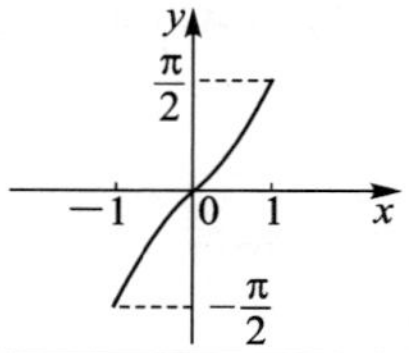 y, $\frac{\pi}{2}$, -1, 0, 1, x, $-\frac{\pi}{2}$	① 奇函数； ② 有界函数； ③ 单调增大
	反余弦函数	$y=\arccos x$	$[-1,1]$	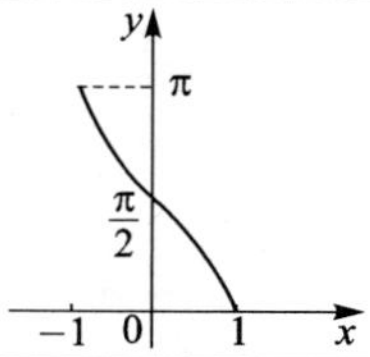 y, π, $\frac{\pi}{2}$, -1, 0, 1, x	① 有界函数； ② 单调减小
	反正切函数	$y=\arctan x$	$(-\infty,+\infty)$	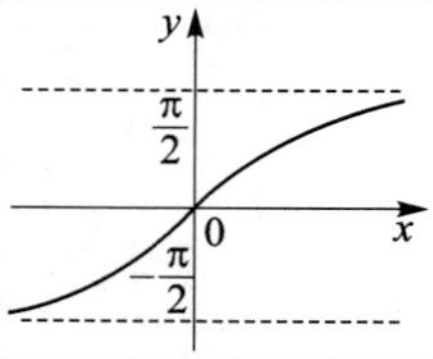 y, $\frac{\pi}{2}$, 0, x, $-\frac{\pi}{2}$	① 奇函数； ② 有界函数； ③ 单调增大
	反余切函数	$y=\operatorname{arccot} x$	$(-\infty,+\infty)$	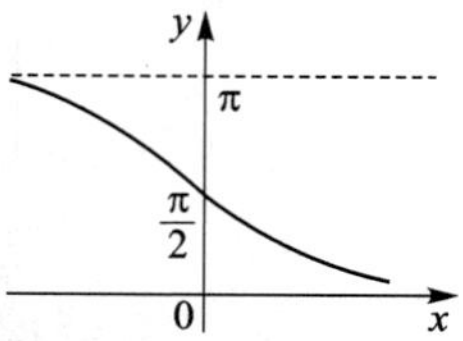 y, π, $\frac{\pi}{2}$, 0, x	① 有界函数； ② 单调减小

对于三角函数，还有两个函数需要大家掌握，分别是：

① 正割函数 $y=\sec x$，它是余弦函数的倒数，即 $\sec x=\dfrac{1}{\cos x}$，其中周期为 $T=2\pi$，为无界函数.

② 余割函数 $y=\csc x$，它是正弦函数的倒数，即 $\csc x=\dfrac{1}{\sin x}$，其中周期为 $T=2\pi$，为无界函数.

1.2.2　复合函数

定义 1　如果 y 是 u 的函数，即 $y=f(u)$，而 u 又是 x 的函数，即 $u=\varphi(x)$，且 $u=\varphi(x)$ 的值域包含在函数 $y=f(u)$ 的定义域内，那么 y（通过 u 的关系）也是 x 的函数，并称这样的函数是 $y=f(u)$ 与 $u=\varphi(x)$ 复合而成的函数，简称为复合函数，记作 $y=f[\varphi(x)]$，其中 u 称为中间变量.

复合函数的概念可以推广到多个中间变量的情形. 正确分析复合函数的构成是掌握微积分方法的关键.

例 1　指出下列函数是由哪些简单函数复合而成的？

(1) $y=\sin 2x$；　　(2) $y=\ln(x^2+1)$；

(3) $y=e^{\sin\frac{1}{x}}$；　　(4) $y=\sqrt{(\arctan x)^2+3}$.

解　(1) $y=\sin 2x$ 是由 $y=\sin u$ 与 $u=2x$ 复合而成的.

(2) $y=\ln(x^2+1)$ 是由 $y=\ln u$ 与 $u=x^2+1$ 复合而成的.

(3) $y=e^{\sin\frac{1}{x}}$ 是由 $y=e^u$、$u=\sin v$、$v=\dfrac{1}{x}$ 复合而成的.

(4) $y=\sqrt{(\arctan x)^2+3}$ 是由 $y=\sqrt{u}$、$u=v^2+3$、$v=\arctan x$ 复合而成的.

例 2　设 $f\left(\dfrac{1}{x}\right)=\dfrac{1-2x}{1+3x}$，求 $f(x)$.

解　由题意令 $\dfrac{1}{x}=t$，即 $x=\dfrac{1}{t}$，则

$$f(t)=\frac{1-2\,\dfrac{1}{t}}{1+3\,\dfrac{1}{t}}=\frac{t-2}{t+3}$$

得

$$f(x)=\frac{x-2}{x+3}$$

1.2.3　初等函数

定义 2　由基本初等函数经过有限次的四则运算和有限次的复合步骤所构成的，并用一个式子表示的函数，称为初等函数.

初等函数通常都可以用一个解析式来表示，如 $y=(x+1)\tan x$，$y=\sqrt{1+3\ln x}$，$y=e^{\sin^2 x}-3$ 等；而分段函数一般不是初等函数.

习题 1.2

1. 已知 $f(x)=x^2+1$,则 $f(2x+1)=$______.

2. 已知 $f(x+1)=\frac{1}{x^2}$,则 $f(x)=$______.

3. 指出下列函数是由哪些简单函数复合而成的.

(1) $y=\sqrt{2x+1}$；　　(2) $y=\ln^2 x$；

(3) $y=\tan \mathrm{e}^{3x}$；　　(4) $y=\sin(\ln\sqrt{x}+1)$.

1.3　常用的经济函数

函数是描述客观世界变化规律的基本数学模型,不同的变化规律需要用不同的函数模型来描述.经济函数就是用数学方法解决经济问题,找出经济变量之间的函数关系,建立数学模型.

下面介绍几种常用的经济函数.

1.3.1　需求函数与供给函数

1. 需求函数

“需求”指在一定条件下,人们愿意购买并有支付能力购买的商品量.人们对某种商品的需求由多种因素决定,如收入、商品的价格、地区、季节等.当要研究需求量 Q 与商品价格 p 之间的依赖关系时,常常把需求量的其他影响因素固定在某一常数上,这样可以把需求量 Q 看成是价格 p 的一元函数,称为需求函数,记作 $Q=Q(p)$(p 为自变量,Q 为因变量).

一般来说,降低商品的价格,需求量增加;提高商品的价格,需求量减少.因此说,需求函数为价格 p 的单调减小函数.

在经济中,常见的需求函数模型有:

① 线性函数形式 $Q=b-ap(a>0,b>0)$；

② 幂函数形式 $Q=\frac{k}{p^u}(u>0,k>0,p\neq 0)$；

③ 指数函数形式 $Q=a\mathrm{e}^{-kp}(a>0,k>0)$.

需求函数 $Q=Q(p)$的反函数就是价格函数,记作 $P=P(q)$(q 为自变量,P 为因变量).价格函数也是一个单调减小的函数,也能反映商品的需求与价格的关系.

2. 供给函数

“供给”指在一定价格条件下,生产者愿意出售并有可能提供出售的商品量.供给与需求是相对的概念,需求是对购买者而言的,供给是对生产者而言的.供给也由许多因素决定,如果略去价格 p 以外的其他影响因素,则商品的供给量 S 也是价格 p 的一元函数,称为供给函数,记作 $S=S(p)$(p 为自变量,S 为因变量).

一般来说,价格上涨,生产者愿意向市场提供更多的商品,使供给量增大;反之,价格下跌,使供给量减小.因此,供给函数为价格 p 的单调增大函数.

常见的供给函数模型有:

① 线性函数形式 $S=ap-b(a>0,b>0)$；

② 幂函数形式 $S=kp^u(u>0,k>0,p\neq 0)$；

③ 指数函数形式 $S=ae^{kp}(a>0,k>0)$.

例 1　当西红柿的收购价格为 3.0 元/kg 时，某收购站每月能收购 10 000 kg，若收购价格每千克提高 0.2 元，则收购量可增加 400 kg，求西红柿的线性供给函数.

解　设西红柿的线性供给函数为 $S=ap-b(a>0,b>0)$，由题意有

$$\begin{cases}10\,000=3a-b\\10\,400=3.2a-b\end{cases}$$

解得 $a=2\,000$，$b=4\,000$.

故所求供给函数为 $S=2\,000p-4\,000$.

3. 均衡价格与均衡商品量

如果市场上某种商品的需求量恰好等于供给量，则称该商品在市场上处于均衡状态，称为供需平衡。此时商品的价格称为均衡价格，记为 p_0，商品的需求量(或供给量)称为均衡商品量，记为 Q_0. 当市场价格高于均衡价格时，供给量大于需求量，即商品供过于求，就会导致商品价格下降；当市场价格低于均衡价格时，供给量小于需求量，即商品供不应求，就会导致商品价格上升. 总之，在货币稳定的环境中，市场上的商品价格将围绕均衡价格摆动.

例 2　已知某种商品的需求函数 $Q=100-2p$，供给函数 $S=6p-4$，求均衡价格 p_0 和均衡商品量 Q_0.

解　由供需均衡条件 $Q=S$ 可得，$100-2p=6p-4$，得 $p=13$，代入需求函数得 $Q_0=100-26=74$，所以均衡价格 $p_0=13$，均衡商品量 $Q_0=74$.

1.3.2　总成本函数、收益函数、利润函数

1. 总成本函数

某商品的成本指生产一定数量的产品所需的全部经济资源投入(劳力、原料设备等)的价格或费用的总额，可分为固定成本和变动成本两部分. 固定成本指在一定时期内不随产量 q 变化的那部分成本，如厂房、设备费等，记为 C_0；变动成本指随产量 q 变化而变化的那部分成本，如原材料费等，记为 $C_1(q)$. 于是，总成本函数的一般形式是 $C(q)=C_0+C_1(q)$，当产量 $q=0$ 时，对应的成本函数值 C_0 就是产品的固定成本值.

设 $C(q)$ 为成本函数，则称 $\overline{C}=\dfrac{C(q)}{q}$ 为平均成本函数.

例 3　某工厂生产某型号产品，固定成本为 50 万元，每当生产一台产品，其成本增加 2 万元，求：

(1) 总成本函数，平均成本函数；

(2) 当生产 1 000 台该产品时的总成本和平均成本(单位：万元).

解　(1) 设产量为 q 台，则：

总成本函数 $C(q)=C_0+C_1(q)=50+2q$；

平均成本函数 $\overline{C}=\dfrac{C(q)}{q}=\dfrac{50}{q}+2$.

(2) 当产量为 1 000 台时：

总成本为 $C(1\ 000)=50+2\times1\ 000=2\ 050$(万元)；

平均成本为 $\overline{C}(1\ 000)=\frac{50}{1\ 000}+2=2.05$(万元).

2. 收益函数和利润函数

总收益指生产者出售一定量产品所得到的全部收入，它是销售量的函数. 当产品销量为 q、价格为 p 时，收益函数的一般形式是

$$R(q)=p\cdot q$$

如果产销平衡，即产量为 q、销量也为 q 时，利润函数的一般形式是

$$L(q)=R(q)-C(q)$$

当 $L(q)>0$ 时，生产者盈利；当 $L(q)<0$ 时，生产者亏损；当 $L(q)=0$ 时，生产者盈亏平衡. 使 $L(q)=0$ 的点 q_0 称为盈亏平衡点.

例 4 已知生产某种产品的总成本函数为 $C(q)=10q+150$，每件产品的售价为16 元，求：

(1) 生产 200 件该产品时的利润；

(2) 生产该产品的盈亏平衡点.

解 (1) 由题意知，$C(q)=10q+150$，$R(q)=16q$，则利润函数为

$$L(q)=R(q)-C(q)=16q-(10q+150)=6q-150$$

故生产 200 件该产品时的利润为

$$L(200)=6\times200-150=1\ 050(\text{元})$$

(2) 由 $L(q)=0$，即 $6q-150=0$，解得 $q=25$，故盈亏平衡点为 25 件.

习题 1.3

1. 已知当某商品的售价为 70 元时，市场需求为 3.1 万件，当每件商品的售价降低 3 元时，需求将增加 0.03 万件，试求：

(1) 该商品的线性需求函数；

(2) 商品的均衡价格及销量.

2. 某厂生产的游戏机每台可卖110 元，固定成本为 7 500 元，可变成本为每台 60 元. 求：

(1) 要卖多少台游戏机厂家才可保本(无盈亏)？

(2) 如果卖掉 100 台，则厂家赢利或亏损了多少？

(3) 若要获得 1 250 元的利润，则需要卖多少台？

本章小结

本章主要复习函数的基础知识，同时引入经济函数的概念，主要内容如下.

1. 函数的概念

设 D 是一个实数集，如果对于 D 中的每一个数 x，变量 y 按照某种对应法则 f，总有确定的值与之对应，那么称 y 为定义在数集 D 上的 x 的函数. 记作 $y=f(x)$.

2. 函数的定义域

求函数的定义域主要考虑以下几个方面：

① 分式函数的分母不能为零；

② 偶次根式的被开方式必须大于或等于零；

③ 对数函数的真数必须大于零；

④ 三角函数与反三角函数要符合其定义；

⑤ 如果函数表达式中含有上述几种函数，则应取各部分定义域的交集；如果是分段函数，则取其并集.

3. 函数值

与自变量 x_0 对应的函数值 y_0 称为函数 $f(x)$ 在点 x_0 处的函数值，记作 $f(x_0)$ 或 $y|_{x=x_0}$.

4. 函数的基本性质

包括单调性、奇偶性、周期性和有界性.

5. 复合函数

如果 y 是 u 的函数，即 $y=f(u)$，而 u 又是 x 的函数，即 $u=\varphi(x)$，且 $u=\varphi(x)$ 的值域包含在函数 $y=f(u)$ 的定义域内，那么 y（通过 u 的关系）也是 x 的函数，并称这样的函数是 $y=f(u)$ 与 $u=\varphi(x)$ 复合而成的函数，简称为复合函数，记作 $y=f[\varphi(x)]$.

6. 初等函数

由基本初等函数经过有限次的四则运算和有限次的复合步骤所构成的、并用一个式子表示的函数，称为初等函数.

7. 常用的经济函数

包括需求函数、供给函数、总成本函数、收益函数和利润函数等.

数学文化一——数学王子高斯

约翰·卡尔·弗里德里希·高斯(1777 年 4 月 30 日—1855 年 2 月 23 日)，德国著名数学家、物理学家、天文学家、几何学家，毕业于 Carolinum 学院(现布伦瑞克工业大学). 他和阿基米德、牛顿被誉为有史以来最伟大的三位数学家，是近代数学奠基者之一，有“数学王子”之称.

高斯出生于布伦瑞克，家里很穷，但天赋异禀，在 10 岁的时候，用很短的时间计算出了小学老师布置的任务——对自然数从 1 到 100 的求和. 他利用等差级数的对称性，对 50 对构造成和为 101 的数列求和(1＋100，2＋99，3＋98，…)，很快得出结果为 101×50＝5 050. 高斯在 12 岁时，已经开始怀疑元素几何学中的基础证明. 他在 16 岁时，就预测在欧氏几何之外必然会产生一门完全不同的几何学，即非欧几里得几何学. 他导出了二项式定理的一般形式，将其成功运用于无穷级数，并发展了数学分析的理论.

1807 年高斯成为哥廷根大学的教授，从而有大量的时间研究数学及相关学科. 他在数论、非欧几何、代数学、复变函数、微分几何等方面都做出了杰出的贡献，同时还把数学应用到天文学、大地测量和磁学等研究中，发现了质数分布定理和最小二乘法. 他在最小二乘法基础上创立的测量平差理论的帮助下，对天体的运行轨迹进行测算，测算出了小行星谷神星的运行轨迹. 在与高斯同时代的数学家中，很少有人与他一样在各个方面都取得了成功.

同步练习题一

同步练习题 A

一、选择题

1. 函数 $f(x)=\dfrac{1}{x-3}+\sqrt{x+2}$ 的定义域是(　　).

A. $(3,+\infty)$　　B. $[-2,3)\cup(3,+\infty)$

C. $[-2,3)$　　D. $(-2,3]\cup(3,+\infty)$

2. 下列函数中不是复合函数的是(　　).

A. $y=\left(\dfrac{1}{3}\right)^x$　　B. $y=\sin(3x-2)$　　C. $y=\ln(x+3)$　　D. $y=e^{\sin x}$

3. 复合函数 $y=\tan^3(1-4x)$ 的分解过程符合要求的是(　　).

A. $y=\tan u^3, u=1-4x$　　B. $y=\tan^3 u, u=1-4x$

C. $y=u^3, u=\tan(1-4x)$　　D. $y=u^3, u=\tan v, v=1-4x$

4. 函数 $f(x)=\ln\dfrac{1-x}{1+x}$ 是(　　).

A. 奇函数　　B. 偶函数

C. 既是奇函数又是偶函数　　D. 非奇非偶函数

5. 下列是奇函数的是(　　).

A. $f(x)=\dfrac{e^x+e^{-x}}{2}$　　B. $f(x)=x+|x|$

C. $f(x)=x|x|$　　D. $f(x)=x^2+x^4$

二、填空题

1. 已知函数 $y=\sin\dfrac{2x}{1+x}$,则定义域为________.

2. 已知函数 $f(x)$ 的定义域为 $(0,4]$,则函数 $f(\sqrt{x})$ 的定义域为________.

3. 已知函数 $f(x)=e^x$,则 $f(\ln x)=$________.

4. 已知函数 $f(x)=\begin{cases}\ln x, & x>0\\ x^2, & x\leqslant 0\end{cases}$,则 $f(f(-e))=$________.

5. 函数 $y=\ln\sin 2x$ 的复合过程为________________.

三、计算题

1. 写出函数的复合过程.

(1) $y=3^{\arcsin 2x}$;　　(2) $y=\ln(\sqrt{x^2+1}+3)$;　　(3) $y=\sin e^{\frac{1}{x}}$.

2. 求函数的定义域.

(1) $y=\dfrac{1}{x-1}+\arcsin\dfrac{x}{3}$;　　(2) $y=\sqrt{\ln(x+1)}+\dfrac{1}{\sqrt{x^2+2x-3}}$.

3. 设 $f(x)=\begin{cases}e^x, & x<0\\ 1-x, & x\geqslant 0\end{cases}$,求 $f(-1), f(1), f(f(3))$.

4. 已知 $f(1+x)=x^2$，求 $f(x)$.

四、应用题

1. 某工厂在一个月内生产某产品 Q 件时，总成本费用为 $C(Q)=5Q+200$（万元），得到的总收益为 $R(Q)=10Q-0.01Q^2$（万元）. 问当一个月生产多少件产品时，所获利润最大？

2. 某厂生产产品 1 000 吨，每吨定价 130 元. 当销售量在 700 吨以内时，按原价出售；当超过 700 吨时，超过的部分需打 9 折出售. 试将销售总收益与总销售量的函数关系用数学表达式表示.

同步练习题 B

一、选择题

1. 函数 $f(x)=\dfrac{\sqrt{9-x^2}}{\ln(x+1)}$ 的定义域是（　　）.

A. $[-3,3]$　　B. $(-3,3)$　　C. $(-1,3]$　　D. $(-1,0)\cup(0,3]$

2. 下列函数中，非奇非偶的函数为（　　）.

A. $y=|x|+1$　　B. $y=\sin x+1$　　C. $y=e^{x^2}$　　D. $y=\arctan x$

3. 下列选项中，（　　）函数是相等的.

A. $f(x)=2\ln x, g(x)=\ln x^2$　　B. $f(x)=\dfrac{x}{x}, g(x)=1$

C. $f(x)=\sqrt{x^2}, g(x)=x$　　D. $f(x)=\sin^2 x+\cos^2 x, g(x)=1$

4. 函数 $f(x)=\ln|x|-\sec x$ 是（　　）.

A. 周期函数　　B. 奇函数　　C. 偶函数　　D. 有界函数

二、填空题

1. 已知函数 $f(x)=\begin{cases} e^x, & x<0 \\ 1, & x=0 \\ 1-3x, & x>0 \end{cases}$，则 $f(-1)=$________，$f(3)=$________，$f(f(0))=$________，$f(f(f(0)))=$________.

2. 函数 $y=\ln(\arccos e^{x+1})$ 的复合过程是________.

3. 函数 $y=\dfrac{\sqrt{x^2-3x-4}}{x}+\arcsin\dfrac{x}{5}$ 的定义域为________________.

4. 已知某产品的固定成本为 3 000 元，若每单位的平均成本增加 8 元，则其总成本为________________，平均成本为____________.

三、计算题

1. 写出下列函数的复合过程.

(1) $y=\sqrt[3]{1+\cos 3x}$；　　(2) $y=\ln\cos^2(\sqrt{x}+1)$.

2. 设 $f(x)=\arcsin x$，求函数 $f(-1), f(0), f\left(\dfrac{\sqrt{3}}{2}\right)$ 的值.

3. 设 $f(x)=\dfrac{1}{(x-1)^2}$，求函数 $f(f(x)), f\left(\dfrac{1}{f(x)}\right)$.

4. 设 $f\left(\dfrac{x+1}{x-1}\right)=\ln x$.

(1) 求函数 $f(x)$；

(2) 判断函数 $f(x)$的奇偶性.

四、应用题

某工厂每天生产 x 件服装的总成本为$C(x)=\frac{1}{9}x^2+x+\frac{800}{9}$(元)，该种服装独家经营，市场需求规律为 $x=75-3p$，其中 p 是服装的单价(元). 问当每天生产多少件时盈亏持平，此时每件服装的价格为多少元?

第 2 章　极限与连续

极限与连续是从初等数学向高等数学过渡非常重要的概念，是学习微积分的基础．本章将学习极限的概念、极限的运算及函数的连续性等，为进一步学习微积分奠定基础．

2.1　极限的概念

2.1.1　数列的极限

定义 1　按一定顺序排列的无穷多个数 $u_1, u_2, \cdots, u_n, \cdots$ 称为数列，简记为 $\{u_n\}$，称其中的第 n 项 u_n 为该数列的通项或一般项．

例如，数列 $1,2,3,\cdots,n,\ \cdots$，其通项 $u_n=n$，该数列可记为 $\{n\}$；

数列 $\frac{1}{2},\frac{1}{4},\frac{1}{8},\cdots,\ \frac{1}{2^n},\ \cdots$，其通项 $u_n=\frac{1}{2^n}$，该数列可记为 $\left\{\frac{1}{2^n}\right\}$．

定义 2　如果当 n 无限增大时，数列 $\{u_n\}$ 无限接近于一个确定的常数 A，则称 A 为数列 $\{u_n\}$ 的极限，也称数列 $\{u_n\}$ 收敛于 A．记为

$$\lim_{n\to\infty} u_n = A \quad \text{或} \quad \text{当 } n\to\infty \text{ 时}, u_n\to A$$

若数列 $\{u_n\}$ 没有极限，则称数列 $\{u_n\}$ 发散．

例 1　观察以下数列的极限：

(1) $u_n=\frac{1}{\sqrt{n}}$；　　(2) $u_n=\frac{n}{n+1}$；　　(3) $u_n=(-1)^n$．

解　(1) 对于数列 $u_n=\frac{1}{\sqrt{n}}$，有 $1,\frac{1}{\sqrt{2}},\frac{1}{\sqrt{3}},\frac{1}{\sqrt{4}},\frac{1}{\sqrt{5}},\cdots$，即有 $\lim\limits_{n\to\infty}\frac{1}{\sqrt{n}}=0$．

(2) 对于数列 $u_n=\frac{n}{n+1}$，有 $\frac{1}{2},\frac{2}{3},\frac{3}{4},\frac{4}{5},\frac{5}{6},\cdots$，即有 $\lim\limits_{n\to\infty}\frac{n}{n+1}=1$．

(3) 对于数列 $u_n=(-1)^n$，有 $-1,1,-1,1,-1,\cdots$，即 $\lim\limits_{n\to\infty}(-1)^n$ 不存在．

2.1.2　函数的极限

数列是一种特殊形式的函数，它是自变量为正整数的函数，比如对于数列 $u_n=\frac{1}{n}$，此时 n 为正整数，可无限增大．当 n 变为实数，即表达式变为 $f(x)=\frac{1}{x}$ 时，就可以推广出函数的极限．下面分两种情况加以讨论．

1. $x\to\infty$ 时，函数 $f(x)$ 的极限

定义 3　如果当 x 的绝对值无限增大，即 $x\to\infty$ 时，函数 $f(x)$ 无限接近于一个确定的常数 A，则称 A 为函数 $f(x)$ 当 $x\to\infty$ 时的极限．记为

$$\lim_{x\to\infty}f(x)=A \quad 或 \quad 当\ x\to\infty\ 时,f(x)\to A$$

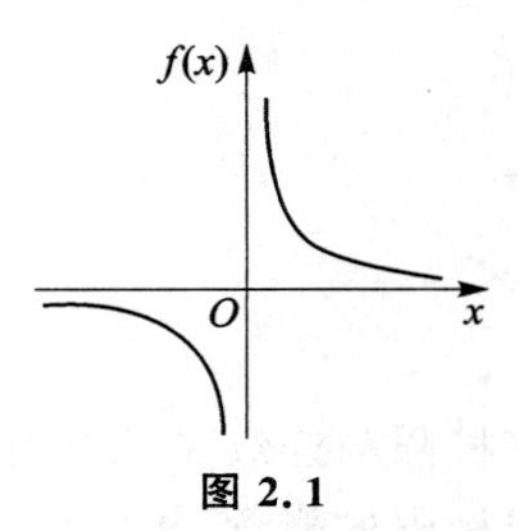

图 2.1

例 2 讨论 $f(x)=\dfrac{1}{x}$ 当 $x\to\infty$ 时的极限.

解 由图 2.1 可知,因为当 $x\to\infty$ 时,$f(x)$ 的值无限接近于 0,所以

$$\lim_{x\to\infty}f(x)=\lim_{x\to\infty}\frac{1}{x}=0$$

定义 4 如果当 $x\to+\infty$(或 $x\to-\infty$)时,函数 $f(x)$ 无限接近于一个确定的常数 A,则称 A 为函数 $f(x)$ 当 $x\to+\infty$(或 $x\to-\infty$)时的右极限(或左极限),记为

$$\lim_{x\to+\infty}f(x)=A(或\lim_{x\to-\infty}f(x)=A) \quad 或 \quad 当\ x\to+\infty(或\ x\to-\infty)\ 时,f(x)\to A$$

定理 1 $\lim\limits_{x\to\infty}f(x)=A$ 存在的充分必要条件是 $\lim\limits_{x\to-\infty}f(x)=\lim\limits_{x\to+\infty}f(x)=A$.

例 3 已知函数 $f(x)=e^x$,求 $\lim\limits_{x\to+\infty}f(x)$,$\lim\limits_{x\to-\infty}f(x)$,并讨论 $\lim\limits_{x\to\infty}f(x)$ 是否存在.

解 由题意知,$\lim\limits_{x\to+\infty}f(x)=\lim\limits_{x\to+\infty}e^x=+\infty$,$\lim\limits_{x\to-\infty}f(x)=\lim\limits_{x\to-\infty}e^x=0$.

由于 $\lim\limits_{x\to+\infty}f(x)\neq\lim\limits_{x\to-\infty}f(x)$,所以 $\lim\limits_{x\to\infty}f(x)$ 不存在.

例 4 设 $f(x)=\arctan x$,求 $\lim\limits_{x\to+\infty}f(x)$,$\lim\limits_{x\to-\infty}f(x)$,并讨论 $\lim\limits_{x\to\infty}f(x)$ 是否存在.

解 由图 2.2 可知,$\lim\limits_{x\to+\infty}\arctan x=\dfrac{\pi}{2}$,$\lim\limits_{x\to-\infty}\arctan x=-\dfrac{\pi}{2}$,所以 $\lim\limits_{x\to\infty}\arctan x$ 不存在.

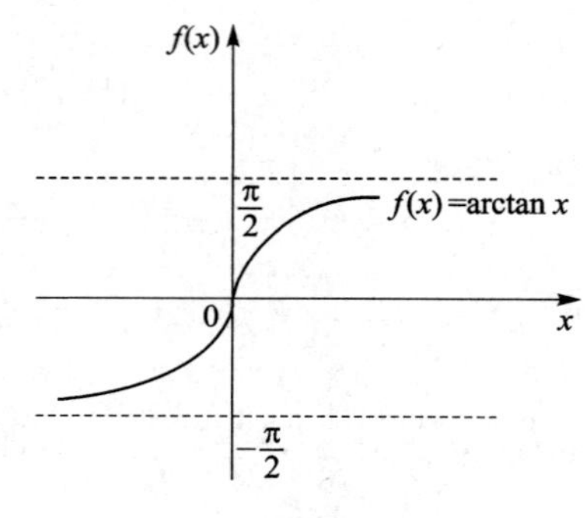

图 2.2

2. $x\to x_0$ 时,函数 $f(x)$ 的极限

定义 5 设 $f(x)$ 在 x_0 的某一去心邻域 $N(\hat{x}_0,\delta)$ 内有定义,如果 x 在 $N(\hat{x}_0,\delta)$ 内无限接近于 x_0,即当 $x\to x_0$ 时,函数 $f(x)$ 的值无限接近于一个确定的常数 A,则称 A 为函数 $f(x)$ 当 $x\to x_0$ 时的极限,记为

$$\lim_{x\to x_0}f(x)=A \quad 或 \quad 当\ x\to x_0\ 时,f(x)\to A$$

例 5 考察并写出下列极限:

(1) $\lim\limits_{x\to x_0}C$(C 为常数); (2) $\lim\limits_{x\to\frac{\pi}{2}}\sin x$;

(3) $\lim\limits_{x\to1}(x+1)$; (4) $\lim\limits_{x\to1}\dfrac{x^2-1}{x-1}$.

解 (1) 设 $f(x)=C$,因为当 $x\to x_0$ 时,$f(x)$ 的值恒等于 C,所以

$$\lim_{x \to x_0} f(x) = \lim_{x \to x_0} C = C$$

(2) 设 $f(x)=\sin x$,因为当 $x \to \frac{\pi}{2}$ 时,$\sin x$ 的值无限接近于 1,所以

$$\lim_{x \to \frac{\pi}{2}} f(x) = \lim_{x \to \frac{\pi}{2}} \sin x = 1$$

(3) 设 $f(x)=x+1$,如图 2.3 所示.因为当 $x \to 1$ 时,$f(x)$ 的值无限接近于 2,所以

$$\lim_{x \to 1} f(x) = \lim_{x \to 1}(x+1) = 2$$

(4) 设 $f(x)=\dfrac{x^2-1}{x-1}$,则

$$\lim_{x \to 1} f(x) = \lim_{x \to 1} \frac{x^2-1}{x-1} = \lim_{x \to 1} \frac{(x-1)(x+1)}{x-1} = \lim_{x \to 1}(x+1) = 2$$

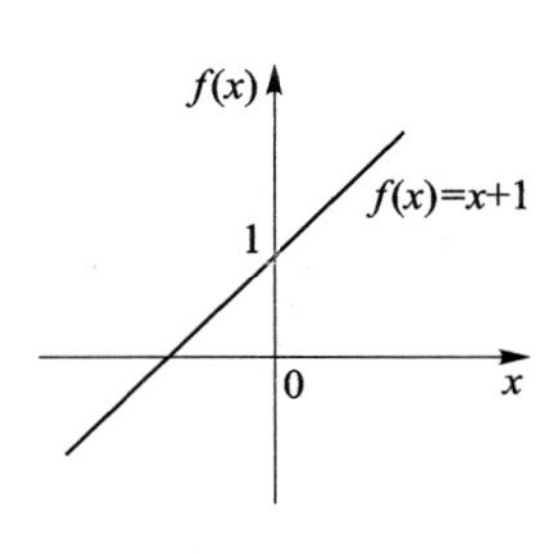

图 2.3

注　由(3)、(4)可以得出,函数的极限值与函数值无关.

定义 6　如果当 $x \to x_0^-$ 时,函数 $f(x)$ 无限接近于一个确定的常数 A,则称 A 为函数 $f(x)$ 当 $x \to x_0^-$ 时的左极限,记为

$$\lim_{x \to x_0^-} f(x) = A \quad 或 \quad 当 x \to x_0^- 时, f(x) \to A$$

如果当 $x \to x_0^+$ 时,函数 $f(x)$ 无限接近于一个确定的常数 A,则称 A 为函数 $f(x)$ 当 $x \to x_0^+$ 时的右极限,记为

$$\lim_{x \to x_0^+} f(x) = A \quad 或 \quad 当 x \to x_0^+ 时, f(x) \to A$$

定理 2　$\lim\limits_{x \to x_0} f(x)=A$ 存在的充分必要条件是 $\lim\limits_{x \to x_0^-} f(x)=\lim\limits_{x \to x_0^+} f(x)=A$.

例 6　设 $f(x)=\begin{cases} x-1, & x<0 \\ 0, & x=0 \\ x+1, & x>0 \end{cases}$,求 $\lim\limits_{x \to 0^-} f(x)$,$\lim\limits_{x \to 0^+} f(x)$,并讨论 $\lim\limits_{x \to 0} f(x)$ 是否存在.

解　由图 2.4 可知,$\lim\limits_{x \to 0^-} f(x)=\lim\limits_{x \to 0^-}(x-1)=-1$,$\lim\limits_{x \to 0^+} f(x)=\lim\limits_{x \to 0^+}(x+1)=1$,故 $\lim\limits_{x \to 0} f(x)$ 不存在.

例 7　设 $f(x)=\begin{cases} e^x, & x<0 \\ x+1, & x \geqslant 0 \end{cases}$,求 $\lim\limits_{x \to 0^-} f(x)$,$\lim\limits_{x \to 0^+} f(x)$,并讨论 $\lim\limits_{x \to 0} f(x)$ 是否存在.

解　由题意知,$\lim\limits_{x \to 0^-} f(x)=\lim\limits_{x \to 0^-} e^x=1$,$\lim\limits_{x \to 0^+} f(x)=\lim\limits_{x \to 0^+}(x+1)=1$,则

$$\lim_{x \to 0^-} f(x) = \lim_{x \to 0^+} f(x) = 1 \Rightarrow \lim_{x \to 0} f(x) = 1$$

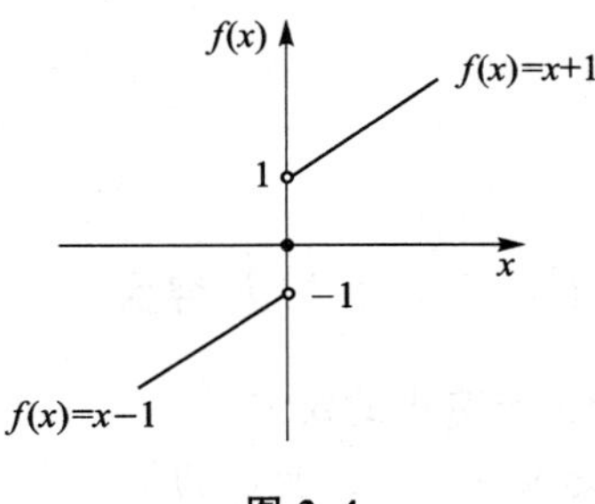

图 2.4

例 8　已知函数 $f(x)=\dfrac{|x|}{x}$,试证明 $\lim\limits_{x \to 0} f(x)$ 不存在.

证明　因为

$$\lim_{x\to0^-}f(x)=\lim_{x\to0^-}\frac{|x|}{x}=\lim_{x\to0^-}\frac{-x}{x}=-1$$

$$\lim_{x\to0^+}f(x)=\lim_{x\to0^+}\frac{|x|}{x}=\lim_{x\to0^+}\frac{x}{x}=1$$

即$\lim\limits_{x\to0^-}f(x)\neq\lim\limits_{x\to0^+}f(x)$，故$\lim\limits_{x\to0}f(x)$不存在.

习题 2.1

1. 观察数列的变化趋势，写出它们的极限.

(1) $x_n=\dfrac{n+(-1)^n}{n}$；　　(2) $x_n=\dfrac{n+1}{n+2}$；

(3) $x_n=3+\dfrac{1}{2^n}$；　　(4) $x_n=(-1)^n\dfrac{1}{n+1}$.

2. 选择题

(1) $\lim\limits_{x\to2}(3x^2-4x+1)=(\quad)$.

A. -5　　B. 2　　C. -2　　D. 5

(2) $\lim\limits_{x\to1}(1+x)^{\frac{1}{x}}=(\quad)$.

A. e　　B. $\dfrac{1}{\mathrm{e}}$　　C. 2　　D. $\dfrac{1}{2}$

(3) 当$x\to\infty$时，下列函数的极限存在的是(　　).

A. e^x　　B. $\sin x$　　C. $\dfrac{x+1}{x}$　　D. $\ln x$

3. 已知函数 $f(x)=\begin{cases}\mathrm{e}^x, & x<0\\ 2x+1, & 0\leqslant x<2\\ \dfrac{2}{x}, & x\geqslant2\end{cases}$，问极限$\lim\limits_{x\to0}f(x)$，$\lim\limits_{x\to1}f(x)$，$\lim\limits_{x\to2}f(x)$，$\lim\limits_{x\to5}f(x)$，$\lim\limits_{x\to\infty}f(x)$是否存在.

2.2 极限的运算

2.2.1 无穷小与无穷大

1. 无穷小的定义

定义 1 在自变量的某一变化过程中，极限为零的变量称为无穷小量，简称为无穷小，即若$\lim\alpha(x)=0$，则称$\alpha(x)$为x在这一变化过程中的无穷小.

例如，当$x\to0$时，函数$\sin x$是无穷小；

当$x\to\infty$时，函数$\dfrac{1}{x}$是无穷小.

注 ① 判断函数是否为无穷小必须考虑变化过程，同一个变量在不同的变化过程中，情况会不同,如当 $x\to 0$ 时,函数 $\sin x$ 是无穷小,但当 $x\to -\frac{\pi}{2}$ 时,函数 $\sin x$ 就不是无穷小;同时,函数可能在多种情况下都是无穷小,当 $x\to\pi$ 时,函数 $\sin x$ 也是无穷小.

② 无穷小是个变量(零除外),不能把很小很小的量作为无穷小,如 0.000 01 不是无穷小.零是可以作为无穷小的唯一的常数.

例 1　下列函数当自变量怎样变化时为无穷小?

(1) $f(x)=x+3$;　　　　(2) $f(x)=e^x$.

解　(1) 由于 $\lim\limits_{x\to -3}f(x)=\lim\limits_{x\to -3}(x+3)=0$,所以当 $x\to -3$ 时,函数 $f(x)=x+3$ 为无穷小.

(2) 由于 $\lim\limits_{x\to -\infty}f(x)=\lim\limits_{x\to -\infty}e^x=0$,所以当 $x\to -\infty$ 时,函数 $f(x)=e^x$ 为无穷小.

2. 无穷小的性质

性质 1　有限个无穷小的和是无穷小.

性质 2　有界函数与无穷小的乘积是无穷小.

性质 3　常数与无穷小的乘积是无穷小.

性质 4　有限个无穷小的乘积也是无穷小.

例 2　求下列函数的极限:

(1) $\lim\limits_{x\to 0}(x^2+2\sin x)$;　　　　(2) $\lim\limits_{x\to\infty}\left(\frac{1}{x}\arctan x\right)$.

解　(1) 当 $x\to 0$ 时,x^2 与 $2\sin x$ 都是无穷小,则 $\lim\limits_{x\to 0}(x^2+2\sin x)=0$.

(2) 当 $x\to\infty$ 时,$\frac{1}{x}$ 是无穷小,$\arctan x$ 是有界函数,由无穷小的性质知,$\lim\limits_{x\to\infty}\left(\frac{1}{x}\arctan x\right)=0$.

3. 无穷小与函数极限的关系

定理 1　函数 $\lim f(x)=A$ 的充分必要条件是 $f(x)=A+\alpha$(其中 $\lim\alpha=0$).

4. 无穷大的定义

定义 2　在自变量 x 的某一变化过程中,若 $f(x)$ 的绝对值无限增大,则称 $f(x)$ 为 x 在这一变化过程中的无穷大量,简称为无穷大.如果 $f(x)$(或 $-f(x)$)无限增大,则称 $f(x)$ 为 x 在这一变化过程中的正(负)无穷大.

如果一个函数 $f(x)$ 在 x 的某一变化过程中为正(负)无穷大,那么它的极限是不存在的.但为了便于描述函数的这一性态,我们也说"函数的极限为无穷大(正、负无穷大)",并记为

$$\lim f(x)=\infty\quad(\lim f(x)=+\infty,\lim f(x)=-\infty)$$

例 3　下列函数当自变量怎样变化时为无穷大?

(1) $f(x)=2^x$;　　　　(2) $f(x)=\ln x$.

解　(1) 当 $x\to +\infty$ 时,$2^x\to +\infty$,即 $\lim\limits_{x\to +\infty}2^x=+\infty$.则当 $x\to +\infty$ 时,函数 $f(x)=2^x$ 是无穷大.

(2) 由于 $\lim\limits_{x\to +\infty}f(x)=\lim\limits_{x\to +\infty}\ln x=+\infty$,即当 $x\to +\infty$ 时,函数 $f(x)=\ln x$ 是无穷大.

同时,$\lim\limits_{x\to 0^+}f(x)=\lim\limits_{x\to 0^+}\ln x=-\infty$,即当 $x\to 0^+$ 时,函数 $f(x)=\ln x$ 也是无穷大.

注　对于无穷小和无穷大,均与自变量的变化过程密切相关.若说一个函数是无穷小或无穷大,则必须指明自变量 x 的变化过程.

5. 无穷小与无穷大的关系

定理 2　在自变量的同一变化过程中,无穷大的倒数是无穷小;恒不为零的无穷小的倒数

是无穷大.

6. 无穷小的阶(无穷小的比较)

定义 3 设 α、β 都是自变量在同一变化过程中的无穷小,且 $\lim \dfrac{\beta}{\alpha}$ 也是在这个变化过程中的极限:

① 若 $\lim \dfrac{\beta}{\alpha}=0$,则称 β 是比 α 高阶的无穷小,记作 $\beta=o(\alpha)$;

② 若 $\lim \dfrac{\beta}{\alpha}=\infty$,则称 β 是比 α 低阶的无穷小;

③ 若 $\lim \dfrac{\beta}{\alpha}=C\neq 0$,则称 β 与 α 是同阶无穷小.

特别地,若 $C=1$,则称 β 与 α 是等价无穷小,记作 $\beta\sim\alpha$.

例 4 判定下列函数的阶.

(1) 当 $x\to 0$ 时,x^2+x 与 $2x$;　　(2) 当 $x\to 3$ 时,x^2-6x+9 与 $x-3$.

解 (1) 因为 $\lim\limits_{x\to 0}\dfrac{x^2+x}{2x}=\lim\limits_{x\to 0}\dfrac{x+1}{2}=\dfrac{1}{2}$,所以当 $x\to 0$ 时,x^2+x 与 $2x$ 是同阶无穷小.

(2) 因为 $\lim\limits_{x\to 3}\dfrac{x^2-6x+9}{x-3}=\lim\limits_{x\to 3}\dfrac{(x-3)^2}{x-3}=\lim\limits_{x\to 3}(x-3)=0$,所以当 $x\to 3$ 时,x^2-6x+9 是 $x-3$ 的高阶无穷小.

2.2.2 极限的性质与运算

1. 极限的性质

极限可以描述为函数的自变量在某一变化过程中,函数值无限逼近于某个确定的常数.极限具有以下性质:

性质 1(唯一性) 若 $\lim\limits_{x\to x_0} f(x)$ 存在,则极限值唯一.

性质 2(有界性) 若 $\lim\limits_{x\to x_0} f(x)$ 存在,则在 x_0 的某一去心邻域($0<|x-x_0|<\delta$,δ 为某一正数)内函数 $f(x)$ 有界.

性质 3(保号性) 若 $\lim\limits_{x\to x_0} f(x)=A$ 且 $A>0$(或 $A<0$),则必存在 x_0 的某一去心邻域,使得在该邻域内,函数 $f(x)>0$(或 $f(x)<0$).

推论 若 $\lim\limits_{x\to x_0} f(x)=A$,则在 x_0 的某一去心邻域内函数 $f(x)\geqslant 0$(或 $f(x)\leqslant 0$).

2. 极限的四则运算法则

定理 3 设在 x 的同一变化过程中,$\lim f(x)=A$,$\lim g(x)=B$(A,B 为常数),则:

① $\lim[f(x)\pm g(x)]=\lim f(x)\pm\lim g(x)=A\pm B$.

② $\lim[f(x)\cdot g(x)]=\lim f(x)\cdot\lim g(x)=A\cdot B$.

特别地,有

$$\lim[f(x)]^n=[\lim f(x)]^n=A^n$$

$$\lim Cf(x)=C\lim f(x)=CA \quad (C\text{ 为常数})$$

③ $\lim\dfrac{f(x)}{g(x)}=\dfrac{\lim f(x)}{\lim g(x)}=\dfrac{A}{B}(B\neq 0)$.

注　极限符号“lim”下若没注明自变量的变化过程，则表示 $x\to x_0$ 或 $x\to\infty$ 等情形，后同.

注意　运算法则①、②可推广到有限多个函数的情形.

例 5　求极限 $\lim\limits_{x\to 0}\left(\mathrm{e}^x\cos 2x+\dfrac{1}{1+x^2}\right)$.

解　由于当 $x\to 0$ 时，函数 $\mathrm{e}^x\cos 2x$ 与 $\dfrac{1}{1+x^2}$ 的极限都存在，故

$$\lim_{x\to 0}\left(\mathrm{e}^x\cos 2x+\frac{1}{1+x^2}\right)=\lim_{x\to 0}\mathrm{e}^x\cos 2x+\lim_{x\to 0}\frac{1}{1+x^2}=1+1=2$$

例 6　求极限 $\lim\limits_{x\to 3}\dfrac{2x+1}{x^2-2x+6}$.

解　由于当 $x\to 3$ 时，$\lim\limits_{x\to 3}(x^2-2x+6)=3^2-6+6=9\neq 0$，则

$$\lim_{x\to 3}\frac{2x+1}{x^2-2x+6}=\frac{\lim\limits_{x\to 3}(2x+1)}{\lim\limits_{x\to 3}(x^2-2x+6)}=\frac{7}{9}$$

例 7　求极限 $\lim\limits_{x\to 1}\dfrac{x-1}{x^2+2x-3}$.

解　由于当 $x\to 1$ 时，$x-1\to 0$，$x^2+2x-3\to 0$，此时为 $\dfrac{0}{0}$ 型，不能直接用四则运算法则，可以采用因式分解消去零因子法，故

$$\lim_{x\to 1}\frac{x-1}{x^2+2x-3}=\lim_{x\to 1}\frac{x-1}{(x-1)(x+3)}=\lim_{x\to 1}\frac{1}{x+3}=\frac{1}{4}$$

例 8　求极限 $\lim\limits_{x\to 2}\dfrac{x^2-4x+4}{2x^2-x-6}$.

解　此式为 $\dfrac{0}{0}$ 型，根据例 7 可以采用因式分解消去零因子法，故

$$\lim_{x\to 2}\frac{x^2-4x+4}{2x^2-x-6}=\lim_{x\to 2}\frac{(x-2)^2}{(x-2)(2x+3)}=\lim_{x\to 2}\frac{x-2}{2x+3}=0$$

例 9　求极限 $\lim\limits_{x\to 0}\dfrac{\sqrt{x+1}-1}{x}$.

解　此式为 $\dfrac{0}{0}$ 型，但无法采用因式分解消去零因子法，只能采用先分子有理化，再求极限的方法，故

$$\lim_{x\to 0}\frac{\sqrt{x+1}-1}{x}=\lim_{x\to 0}\frac{(\sqrt{x+1}-1)(\sqrt{x+1}+1)}{x(\sqrt{x+1}+1)}=\lim_{x\to 0}\frac{1}{\sqrt{x+1}+1}=\frac{1}{2}$$

注　当遇到分子、分母同时为零时，可以采用因式分解消去零因子法，也可以采用根式有理化法来解决.

例 10　求极限 $\lim\limits_{x\to\infty}\dfrac{2x^2+x-3}{3x^2+x-4}$.

解　当 $x\to\infty$ 时，分子、分母的极限均为无穷大，不能直接采用四则运算，此时先分子、分母同除以 x^2，使极限存在，再采用四则运算法则来完成. 故

$$\lim_{x\to\infty}\frac{2x^2+x-3}{3x^2+x-4}=\lim_{x\to\infty}\frac{2+\frac{1}{x}-\frac{3}{x^2}}{3+\frac{1}{x}-\frac{4}{x^2}}=$$

$$\frac{\lim\limits_{x\to\infty}\left(2+\frac{1}{x}-\frac{3}{x^2}\right)}{\lim\limits_{x\to\infty}\left(3+\frac{1}{x}-\frac{4}{x^2}\right)}=\frac{2}{3}$$

例 11 求极限$\lim\limits_{x\to\infty}\frac{x^4-x^3+4}{3x^3+4x-7}$.

解 当$x\to\infty$时,分子、分母的极限均为无穷大,不能直接采用四则运算.由于原式中分子的次数比分母高,所以有

$$\lim_{x\to\infty}\frac{3x^3+4x-7}{x^4-x^3+4}=\lim_{x\to\infty}\frac{\frac{3}{x}+\frac{4}{x^3}-\frac{7}{x^4}}{1-\frac{1}{x}+\frac{4}{x^4}}=0$$

利用无穷大与无穷小的关系,有$\lim\limits_{x\to\infty}\frac{x^4-x^3+4}{3x^3+4x-7}=\infty$.

对于$\frac{\infty}{\infty}$型,一般当$x\to\infty$且$a_0\neq0,b_0\neq0,m$、n为非负整数时,有以下结论:

$$\lim_{x\to\infty}\frac{a_0x^m+a_1x^{m-1}+\cdots+a_m}{b_0x^n+b_1x^{n-1}+\cdots+b_n}=\begin{cases}0, & m<n\\ \frac{a_0}{b_0}, & m=n\\ \infty, & m>n\end{cases}$$

例 12 求极限$\lim\limits_{x\to\infty}\frac{x^5+4x^3-8}{(3x-1)^3(x+1)^2}$.

解 当$x\to\infty$时,此式为$\frac{\infty}{\infty}$型.故

$$\lim_{x\to\infty}\frac{x^5+4x^3-8}{(3x-1)^3(x+1)^2}=\lim_{x\to\infty}\frac{\frac{x^5+4x^3-8}{x^5}}{\frac{(3x-1)^3}{x^3}\times\frac{(x+1)^2}{x^2}}=$$

$$\lim_{x\to\infty}\frac{1+\frac{4}{x^2}-\frac{8}{x^5}}{\left(3-\frac{1}{x}\right)^3\times\left(1+\frac{1}{x}\right)^2}=\frac{1}{27}$$

2.2.3 两个重要极限

1. 重要极限一:$\lim\limits_{x\to0}\frac{\sin x}{x}=1$

注 ① 该极限为“$\frac{0}{0}$”型;

② $\lim\limits_{\square\to 0}\dfrac{\sin\square}{\square}=1$.

例 13　求下列极限：

(1) $\lim\limits_{x\to 0}\dfrac{\tan x}{x}$;　　(2) $\lim\limits_{x\to 0}\dfrac{\sin 3x}{\sin 2x}$;

(3) $\lim\limits_{x\to 0}\dfrac{1-\cos x}{x^2}$;　　(4) $\lim\limits_{x\to \pi}\dfrac{\sin x}{\pi-x}$.

解　(1) $\lim\limits_{x\to 0}\dfrac{\tan x}{x}=\lim\limits_{x\to 0}\left(\dfrac{\sin x}{x}\cdot\dfrac{1}{\cos x}\right)=\lim\limits_{x\to 0}\dfrac{\sin x}{x}\cdot\lim\limits_{x\to 0}\dfrac{1}{\cos x}=1$.

(2) $\lim\limits_{x\to 0}\dfrac{\sin 3x}{\sin 2x}=\dfrac{\lim\limits_{x\to 0}\dfrac{\sin 3x}{x}}{\lim\limits_{x\to 0}\dfrac{\sin 2x}{x}}=\dfrac{\lim\limits_{x\to 0}\dfrac{\sin 3x}{3x}\cdot 3}{\lim\limits_{x\to 0}\dfrac{\sin 2x}{2x}\cdot 2}=\dfrac{3}{2}$.

(3) $\lim\limits_{x\to 0}\dfrac{1-\cos x}{x^2}=\lim\limits_{x\to 0}\dfrac{2\sin^2\dfrac{x}{2}}{x^2}=\lim\limits_{x\to 0}\dfrac{\dfrac{1}{2}\sin^2\dfrac{x}{2}}{\dfrac{x^2}{4}}=\dfrac{1}{2}\lim\limits_{x\to 0}\left(\dfrac{\sin\dfrac{x}{2}}{\dfrac{x}{2}}\right)^2=\dfrac{1}{2}$.

(4) $\lim\limits_{x\to \pi}\dfrac{\sin x}{\pi-x}=\lim\limits_{x\to \pi}\dfrac{\sin(\pi-x)}{\pi-x}=1$.

由于当 $x\to 0$ 时，$\sin x$ 与 x 都为无穷小，且 $\lim\limits_{x\to 0}\dfrac{\sin x}{x}=1$，可知当 $x\to 0$ 时，有下列常用的等价无穷小：

$$\sin x\sim x,\quad \tan x\sim x,\quad 1-\cos x\sim\frac{1}{2}x^2$$

$$\arcsin x\sim x,\quad \arctan x\sim x,\quad e^x-1\sim x$$

$$\ln(1+x)\sim x,\quad \sqrt{1+x}-1\sim\frac{1}{2}x$$

2. 重要极限二：$\lim\limits_{x\to\infty}\left(1+\dfrac{1}{x}\right)^x=e$

当 $x\to\infty$ 时，有 $\left(1+\dfrac{1}{x}\right)^x$ 的变化趋势如表 2.1 所列.

表 2.1

x	1	2	4	10	1 000	10 000	10 0000	…
$\left(1+\frac{1}{x}\right)^x$	2	2.25	2.441	2.594	2.717	2.718 1	2.718 27	…

由表 2.1 可以看出，当 x 取正值且无限增大的时候，函数是逐渐增大的，且越来越接近于 2.718 281…，把这个数记为 e，得

$$\lim_{x\to\infty}\left(1+\frac{1}{x}\right)^x=e$$

注　① 该极限为“1^∞”型，且 $\lim\limits_{x\to 0}(1+x)^{\frac{1}{x}}=e$；

② $\lim\limits_{\square\to\infty}\left(1+\frac{1}{\square}\right)^{\square}=\mathrm{e}$ 及 $\lim\limits_{\square\to0}(1+\square)^{\frac{1}{\square}}=\mathrm{e}$.

例 14 求下列极限：

(1) $\lim\limits_{x\to\infty}\left(1+\frac{2}{x}\right)^{x}$；　(2) $\lim\limits_{x\to\infty}\left(\frac{3-2x}{1-2x}\right)^{2x+3}$；　(3) $\lim\limits_{x\to0}(1-6x)^{\frac{2}{x}}$.

解 (1) $\lim\limits_{x\to\infty}\left(1-\frac{3}{x}\right)^{x}=\lim\limits_{x\to\infty}\left(1+\frac{1}{-\frac{x}{3}}\right)^{x}=$

$$\lim_{x\to\infty}\left(1+\frac{1}{-\frac{x}{3}}\right)^{-\frac{x}{3}\times(-3)}=\mathrm{e}^{-3};$$

(2) $\lim\limits_{x\to\infty}\left(\frac{3-2x}{1-2x}\right)^{2x+3}=\lim\limits_{x\to\infty}\left[\frac{2+(1-2x)}{1-2x}\right]^{2x+3}=$

$$\lim_{x\to\infty}\left(1+\frac{2}{1-2x}\right)^{2x+3}=\lim_{x\to\infty}\left(1+\frac{1}{\frac{1}{2}-x}\right)^{2x+3}=$$

$$\lim_{x\to\infty}\left(1+\frac{1}{\frac{1}{2}-x}\right)^{\left(\frac{1}{2}-x\right)(-2)+4}=\mathrm{e}^{-2};$$

(3) $\lim\limits_{x\to0}(1-6x)^{\frac{2}{x}}=\lim\limits_{x\to0}[1+(-6x)]^{\frac{2}{x}}=$

$$\lim_{x\to0}[1+(-6x)]^{\frac{1}{-6x}\cdot(-12)}=\mathrm{e}^{-12}.$$

习题 2.2

1. 下列函数中哪些是无穷小，哪些是无穷大？

(1) $y=\frac{1}{x-1}(x\to1)$；　(2) $y=3^{-x}(x\to+\infty)$；

(3) $y=x^{2}-4(x\to2)$；　(4) $y=\ln x(x\to0^{+})$.

2. 下列极限正确的是(　　).

A. $\lim\limits_{x\to+\infty}\frac{1}{x}\sin x=1$　B. $\lim\limits_{x\to0}\frac{1}{x}\sin x=1$

C. $\lim\limits_{x\to\frac{\pi}{2}}\frac{\sin x}{x}=1$　D. $\lim\limits_{x\to\pi}\frac{\sin x}{x}=0$

3. 当 $x\to0$ 时，下列变量与 $\sin x$ 等价的是(　　).

A. $\sin^{2}x$　B. $\mathrm{e}^{x}-1$　C. $1-\cos x$　D. $\sqrt[3]{1+x}-1$

4. 求下列极限.

(1) $\lim\limits_{x\to0}\frac{x^{2}-2x+1}{x^{2}-4x+3}$；　(2) $\lim\limits_{x\to1}\frac{x^{2}-1}{x^{2}+2x-3}$；

(3) $\lim\limits_{x\to 4}\dfrac{\sqrt{x+5}-3}{\sqrt{x}-2}$；　　(4) $\lim\limits_{x\to 0}\dfrac{\sin 3x}{4x}$；

(5) $\lim\limits_{x\to\infty}\dfrac{3x^3-4x^2-5}{7x^3+x+6}$；　　(6) $\lim\limits_{x\to 0}\dfrac{1-\cos 2x}{x\sin x}$；

(7) $\lim\limits_{x\to\infty}\left(1+\dfrac{2}{x}\right)^x$；　　(8) $\lim\limits_{x\to\infty}\left(\dfrac{x-3}{x+1}\right)^x$.

2.3　函数的连续性

在现实世界中，有许多变量在变化时是连续不断的. 例如，一天中气温的变化、在太空中运动的宇宙飞船的轨迹、人体身高的变化等都是随着时间连续变化的. 它们的特点是，当时间发生微小变化时，这些变量也发生微小变化，这种现象反映在数学上就是函数的连续性.

2.3.1　函数连续的概念

1. 函数连续性的定义

定义 1　若自变量 u 从初值 u_1 变到终值 u_2，则称 u_2-u_1 为变量 u 的增量(或改变量)，记为 Δu，即 $\Delta u=u_2-u_1$.

增量 Δu 可以是正的，也可以是负的. 当 Δu 为正时，变量 u 是增大的；当 Δu 为负时，变量 u 是减小的.

如果函数 $y=f(x)$在 x_0 的某邻域内有定义，当自变量 x 从 x_0 变到 $x_0+\Delta x$ 时，即 x 有增量 Δx 时，函数 $y=f(x)$相应地从函数 $f(x_0)$变到函数 $f(x_0+\Delta x)$，因此函数相应的增量为 $\Delta y=f(x_0+\Delta x)-f(x_0)$.

定义 2　设函数 $y=f(x)$在 x_0 的某邻域内有定义，如果自变量的增量 $\Delta x=x-x_0$ 趋于零时，对应的函数增量也趋于零，即

$$\lim_{\Delta x\to 0}\Delta y=\lim_{\Delta x\to 0}[f(x_0+\Delta x)-f(x_0)]=0$$

则称函数 $y=f(x)$在点 x_0 处连续. 点 x_0 也称为 $f(x)$的一个连续点.

在定义 2 中，令 $x_0+\Delta x=x$，则 $\Delta y=f(x_0+\Delta x)-f(x_0)=f(x)-f(x_0)$，显然 $\Delta x\to 0$，也即 $x\to x_0$，$\Delta y\to 0$，也就是 $f(x)\to f(x_0)$，所以函数 $y=f(x)$在点 x_0 处连续的定义又可叙述如下.

定义 3　设函数 $y=f(x)$在 x_0 的某邻域内有定义，若 $\lim\limits_{x\to x_0}f(x)=f(x_0)$，则称函数 $y=f(x)$在点 x_0 处连续.

例 1　讨论函数 $f(x)=\begin{cases}e^x, & x<0\\ x, & x\geqslant 0\end{cases}$在 $x=0$ 处的连续性.

解　由于 $\lim\limits_{x\to 0^-}f(x)=\lim\limits_{x\to 0^-}e^x=1$，$\lim\limits_{x\to 0^+}f(x)=\lim\limits_{x\to 0^+}x=0$，即 $\lim\limits_{x\to 0^-}f(x)\neq\lim\limits_{x\to 0^-}f(x)$，则 $\lim\limits_{x\to 0}f(x)$ 不存在，所以函数在 $x=0$ 处不连续.

定义 3 指出了函数 $y=f(x)$在点 x_0 处连续必须满足的条件：

① 函数 $y=f(x)$在点 x_0 处的一个邻域内有定义；

② $\lim\limits_{x\to x_0}f(x)$存在；

③ 在点 x_0 处的极限值等于函数值,即 $\lim\limits_{x\to x_0} f(x)=f(x_0)$.

若上述三个条件中有一个不满足,则我们说函数 $y=f(x)$ 在点 x_0 处是不连续的或间断的.

2. 函数在区间上的连续性

如果函数 $f(x)$ 在开区间 (a,b) 内每一点都连续,则称 $f(x)$ 在区间 (a,b) 内连续,区间 (a,b) 称为 $f(x)$ 的连续区间.

如果函数 $f(x)$ 在闭区间 $[a,b]$ 上有定义,在开区间 (a,b) 内连续,且 $\lim\limits_{x\to a^+} f(x)=f(a)$(称函数在 $x=a$ 处右连续),$\lim\limits_{x\to b^-} f(x)=f(b)$(称函数在 $x=b$ 处左连续),则称 $f(x)$ 在闭区间 $[a,b]$ 上连续.

在几何上,连续函数的图像是一条连续不断的曲线.

2.3.2 函数的间断点及分类

定义 4 如果函数 $f(x)$ 有以下 3 种情形之一:

① 在点 $x=x_0$ 处没有定义;

② 虽然在点 $x=x_0$ 处有定义,但 $\lim\limits_{x\to x_0} f(x)$ 不存在;

③ 虽然在点 $x=x_0$ 处有定义,且 $\lim\limits_{x\to x_0} f(x)$ 存在,但 $\lim\limits_{x\to x_0} f(x)\neq f(x_0)$,

则称函数 $f(x)$ 在点 x_0 处不连续,也称间断。点 x_0 称为函数 $f(x)$ 的不连续点或间断点.

例如,对函数 $f(x)=\dfrac{1}{x}$,由于 $x=0$ 时没有意义,所以函数 $f(x)=\dfrac{1}{x}$ 在 $f(x)=\dfrac{1}{x}$ 处不连续.

定义 5 设 x_0 为 $f(x)$ 的一个间断点.

① 若 $\lim\limits_{x\to x_0^-} f(x)$ 和 $\lim\limits_{x\to x_0^+} f(x)$ 均存在,则称 x_0 为 $f(x)$ 的第一类间断点. 当 $\lim\limits_{x\to x_0^-} f(x)=\lim\limits_{x\to x_0^+} f(x)\neq f(x_0)$,即 $\lim\limits_{x\to x_0} f(x)$ 存在,但不等于 $f(x_0)$ 时,称 x_0 为 $f(x)$ 的可去间断点;当 $\lim\limits_{x\to x_0^-} f(x)\neq \lim\limits_{x\to x_0^+} f(x)$ 时,称 x_0 为 $f(x)$ 的跳跃间断点.

② 若 $\lim\limits_{x\to x_0^-} f(x)$ 和 $\lim\limits_{x\to x_0^+} f(x)$ 中至少有一个不存在(即除第一类间断点以外的),则称 x_0 为 $f(x)$ 的第二类间断点;若 $\lim\limits_{x\to x_0} f(x)=\infty$,则称 x_0 为 $f(x)$ 的无穷间断点.

例 2 讨论 $f(x)=\begin{cases} 3x+2, & x\leqslant 1 \\ \dfrac{x^2-1}{x-1}, & x>1 \end{cases}$ 在点 $x=1$ 处的连续性.

解 函数 $f(x)$ 的定义域为 $(-\infty,+\infty)$.

因为 $\lim\limits_{x\to 1^-} f(x)=\lim\limits_{x\to 1^-}(3x+2)=5$,$\lim\limits_{x\to 1^+} f(x)=\lim\limits_{x\to 1^+}\dfrac{x^2-1}{x-1}=\lim\limits_{x\to 1^+}(x+1)=2$,于是 $\lim\limits_{x\to 1^-} f(x)\neq \lim\limits_{x\to 1^+} f(x)$,所以 $\lim\limits_{x\to 1} f(x)$ 不存在,点 $x=1$ 是 $f(x)$ 的第一类间断点,且为跳跃间断点.

例 3 讨论函数 $f(x)=\begin{cases} x, & x>0 \\ 1, & x=0 \\ e^{\frac{1}{x}}, & x<0 \end{cases}$ 的连续性,如有间断点,请指出类别.

解　由题意可得，函数可能的间断点为 $x=0$.

$$\lim_{x\to0^+}f(x)=\lim_{x\to0^+}x=0,\quad \lim_{x\to0^-}f(x)=\lim_{x\to0^-}\mathrm{e}^{\frac{1}{x}}=0$$

$$\lim_{x\to0^-}f(x)=\lim_{x\to0^+}f(x),\quad 即\quad \lim_{x\to0}f(x)=0\neq f(0)=1$$

所以，$x=0$ 为可去间断点.

2.3.3　初等函数的连续性

定理 1　如果函数 $f(x)$ 与 $g(x)$ 在点 x_0 处连续，那么函数 $f(x)\pm g(x)$，$f(x)g(x)$ 与 $\dfrac{f(x)}{g(x)}(g(x_0)\neq0)$ 在点 x_0 处都连续.

定理 2　如果函数 $u=\varphi(x)$ 在点 x_0 处连续，函数 $y=f(u)$ 在点 u_0 处连续，且 $u_0=\varphi(x_0)$，那么复合函数 $y=f[\varphi(x)]$ 在点 x_0 处连续.

例 4　讨论函数 $f(x)=x^2-\sin x$ 在 $x=\dfrac{\pi}{4}$ 处的连续性.

解　由于函数 x^2 与 $\sin x$ 在 $x=\dfrac{\pi}{4}$ 处都连续，则由定理 1 知，$f(x)=x^2-\sin x$ 在 $x=\dfrac{\pi}{4}$ 处连续.

注　① 基本初等函数在其定义域内都是连续的.

② 一切初等函数在其定义域内都是连续的.

因此，初等函数的连续区间就是其定义域区间；分段函数除按上述结论考察每一段函数的连续性外，还必须讨论分段点处的连续性.

例 5　求函数 $f(x)=\begin{cases}\mathrm{e}^x, & x\leqslant0\\ x^2-1, & x>0\end{cases}$ 的连续区间.

解　由题意，$\lim\limits_{x\to0^-}f(x)=\lim\limits_{x\to0^-}\mathrm{e}^x=1=f(0)$，$\lim\limits_{x\to0^+}f(x)=\lim\limits_{x\to0^+}(x^2-1)=-1\neq f(0)$，所以 $\lim\limits_{x\to0}f(x)$ 不存在，函数 $f(x)$ 在 $x=0$ 处不连续，即连续区间为 $(-\infty,0)$，$(0,+\infty)$.

例 6　求下列极限：

(1) $\lim\limits_{x\to1}(x^2-\mathrm{e}^x)$；　　(2) $\lim\limits_{x\to0}\mathrm{e}^{\cos 3x}$.

解　(1) 由于 $f(x)=x^2-\mathrm{e}^x$ 在区间 $(-\infty,+\infty)$ 内为连续函数，则 $\lim\limits_{x\to1}(x^2-\mathrm{e}^x)=1^2-\mathrm{e}=1-\mathrm{e}$.

(2) 由于 $f(x)=x^2-\mathrm{e}^x$ 在区间 $(-\infty,+\infty)$ 内为连续函数，则 $\lim\limits_{x\to0}\mathrm{e}^{\cos 3x}=\mathrm{e}^{\lim\limits_{x\to0}\cos 3x}=\mathrm{e}^{\cos 0}=\mathrm{e}$.

注　对连续函数，如果函数 $u=\varphi(x)$ 在点 x_0 处有极限，函数 $y=f(u)$ 在点 u_0 处连续，且 $u_0=\varphi(x_0)$，那么

$$\lim_{x\to x_0}f[\varphi(x)]=f[\lim_{x\to x_0}\varphi(x)]$$

例 7　已知 $f(x)=\begin{cases}3x-1, & x<0\\ a, & x=0\\ \cos x+b, & x>0\end{cases}$ 在 $x=0$ 处连续，求 a，b.

解　因为 $\lim\limits_{x\to0^-}f(x)=\lim\limits_{x\to0^-}(3x-1)=-1$，而 $\lim\limits_{x\to0^+}f(x)=\lim\limits_{x\to0^+}(\cos x+b)=1+b$，由连续

的充分必要条件可知：$-1=a=1+b$，得

$$a=-1,\quad b=-2$$

2.3.4 闭区间上连续函数的性质

定理 3(最值定理) 如果函数 $f(x)$ 在闭区间 $[a,b]$ 上连续，那么函数 $f(x)$ 在区间 $[a,b]$ 上一定存在最大值和最小值.

定理 4(介质定理) 若函数 $f(x)$ 在闭区间 $[a,b]$ 上连续，且 $f(a)\neq f(b)$，则对任何介于 $f(a)$ 与 $f(b)$ 之间的数 μ，至少存在一点 $\xi\in(a,b)$，使得 $f(\xi)=\mu$.

推论(零点定理) 设函数 $f(x)$ 在闭区间 $[a,b]$ 上连续，且 $f(a)\cdot f(b)<0$（即两端点处的函数值异号），则至少存在一点 $\xi\in(a,b)$ 使得 $f(\xi)=0$，即 ξ 是 $f(x)=0$ 的根（见图 2.5）.

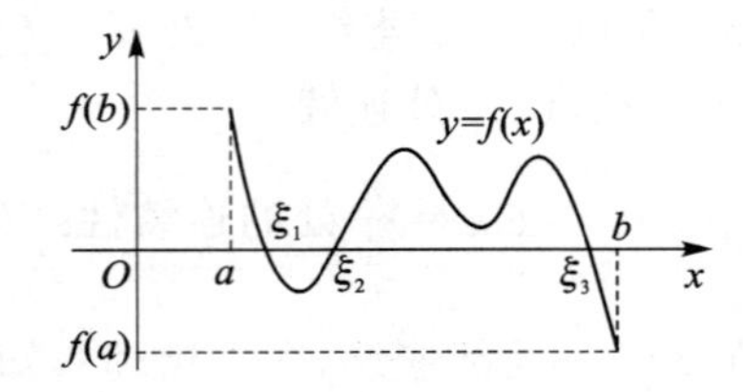

图 2.5

例 8 证明方程 $6x^4-x^3-2x-1=0$ 在 $(0,1)$ 内至少有一个实根.

证明 设 $f(x)=6x^4-x^3-2x-1$，因为 $f(x)$ 的定义域为 $(-\infty,+\infty)$，所以 $f(x)$ 在 $(0,1)$ 内连续；又 $f(0)=-1<0$，$f(1)=2>0$，根据零点定理，至少存在一个 $\xi\in(0,1)$ 使得方程 $6x^4-x^3-2x-1=0$ 在 $(0,1)$ 内至少有一个根.

习题 2.3

1. 讨论函数 $f(x)=\begin{cases}x^2+1, & x>1\\ x-1, & x\leqslant 1\end{cases}$ 的连续性，并画出其图像.

2. 求下列函数的间断点，并指出其类型.

(1) $f(x)=\dfrac{x-1}{2x^2+x-3}$；　　(2) $f(x)=\tan x$；

(3) $f(x)=\dfrac{\sin x}{x}$；　　(4) $f(x)=\begin{cases}e^x-1, & x\leqslant 0\\ \cos x+1, & x>0\end{cases}$.

3. 确定常数 a 使函数 $f(x)=\begin{cases}e^x, & x\leqslant 0\\ x+a, & x>0\end{cases}$ 连续.

4. 证明方程 $x^3-3x^2+1=0$ 在 $(0,1)$ 内至少有一个实根.

本章小结

本章为初等数学向高等数学过渡的内容，主要学习函数的极限和连续性，对我们后面理解微积分的基本理论有着重要帮助，主要引入极限思维思想.

1. 极限定义

设 $f(x)$ 在 x_0 的某一去心邻域 $N(\hat{x}_0,\delta)$ 内有定义，如果 x 在 $N(\hat{x}_0,\delta)$ 内无限接近于 x_0，即 $x\to x_0$（x 可以不等于 x_0）时，函数 $f(x)$ 的值无限接近于一个确定的常数 A，则称 A 为函数 $f(x)$ 当 $x\to x_0$ 时的极限，记为 $\lim\limits_{x\to x_0}f(x)=A$，或当 $x\to x_0$ 时 $f(x)\to A$.

如果当 $x\to x_{0^-}$ 时，函数 $f(x)$ 无限接近于一个确定的常数 A，则称 A 为函数 $f(x)$ 当 $x\to x_0$ 时的左极限，记为 $\lim\limits_{x\to x_{0^-}}f(x)=A$ 或 $f(x_{0^-})=A$.

如果当 $x\to x_{0^+}$ 时，函数 $f(x)$ 无限接近于一个确定的常数 A，则称 A 为函数 $f(x)$ 当 $x\to x_0$ 时的右极限，记为 $\lim\limits_{x\to x_{0^+}}f(x)=A$ 或 $f(x_{0^+})=A$.

如果当 x 的绝对值无限增大，即 $x\to\infty$ 时，函数 $f(x)$ 无限接近于一个确定的常数 A，则称 A 为函数 $f(x)$ 当 $x\to\infty$ 时的极限，记为 $\lim\limits_{x\to\infty}f(x)=A$，或当 $x\to\infty$ 时 $f(x)\to A$. 同理，也有其左右极限.

2. 极限的四则运算

设在 x 的同一变化过程中，$\lim f(x)=A$，$\lim g(x)=B$（A，B 为常数），则

① $\lim[f(x)\pm g(x)]=\lim f(x)\pm\lim g(x)=A\pm B$.

② $\lim[f(x)\cdot g(x)]=\lim f(x)\cdot\lim g(x)=A\cdot B$.

特别地，有

$$\lim[f(x)]^n=[\lim f(x)]^n=A^n$$

$$\lim Cf(x)=C\lim f(x)=CA \quad (C\text{ 为常数})$$

③ $\lim\dfrac{f(x)}{g(x)}=\dfrac{\lim f(x)}{\lim g(x)}=\dfrac{A}{B}(B\neq 0)$.

3. 无穷小与无穷大

① 无穷小定义　在自变量的某一变化过程中，极限为零的变量称为无穷小量，简称为无穷小，即 $\lim\alpha(x)=0$，则称 $\alpha(x)$ 为 x 在这一变化过程中的无穷小.

② 无穷大定义　在自变量 x 的某一变化过程中，若 $f(x)$ 的绝对值无限增大，则称 $f(x)$ 为 x 的这一变化过程中的无穷大量，简称为无穷大.

③ 无穷小的性质：

性质 1　有限个无穷小的和也是无穷小.

性质 2　有界函数与无穷小的乘积是无穷小.

性质 3　常数与无穷小的乘积是无穷小.

性质 4　有限个无穷小的乘积也是无穷小.

定理 1　在自变量的同一变化过程中，无穷大的倒数是无穷小；恒不为零的无穷小的倒数是无穷大.

④ 无穷小的阶　设 α、β 都是自变量在同一变化过程中的无穷小，且 $\lim\dfrac{\beta}{\alpha}$ 也是在这个变化过程中的极限.

若 $\lim\dfrac{\beta}{\alpha}=0\left(\text{或}\lim\dfrac{\alpha}{\beta}=\infty\right)$，则称 β 是比 α 高阶的无穷小，记为 $\beta=o(\alpha)$；也称 α 是比 β 低阶的无穷小.

若$\lim \frac{\beta}{\alpha}=C$（$C$ 为常数），则称 β 与 α 为同阶的无穷小.

特别地，当 $C=1$ 时，称 β 与 α 为等价无穷小. 记为 $\beta \sim \alpha$.

4. 两个重要极限

(1) $\lim\limits_{x \to 0} \frac{\sin x}{x}=1$.

此重要极限是“$\frac{0}{0}$”型，$\lim\limits_{\square \to 0} \frac{\sin \square}{\square}=1$ 同样成立.

(2) $\lim\limits_{x \to \infty}\left(1+\frac{1}{x}\right)^{x}=\mathrm{e}$.

5. 初等函数的连续性

① 函数的连续　设函数 $y=f(x)$ 在 x_0 的某邻域内有定义，若 $\lim\limits_{x \to x_0} f(x)=f(x_0)$，则称函数 $y=f(x)$ 在点 x_0 处连续.

② 第一类间断点　若 $\lim\limits_{x \to x_0^-} f(x)$ 和 $\lim\limits_{x \to x_0^+} f(x)$ 均存在，则称 x_0 为 $f(x)$ 的第一类间断点. 当 $\lim\limits_{x \to x_0^-} f(x)=\lim\limits_{x \to x_0^+} f(x)$ 时，即 $\lim\limits_{x \to x_0} f(x)$ 存在，但不等于 $f(x_0)$ 时，称 x_0 为 $f(x)$ 的可去间断点；当 $\lim\limits_{x \to x_0^-} f(x) \neq \lim\limits_{x \to x_0^+} f(x)$ 时，称 x_0 为 $f(x)$ 的跳跃间断点.

③ 第二类间断点　若 $\lim\limits_{x \to x_0^-} f(x)$ 和 $\lim\limits_{x \to x_0^+} f(x)$ 中至少有一个不存在（即除第一类间断点以外的），则称 x_0 为 $f(x)$ 的第二类间断点. 若 $\lim\limits_{x \to x_0} f(x)=\infty$，则称 x_0 为 $f(x)$ 的无穷间断点.

④ 最值定理　闭区间上的连续函数一定存在最大值和最小值.

⑤ 介质定理　若函数 $f(x)$ 在闭区间 $[a,b]$ 上连续，且 $f(a) \neq f(b)$，则对任何介于 $f(a)$ 与之间的数 μ，至少存在一点 $\xi \in (a,b)$，使得 $f(\xi)=\mu$.

⑥ 零点定理　设函数 $f(x)$ 在闭区间 $[a,b]$ 上连续，且 $f(a) \cdot f(b)<0$，则至少存在一点 $\xi \in (a,b)$ 使得 $f(\xi)=0$，即 ξ 是 $f(x)=0$ 的根.

数学文化二——刘徽的极限思想

刘徽（约 225 年—约 295 年），魏晋期间伟大的数学家，中国古典数学理论的奠基人之一. 他在中国数学史上作出了极大的贡献，他的杰作《九章算术注》和《海岛算经》，是中国最宝贵的数学遗产.

《九章算术》约成书于东汉之初，共有 246 个问题的解法. 刘徽在曹魏景元四年著《九章算术注》. 其中最著名的是在几何方面提出的“割圆术”，即将圆周用内接或外切正多边形穷竭的一种求圆面积和圆周长的方法. 他利用割圆术科学地求出了圆周率 $\pi \approx 3.1416$ 的结果. 他用割圆术，从直径为 2 尺的圆内接正六边形开始割圆，依次得正 12 边形、正 24 边形……，割得越细，正多边形面积和圆面积之差越小，用他的原话说是“割之弥细，所失弥少，割之又割，以至于不可割，则与圆周合体而无所失矣.”他计算了 3 072 边形面积并验证了这个值. 刘徽提出的计算圆周率的科学方法，奠定了此后千余年来中国圆周率计算在世界上的领先地位.

刘徽在我国古代数学研究上的贡献极多，在勾股理论方面逐一论证了有关勾股定理与解勾股形的计算原理,建立了相似勾股形理论,发展了勾股测量术,通过对“勾中容横”与“股中容直”之类的典型图形的论析,在开方不尽的问题中提出“求徽数”的思想,这一方法与后来求无理根的近似值的方法一致,它不仅是圆周率精确计算的必要条件,而且促进了十进小数的产生;在线性方程组解法中,他创造了比直除法更简便的互乘相消法,与现今解法基本一致,并在中国数学史上第一次提出了“不定方程问题”;他还建立了等差级数前 n 项和公式,提出并定义了许多数学概念,如幂(面积)、方程(线性方程组)、正负数等. 刘徽还提出了许多公认正确的判断作为证明的前提. 他的大多数推理、证明都合乎逻辑,十分严谨,从而把《九章算术》及他自己提出的解法、公式建立在必然性的基础之上. 虽然刘徽没有写出自成体系的著作,但他注《九章算术》所运用的数学知识,实际上已经形成了一个独具特色、包括概念和判断,并以数学证明为其联系纽带的理论体系.

同步练习题二

同步练习题 A

一、判断题(正确的打√,错误的打×)

1. 函数 $f(x)=x$ 与 $g(x)=\sqrt{x^2}$ 为相同函数.(　　)

2. 函数 $y=\dfrac{x^2-1}{x-1}=x+1$.(　　)

3. 零是无穷小量.(　　)

4. 无限个无穷小之和仍然是无穷小.(　　)

5. 若 $f(x)$ 在 $x=x_0$ 处有定义,则 $f(x)$ 在 $x\to x_0$ 处有极限.(　　)

二、选择题

1. $\lim\limits_{x\to\infty} x\sin\dfrac{1}{x}=$(　　).

A. 0　　B. 1　　C. 2　　D. ∞

2. 当 $x\to 0$ 时,下列变量为无穷小量的是(　　).

A. $\sin\dfrac{1}{x}$　　B. $\cos\dfrac{1}{x}$　　C. $e^{\frac{1}{x}}$　　D. $\ln(1+x^2)$

3. 下列等式不正确的是(　　).

A. $\lim\limits_{x\to 0^+}(1+x)^{\frac{1}{x}}=e$　　B. $\lim\limits_{x\to 0^+}(1-x)^{\frac{1}{x}}=e$

C. $\lim\limits_{x\to+\infty}\left(1-\dfrac{1}{x}\right)^{-x}=e$　　D. $\lim\limits_{x\to-\infty}\left(1+\dfrac{1}{x}\right)^{x}=e$

4. 下列极限值等于 1 的是(　　).

A. $\lim\limits_{x\to\pi}\dfrac{\sin x}{\pi-x}$　　B. $\lim\limits_{x\to 0}\dfrac{\sin 2x}{x}$　　C. $\lim\limits_{x\to\infty}\dfrac{\sin x}{x}$　　D. $\lim\limits_{x\to 2\pi}\dfrac{\sin x}{x}$

5. 函数 $y=\ln(x+1)+\dfrac{1}{\sqrt{x+2}}+\arccos x$ 的连续区间为(　　).

A. $(-1,+\infty)$　　B. $(1,+\infty)$　　C. $(-1,1)$　　D. $(-1,1]$

6. $x=3$ 是函数 $y=\dfrac{x-3}{x^2-2x-3}$ 的(　　).

A. 跳跃间断点　　B. 无穷间断点　　C. 可去间断点　　D. 振荡间断点

三、填空题

1. $\lim\limits_{x\to 0}\dfrac{e^x\sin 2x}{x}=$________.

2. 已知函数 $f(x)=\ln x$，当________时，$\ln x$ 为无穷大；当________时，$\ln x$ 为无穷小.

3. $\lim\limits_{x\to -2}\dfrac{\sin(x+2)}{x^2-4}=$________.

4. $\lim\limits_{x\to +\infty}\left(1-\dfrac{1}{2x}\right)^x=$________.

5. $\lim\limits_{n\to +\infty}(\sqrt{n+2}-\sqrt{n})=$________.

6. 已知 $f(x)=\begin{cases}\dfrac{x^2-1}{x-1}, & x\neq 1\\ a, & x=1\end{cases}$ 在 $x=1$ 处连续，则 $a=$________.

7. 函数 $y=\dfrac{x^2-1}{x^2-x-2}$ 的间断点为________；其中________为可去间断点.

四、计算题

1. 求下列函数的极限.

(1) $\lim\limits_{x\to 0}\dfrac{4x^2+x+1}{x+1}$；

(2) $\lim\limits_{x\to 4}\dfrac{x^2-7x+12}{x^2-5x+4}$；

(3) $\lim\limits_{x\to 0}\dfrac{\sin 5x}{x^2+2x}$；

(4) $\lim\limits_{x\to \infty}\dfrac{(x+3)^5}{(1+2x^2)(1-x)^3}$；

(5) $\lim\limits_{x\to 0}\dfrac{\tan 5x}{3x}$；

(6) $\lim\limits_{x\to \infty}\left(1+\dfrac{2}{x}\right)^{3x-1}$；

(7) $\lim\limits_{x\to 1}\left(\dfrac{1}{x-1}-\dfrac{2}{x^2-1}\right)$；

(8) $\lim\limits_{x\to 1}\dfrac{\sqrt{x+3}-2}{x-1}$.

2. 求下列函数的间断点，并指出其类型.

(1) $f(x)=\dfrac{x-1}{2x^2+x-3}$；

(2) $f(x)=\begin{cases}x\sin\dfrac{1}{x}, & x<0\\ x+1, & x\geqslant 0\end{cases}$.

3. 确定常数 k 使函数 $f(x)=\begin{cases}\dfrac{\sin kx}{x}, & x<0\\ kx+3, & x\geqslant 0\end{cases}$ 连续.

同步练习题 B

一、选择题

1. 下列数列收敛的是(　　).

A. $u_n=\dfrac{2}{n^2}$　　B. $u_n=n^2$　　C. $u_n=(-1)^n$　　D. $u_n=\sin\dfrac{n\pi}{2}$

2. 函数 $f(x)$ 在点 x_0 处有定义是 $\lim\limits_{x\to x_0}f(x)$ 存在的(　　).

A. 充分条件　　B. 必要条件　　C. 充分必要条件　　D. 无关条件

3. 已知函数 $f(x)=\begin{cases}\cos\dfrac{1}{x}, & x\neq 0\\ 1, & x=0\end{cases}$，则当 $x\to 0$ 时，$f(x)$ 是(　　).

A. 无穷大　　B. 无穷小

C. 既不是无穷大，也不是无穷小　　D. 极限存在但不是 1

4. 当 $x\to 0$ 时，下列四个无穷小量中，比其他三个更高阶的是(　　).

A. e^x-1　　B. $1-\cos x$　　C. $\sqrt{1+x}-1$　　D. $\ln(1+x)$

5. 若 $\lim\limits_{x\to 1}\dfrac{x^2+ax+b}{x-1}=3$，则(　　).

A. $a=1,b=2$　　B. $a=-1,b=-2$

C. $a=1,b=-2$　　D. $a=-2,b=1$

6. 设 $f(x)=\dfrac{|x-1|}{x-1}$，则 $x=1$ 是 $f(x)$ 的(　　).

A. 跳跃间断点　　B. 可去间断点　　C. 连续点　　D. 无穷间断点

二、填空题

1. $\lim\limits_{x\to+\infty}\dfrac{8^x-5^x}{8^x}=$________.

2. 当 $x\to 0$ 时，若函数 $1-\cos ax$ 与 x^2 为等价无穷小($a>0$)，则 $a=$________.

3. $\lim\limits_{x\to 0^+}x\arctan\dfrac{1}{x}=$________.

4. 若函数 $f(x)=\begin{cases}\dfrac{e^{ax}-1}{x}, & x<0\\ x+3, & x\geqslant 0\end{cases}$ 在点 $x=0$ 处连续，则 $a=$________.

5. 函数 $f(x)=\ln\arccos x$ 的连续区间为________.

三、计算题

1. 求下列函数的极限.

(1) $\lim\limits_{x\to 2}\sqrt{1+\arctan^2\dfrac{x}{2}}$；　　(2) $\lim\limits_{x\to\infty}\dfrac{\sqrt{1+x}-2}{x-3}$；

(3) $\lim\limits_{x\to-\infty}(\sqrt{x^2+5x-3}+x)$；　　(4) $\lim\limits_{x\to 0}\left(\dfrac{1}{1+x}\right)^{\frac{1}{2x}+1}$.

2. 设 $f(x)=\begin{cases}\dfrac{x^2-ax+b}{1-x}, & x>1\\ x+2, & x\leqslant 1\end{cases}$，若 $\lim\limits_{x\to 1}f(x)$ 存在，求 $\lim\limits_{x\to 2}f(x)$ 的值.

3. 求函数 $f(x)=\begin{cases}\dfrac{\ln(1+x)}{x}, & x>0\\ \dfrac{\sqrt{1+x}-\sqrt{1-x}}{x}, & -1\leqslant x<0\end{cases}$ 的间断点，并讨论其类型.

四、证明题

1. 证明方程 $x+e^x=0$ 在 $(-1,1)$ 内至少有一个实根.

2. 证明方程 $x-a\sin x-b=0$ (其中 $a>0,b>0$) 至少有一个正根，且不超过 $a+b$.

第3章　一元函数微分学及应用

本章将用极限的方法来研究导数，并由此给出导数与微分的定义、基本公式，以及导数、微分的计算方法.

3.1　导数的概念

3.1.1　两个实例

引例1　变速直线运动的瞬时速度.

当物体做直线运动时，求平均速度的问题很容易解决，就是所经过的路程与时间的比值：

$$速度=\frac{路程}{时间}$$

而在很多实际问题中，常常需要知道物体在某个时刻的速度的大小，即瞬时速度.

例1　设 s 表示一物体从某个时刻开始到时刻 t 做直线运动所经过的路程，则 s 是时刻 t 的函数，即 $s=f(t)$，求物体在 $t=t_0$ 时的瞬时速度.

解　当时间由 t_0 改变到 $t_0+\Delta t$ 时，物体经过的距离为

$$\Delta s=f(t_0+\Delta t)-f(t_0)$$

当物体做匀速运动时，它的速度不随时间而改变，有

$$\frac{\Delta s}{\Delta t}=\frac{f(t_0+\Delta t)-f(t_0)}{\Delta t}$$

此时 $\frac{\Delta s}{\Delta t}$ 表示从 t_0 到 $t_0+\Delta t$ 这一段时间内的平均速度，记作 $\bar{v}$，即

$$\bar{v}=\frac{\Delta s}{\Delta t}=\frac{f(t_0+\Delta t)-f(t_0)}{\Delta t}$$

当 Δt 很小时，物体在这段时间的速度变化也很小，物体在这一小段时间 Δt 内运动的平均速度与物体在 t_0 时刻的瞬时速度很接近，Δt 越小，近似的程度就越好. 当 $\Delta t\to 0$ 时，如果极限 $\lim\limits_{\Delta t\to 0}\frac{\Delta s}{\Delta t}$ 存在，就称此极限为物体在时刻 t_0 的瞬时速度，即

$$v\Big|_{t=t_0}=\lim_{\Delta t\to 0}\frac{\Delta s}{\Delta t}=\lim_{\Delta t\to 0}\frac{f(t_0+\Delta t)-f(t_0)}{\Delta t}$$

引例2　平面曲线的切线斜率.

在平面几何里，圆的切线被定义为“与圆只相交于一点的直线”，对于任意一般曲线的切线来说，用直线与曲线的交点个数来定义任意曲线的切线是不适合的. 一般而言，曲线的切线定义为曲线的割线的极限位置.

设曲线 $y=f(x)$ 的图形如图3.1所示，点 $A(x_0,y_0)$ 为曲线上一定点，在曲线上取一点 $B(x_0+\Delta x,y_0+\Delta y)$，点 B 的位置取决于 Δx，是曲线上一动点. 作割线 AB，设其倾角(即与 x

轴的夹角)为β,当$\Delta x\to 0$时,动点B将沿曲线趋向于定点A,从而割线AB也随之变动而趋向于极限位置——直线AT.我们称此直线AT为曲线在定点A处的切线.

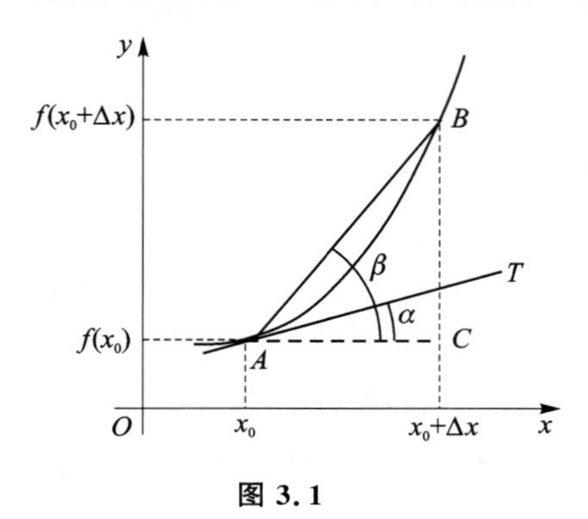

图 3.1

由图 3.1 易知此割线AB的斜率为

$$\tan\beta=\frac{\Delta y}{\Delta x}=\frac{f(x_0+\Delta x)-f(x_0)}{\Delta x}$$

显然,此时倾角β趋向于切线AT的倾角α,即切线AT的斜率为

$$\tan\alpha=\lim_{\Delta x\to 0}\tan\beta=$$

$$\lim_{\Delta x\to 0}\frac{\Delta y}{\Delta x}=\lim_{\Delta x\to 0}\frac{f(x_0+\Delta x)-f(x_0)}{\Delta x}$$

上面两个实际例题的具体含义是很不相同的.但从抽象的数量关系来看,它们的实质是一样的,都归结为计算函数改变量与自变量改变量的比当自变量改变量趋于0时的极限.这种特殊的极限叫作函数的导数(或函数的瞬时变化率).

定义 1　设函数$y=f(x)$在点x_0的某个邻域内有定义,当自变量在点x_0处取得改变量$\Delta x(\Delta x\neq 0)$时,函数$f(x)$取得相应的改变量$\Delta y=f(x_0+\Delta x)-f(x_0)$.如果当$\Delta x\to 0$时,$\frac{\Delta y}{\Delta x}$的极限存在,即

$$\lim_{\Delta x\to 0}\frac{\Delta y}{\Delta x}=\lim_{\Delta x\to 0}\frac{f(x_0+\Delta x)-f(x_0)}{\Delta x}$$

存在,则称此极限值为函数$f(x)$在点x_0处的导数(或微商),可记作:

$$f'(x_0),\quad y'\Big|_{x=x_0},\quad \frac{\mathrm{d}y}{\mathrm{d}x}\Big|_{x=x_0}\quad 或\quad \frac{\mathrm{d}f(x)}{\mathrm{d}x}\Big|_{x=x_0}$$

即

$$f'(x_0)=\lim_{\Delta x\to 0}\frac{\Delta y}{\Delta x}=\lim_{\Delta x\to 0}\frac{f(x_0+\Delta x)-f(x_0)}{\Delta x}$$

$\frac{\Delta y}{\Delta x}=\frac{f(x_0+\Delta x)-f(x_0)}{\Delta x}$反映的是自变量$x$从$x_0$改变到$x_0+\Delta x$时,函数$f(x)$的平均变化速度,称为函数的平均变化率;而导数$f'(x_0)=\lim\limits_{\Delta x\to 0}\frac{\Delta y}{\Delta x}$反映的是函数在点$x_0$处的变化速度,称为函数在点$x_0$处的变化率.

左、右导数

类比于左、右极限的概念，若 $\lim\limits_{\Delta x \to 0^-} \dfrac{\Delta y}{\Delta x}$ 存在，则该极限称为 $f(x)$ 在点 x_0 处的左导数；若 $\lim\limits_{\Delta x \to 0^+} \dfrac{\Delta y}{\Delta x}$ 存在，则该极限称为 $f(x)$ 在点 x_0 处的右导数，分别记为 $f'_-(x_0)$ 和 $f'_+(x_0)$，即

$$f'_-(x_0) = \lim_{\Delta x \to 0^-} \frac{\Delta y}{\Delta x} = \lim_{\Delta x \to 0^-} \frac{f(x_0 + \Delta x) - f(x_0)}{\Delta x}$$

$$f'_+(x_0) = \lim_{\Delta x \to 0^+} \frac{\Delta y}{\Delta x} = \lim_{\Delta x \to 0^+} \frac{f(x_0 + \Delta x) - f(x_0)}{\Delta x}$$

由函数 $y=f(x)$ 在 x_0 处的左、右极限与极限 $\lim\limits_{x \to x_0} f(x)$ 的关系，可得如下定理.

定理 1 函数 $y=f(x)$ 在 x_0 处的左、右导数存在且相等是 $f(x)$ 在点 x_0 处可导的充分必要条件.

如果函数 $f(x)$ 在点 x_0 处有导数，则称函数 $f(x)$ 在点 x_0 处可导；如果函数 $f(x)$ 在某区间 (a,b) 内每一点处都可导，则称 $f(x)$ 在区间 (a,b) 内可导.

设 $f(x)$ 在区间 (a,b) 内可导，此时，对于区间 (a,b) 内每一点 x，都有一个导数值与它对应，这就定义了一个新的函数，称为函数 $y=f(x)$ 在区间 (a,b) 内对 x 的导函数，简称为导数，记作

$$f'(x), \quad y', \quad \frac{\mathrm{d}y}{\mathrm{d}x} \quad 或 \quad \frac{\mathrm{d}f(x)}{\mathrm{d}x}$$

根据导数的定义，上述两个实例可以叙述如下：

① 瞬时速度是路程 s 对时间 t 的导数，即 $u=s'=\dfrac{\mathrm{d}s}{\mathrm{d}t}$.

② 曲线 $y=f(x)$ 在点 x 处的切线的斜率是曲线的纵坐标对横坐标 x 的导数，即

$$\tan\alpha = f'(x) = \frac{\mathrm{d}y}{\mathrm{d}x}$$

由导数的定义可将求导数的方法概括为以下几个步骤：

① 求出对应于自变量的改变量 Δx 的函数改变量 $\Delta y = f(x+\Delta x) - f(x)$；

② 求出比值 $\dfrac{\Delta y}{\Delta x} = \dfrac{f(x+\Delta x) - f(x)}{\Delta x}$；

③ 取极限 $y' = f'(x) = \lim\limits_{\Delta x \to 0} \dfrac{f(x+\Delta x) - f(x)}{\Delta x}$.

注意 导数值 $f'(x_0)$ 是函数 $f(x)$ 在点 x_0 处的导数，它是一个常数，是导函数 $f'(x)$ 在点 x_0 处的函数值；导函数 $f'(x)$ 是定义在区间上的一个函数；导数值和导数一般都叫作导数.

例 2 设函数 $y=f(x)=C$（C 为常数），求 $f'(x)$.

解 (1) $\Delta y = f(x+\Delta x) - f(x) = C - C = 0$；

(2) $\dfrac{\Delta y}{\Delta x} = \dfrac{f(x+\Delta x) - f(x)}{\Delta x} = \dfrac{0}{\Delta x} = 0$；

(3) $f'(x) = \lim\limits_{\Delta x \to 0} \dfrac{\Delta y}{\Delta x} = 0$，

即

$$(C)'=0 \quad (C\text{ 为常数})$$

例 3　设函数 $f(x)=x^2$，求 $f'(x),f'(0),f'(1),f'(x_0)$.

解　(1) $\Delta y=(x+\Delta x)^2-x^2=2x\Delta x+(\Delta x)^2$；

(2) $\dfrac{\Delta y}{\Delta x}=\dfrac{f(x+\Delta x)-f(x)}{\Delta x}=2x+\Delta x$；

(3) $f'(x)=\lim\limits_{\Delta x\to 0}\dfrac{\Delta y}{\Delta x}=\lim\limits_{\Delta x\to 0}(2x+\Delta x)=2x$.

由此可得

$$f'(x)=2x,\quad f'(0)=0,\quad f'(1)=2,\quad f'(x_0)=2x_0$$

一般地，对幂函数 $f(x)=x^u$ 的导数，有如下公式：

$$(x^u)'=ux^{u-1} \quad (u\text{ 为任意常数})$$

例如：(1) 函数 $y=\sqrt{x}$ 的导数为

$$y'=(\sqrt{x})'=\left(x^{\frac{1}{2}}\right)'=\frac{1}{2}x^{\frac{1}{2}-1}=\frac{1}{2\sqrt{x}}$$

(2) 函数 $y=\dfrac{1}{x}=x^{-1}$ 的导数为

$$y'=\left(\frac{1}{x}\right)'=(x^{-1})'=-1\cdot x^{-1-1}=-\frac{1}{x^2}$$

例 4　求正弦函数 $y=\sin x$ 的导数.

解　(1) $\Delta y=f(x+\Delta x)-f(x)=\sin(x+\Delta x)-\sin x=$

$\sin x\cos\Delta x+\cos x\sin\Delta x-\sin x=$

$\cos x\sin\Delta x-\sin x(1-\cos\Delta x)$

(2) $\dfrac{\Delta y}{\Delta x}=\cos x\cdot\dfrac{\sin\Delta x}{\Delta x}-\sin x\cdot\dfrac{1-\cos\Delta x}{\Delta x}=$

$$\cos x\cdot\frac{\sin\Delta x}{\Delta x}-\sin x\cdot\left(\frac{2\sin^2\frac{\Delta x}{2}}{\Delta x}\right)$$

(3) $y'=f'(x)=\lim\limits_{\Delta x\to 0}\dfrac{\sin\Delta x}{\Delta x}\cdot\cos x-\lim\limits_{\Delta x\to 0}\dfrac{\sin^2\frac{\Delta x}{2}}{\left(\frac{\Delta x}{2}\right)^2}\cdot\dfrac{\Delta x}{2}\cdot\sin x=$

$$1\cdot\cos x-1\cdot 0\cdot\sin x=\cos x$$

即

$$(\sin x)'=\cos x$$

用类似的方法，可得余弦函数的导数公式 $(\cos x)'=-\sin x$.

同理，按照求导的三个步骤，还可以求得如下公式：

$$(\log_a x)'=\frac{1}{x\ln a} \quad (x>0)$$

当 $a=\mathrm{e}$ 时，

$$(\ln x)'=\frac{1}{x} \quad (x>0)$$

3.1.2 导数的几何意义

在前面的切线斜率问题中，我们已经给出函数 $y=f(x)$ 在点 x_0 处的导数就是曲线 $y=f(x)$ 在点 (x_0,y_0) 处的切线的斜率，即

$$f'(x_0)=\lim_{\Delta x\to 0}\frac{\Delta y}{\Delta x}=\tan\alpha=k_{切}\quad\left(其中\ \alpha\neq\frac{\pi}{2}\right)$$

如果 $y=f(x)$ 在点 x 处的导数为无穷大，则这时曲线 $y=f(x)$ 在点 (x,y) 处的切线垂直于 x 轴.

由导数的几何意义可知，曲线在给定点 $P(x_0,y_0)$ 处的切线方程为

$$y-y_0=f'(x_0)(x-x_0)$$

若 $f(x)$ 在点 x_0 处的导数为无穷大，则此时切线方程为 $x=x_0$.

过切点且与切线垂直的直线称为曲线 $y=f(x)$ 在点 $P(x_0,y_0)$ 处的法线，如果 $f'(x_0)\neq 0$，则法线方程为

$$y-y_0=-\frac{1}{f'(x_0)}(x-x_0)$$

例 5 求曲线 $y=x^2$ 在点 $(2,4)$ 处的切线方程和法线方程.

解 因为 $f'(x)=(x^2)'=2x$，所以 $f'(2)=2x\big|_{x=2}=4$，从而由公式知所求切线方程为

$$y-4=4(x-2)$$

即

$$4x-y-4=0$$

由公式知所求法线方程为

$$y-4=-\frac{1}{4}(x-2)$$

即

$$x+4y-18=0$$

例 6 求曲线 $y=x^{\frac{3}{2}}$ 上哪一点的切线与直线 $3x-y+1=0$ 平行.

解 设曲线 $y=x^{\frac{3}{2}}$ 上点 $P(x_0,y_0)$ 的切线与直线 $3x-y+1=0$ 平行，由导数的几何意义，得

$$k_{切}=y'\Big|_{x=x_0}=(x^{\frac{3}{2}})'\Big|_{x=x_0}=\frac{3}{2}x_0^{\frac{1}{2}}$$

而直线 $3x-y+1=0$ 的斜率为 $k_{切}=3$，根据两直线平行的条件有

$$\frac{3}{2}x_0^{\frac{1}{2}}=3,\quad 解得\ x_0=4$$

把 $x_0=4$ 代入曲线方程 $y=x^{\frac{3}{2}}$ 得 $y_0=8$，所以 $y=x^{\frac{3}{2}}$ 曲线上点 $P(4,8)$ 处的切线与直线 $3x-y+1=0$ 平行.

3.1.3 可导与连续的关系

定理 1 如果函数 $y=f(x)$ 在点 x_0 处可导，则它一定在点 x_0 处连续.

注意　这个定理的逆命题不成立,即函数 $y=f(x)$ 在点 x_0 处连续,但它在点 x_0 处不一定可导.

比如函数 $y=|x|$ 在点 $x=0$ 处连续,但在该点不可导,这是因为在点 $x=0$ 处有

$$\lim_{\Delta x\to 0^+}\frac{\Delta y}{\Delta x}=\lim_{\Delta x\to 0^+}\frac{|\Delta x|}{\Delta x}=\lim_{\Delta x\to 0^+}\frac{\Delta x}{\Delta x}=1$$

$$\lim_{\Delta x\to 0^-}\frac{\Delta y}{\Delta x}=\lim_{\Delta x\to 0^-}\frac{|\Delta x|}{\Delta x}=\lim_{\Delta x\to 0^-}-\frac{\Delta x}{\Delta x}=-1$$

因 $\lim\limits_{\Delta x\to 0^+}\frac{\Delta y}{\Delta x}\neq\lim\limits_{\Delta x\to 0^-}\frac{\Delta y}{\Delta x}$,则 $\lim\limits_{\Delta x\to 0}\frac{\Delta x}{\Delta y}$ 不存在,所以函数 $y=|x|$ 在点 $x=0$ 处不可导(见图 3.2).

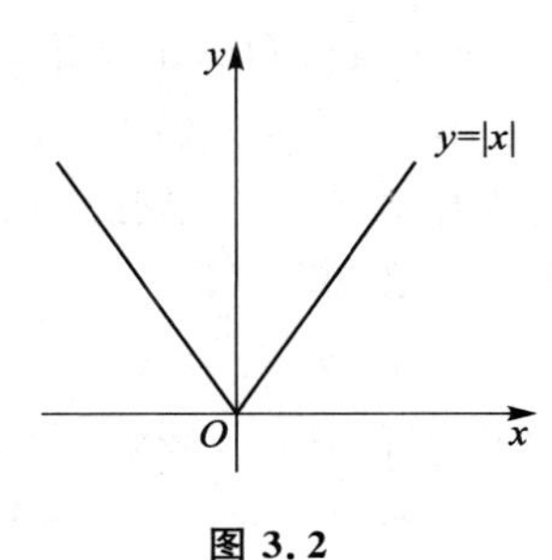

图 3.2

这个定理说明连续是可导的必要条件,但不是充分条件,即可导一定连续,但连续不一定可导.

习题 3.1

1. 利用导数的定义解答下列问题.

(1) $f(x)=\sqrt{x}$,求 $f'(x)$;

(2) $f(x)=\cos x$,求 $f'\left(\frac{\pi}{4}\right)$.

2. 求曲线 $y=x^3$ 在点(1,1)处的切线方程和法线方程.

3. 求下列函数的导数.

(1) $y=x^6$;　　(2) $y=x^{\frac{9}{8}}$;　　(3) $y=\frac{1}{\sqrt[3]{x}}$.

3.2　求导法则及基本公式

求导数是微分学中最基本的运算,3.1 节给出了按定义求导数的方法,但对于较复杂的函数,用这种方法求导比较困难.本节由导数的四则运算和复合函数的求导法则,导出基本初等函数的求导公式,然后在下一节再建立起一些特殊的求导方法,如对数求导法、隐函数求导法等.

3.2.1　四则运算法则

定理 1　设函数 $u=u(x)$ 与 $v=v(x)$ 在点 x 处可导,则函数 $u(x)\pm v(x)$,$u(x)v(x)$,

$\dfrac{u(x)}{v(x)}(v(x)\neq 0)$也在点 x 处可导,且有

① $[u(x)\pm v(x)]'=u'(x)\pm v'(x)$;

② $[u(x)v(x)]'=u'(x)v(x)+v'(x)u(x)$,特别地,$[C\cdot u(x)]'=C\cdot u'(x)$ (C 为常数);

③ $\left[\dfrac{u(x)}{v(x)}\right]'=\dfrac{u'(x)v(x)-u(x)v'(x)}{v^2(x)}$ $(v(x)\neq 0)$,特别地,当 $u(x)=C$(C 为常数)时,有

$$\left[\frac{C}{v(x)}\right]'=-\frac{C\cdot v'(x)}{v^2(x)}$$

上述法则①可以推广到有限个可导函数代数和的情形,如

$$[u(x)+v(x)+\bar{\omega}(x)]'=u'(x)+v'(x)+\bar{\omega}'(x)$$

对于有限个可导函数的乘积,其求导法则可以根据法则②推得. 设 $u=u(x)$,$v=v(x)$和 $\bar{\omega}=\bar{\omega}(x)$为三个可导函数,则其乘积的导数为

$$\begin{aligned}[u(x)v(x)\bar{\omega}(x)]'=&[u(x)v(x)]'\bar{\omega}(x)+[v(x)u(x)]\bar{\omega}'(x)=\\&[u'(x)v(x)+u(x)v'(x)]\bar{\omega}(x)+[v(x)u(x)]\bar{\omega}'(x)=\\&u'(x)v(x)\bar{\omega}(x)+u(x)v'(x)\bar{\omega}(x)+[v(x)u(x)]\bar{\omega}'(x)\end{aligned}$$

例 1 求 $y=\ln x+x^2$ 的导数.

解

$$y'=(\ln x)'+(x^2)'=\frac{1}{x}+2x$$

例 2 求 $y=x^2\sin x$ 的导数.

解

$$y'=(x^2)'\sin x+x^2(\sin x)'=2x\sin x+x^2\cos x$$

例 3 $y=\sqrt{x}\cos x+4\dfrac{1}{x}+\sin\dfrac{\pi}{7}$,求 y'.

解

$$\begin{aligned}y'=&(\sqrt{x}\cos x)'+\left(4\frac{1}{x}\right)'+\left(\sin\frac{\pi}{7}\right)'=\\&(\sqrt{x})'\cos x+\sqrt{x}(\cos x)'+4\left(\frac{1}{x}\right)'=\\&\frac{\cos x}{2\sqrt{x}}-\sqrt{x}\sin x-\frac{1}{4}\cdot\frac{1}{x^2}\end{aligned}$$

例 4 求函数 $y=\tan x$ 的导数.

解 $y'=(\tan x)'=\left(\dfrac{\sin x}{\cos x}\right)'=\dfrac{(\sin x)'\cos x-\sin x(\cos x)'}{\cos^2 x}=$

$$\frac{\cos^2 x+\sin^2 x}{\cos^2 x}=\frac{1}{\cos^2 x}=\sec^2 x$$

即

$$(\tan x)'=\sec^2 x$$

类似可得

$$(\cot x)' = -\csc^2 x$$

$$(\sec x)' = \sec x \tan x$$

$$(\csc x)' = -\csc x \cot x$$

3.2.2　复合函数的求导法则

定理2　如果函数 $u=\varphi(x)$ 在点 x 处可导，而函数 $y=f(u)$ 在对应的点 u 处可导，那么复合函数 $y=f[\varphi(x)]$ 也在点 x 处可导，且有

$$\frac{\mathrm{d}y}{\mathrm{d}x}=\frac{\mathrm{d}y}{\mathrm{d}u}\cdot\frac{\mathrm{d}u}{\mathrm{d}x}\quad 或 \quad \{f[\varphi(x)]\}'=f'(\varphi(x))\cdot\varphi'(x)$$

证明　设 x 的增量为 Δx，对应的函数 $u=\varphi(x)$ 与 $y=f(u)$ 的增量分别为 Δu 和 Δy，由于函数 $y=f(u)$ 可导，即 $\lim\limits_{\Delta u\to 0}\dfrac{\Delta y}{\Delta u}=\dfrac{\mathrm{d}y}{\mathrm{d}u}$ 存在，于是由无穷小与函数极限的关系，有

$$\frac{\Delta y}{\Delta u}=\frac{\mathrm{d}y}{\mathrm{d}u}+\alpha(\Delta u)$$

其中 $\alpha(\Delta u)$ 是 $\Delta u\to 0$ 时的无穷小，以 Δu 乘以上式两边得

$$\Delta y=\frac{\mathrm{d}y}{\mathrm{d}u}\Delta u+\alpha(\Delta u)\Delta u$$

于是

$$\frac{\Delta y}{\Delta x}=\frac{\mathrm{d}y}{\mathrm{d}u}\frac{\Delta u}{\Delta x}+\alpha(\Delta u)\frac{\Delta u}{\Delta x}$$

因为 $u=\varphi(x)$ 在点 x 处可导，又根据函数在某点可导必在该点连续，可知 $u=\varphi(x)$ 在点 x 处也是连续的，故有

$$\lim_{\Delta x\to 0}\frac{\Delta u}{\Delta x}=\frac{\mathrm{d}u}{\mathrm{d}x}$$

且当 $\Delta x\to 0$ 时 $\Delta u\to 0$，从而 $\lim\limits_{\Delta x\to 0}\alpha(\Delta u)=\lim\limits_{\Delta u\to 0}\alpha(\Delta u)=0$，所以

$$\lim_{\Delta x\to 0}\frac{\Delta y}{\Delta x}=\lim_{\Delta x\to 0}\left[\frac{\mathrm{d}y}{\mathrm{d}u}\frac{\Delta u}{\Delta x}+\alpha(\Delta u)\frac{\Delta u}{\Delta x}\right]=$$

$$\frac{\mathrm{d}y}{\mathrm{d}u}\lim_{\Delta x\to 0}\frac{\Delta u}{\Delta x}+\lim_{\Delta x\to 0}\alpha(\Delta u)\lim_{\Delta x\to 0}\frac{\Delta u}{\Delta x}=\frac{\mathrm{d}y}{\mathrm{d}u}\cdot\frac{\mathrm{d}u}{\mathrm{d}x}$$

即

$$\frac{\mathrm{d}y}{\mathrm{d}x}=\frac{\mathrm{d}y}{\mathrm{d}u}\cdot\frac{\mathrm{d}u}{\mathrm{d}x}$$

或记为

$$\{f[\varphi(x)]\}'=f'(u)\varphi'(x)$$

上式说明求复合函数 $y=f[\varphi(x)]$ 对 x 的导数时，可先求出 $y=f(u)$ 对 u 的导数和 $u=\varphi(x)$ 对 x 的导数，然后相乘即得.

注意，符号 $[f(\varphi(x))]'$ 表示复合函数 $f(\varphi(x))$ 对自变量 x 求导数，而符号 $f'(\varphi(x))$ 表示复合函数 $f(\varphi(x))$ 对中间变量 $u=\varphi(x)$ 求导数.

例5　求 $y=\sin 4x$ 的导数.

解 函数 $y=\sin 4x$ 可以看作由函数 $y=\sin u$ 与 $u=4x$ 复合而成. 因此

$$y'=(\sin u)'(4x)'=\cos u\cdot 4=4\cos 4x$$

例 6 求 $y=\sin^2 x$ 的导数.

解 函数 $y=\sin^2 x$ 可以看作由函数 $y=u^2$ 与 $u=\sin x$ 复合而成. 因此

$$y'=(u^2)'(\sin x)'=2u\cdot\cos x=2\sin x\cdot\cos x=\sin 2x$$

求复合函数的导数,其关键是分析清楚复合函数的构造. 对于复合函数的分解比较熟悉后,就不必再写出中间变量,可以按照复合的前后次序,层层求导直接得出最后结果.

例 7 求函数 $y=\ln(x^3+1)$的导数.

解 不设出中间变量,由外层向内层逐层求导:

$$y'=\frac{1}{x^3+1}(x^3+1)'=\frac{1}{x^3+1}\cdot 3x^2$$

例 8 求 $y=(2x+1)^2$ 的导数.

解 一步就写出复合函数的导数:

$$y'=2(2x+1)\cdot 2=4(2x+1)$$

显然,以上法则可用于有限次复合的情形.

设 $y=f(u),u=\varphi(v),v=\psi(x)$都可导,则复合函数 $y=f\{\varphi[\psi(x)]\}$对 x 的导数为

$$\frac{\mathrm{d}y}{\mathrm{d}x}=\frac{\mathrm{d}y}{\mathrm{d}u}\cdot\frac{\mathrm{d}u}{\mathrm{d}v}\cdot\frac{\mathrm{d}v}{\mathrm{d}x}$$

或记为

$$\{f[\varphi[\psi(x)]]\}'=f'(u)\varphi'(v)\psi'(x)$$

复合函数的求导法则也被形象地称为链式法则.

例 9 求函数 $y=\ln\tan\frac{x}{2}$的导数.

解

$$y'=\left(\ln\tan\frac{x}{2}\right)'=\frac{1}{\tan\frac{x}{2}}\left(\tan\frac{x}{2}\right)'=$$

$$\frac{1}{\tan\frac{x}{2}}\cdot\sec^2\frac{x}{2}\cdot\left(\frac{x}{2}\right)'=\frac{\cos\frac{x}{2}}{\sin\frac{x}{2}}\cdot\frac{1}{\cos^2\frac{x}{2}}\cdot\frac{1}{2}=$$

$$\frac{1}{\sin x}=\csc x.$$

例 10 求函数 $y=\sin\ln\sqrt{2x+1}$的导数.

解 $y'=\cos\ln\sqrt{2x+1}\cdot\dfrac{1}{\sqrt{2x+1}}\cdot\dfrac{1}{2\sqrt{2x+1}}\cdot 2=\dfrac{\cos\ln\sqrt{2x+1}}{2x+1}$.

例 11 设 $f'(x)$存在,求 $y=\ln|f(x)|$的导数($f(x)\neq 0$).

解 分两种情况来考虑:

当 $f(x)>0$ 时,$y=\ln f(x)$,$y'=[\ln f(x)]'=\dfrac{1}{f(x)}f'(x)=\dfrac{f'(x)}{f(x)}$;

当 $f(x)<0$ 时,$y=\ln[-f(x)]$,$y'=\dfrac{1}{-f(x)}[-f(x)]'=\dfrac{f'(x)}{f(x)}$;

所以
$$[\ln|f(x)|]'=\frac{f'(x)}{f(x)}$$
特别地，
$$(\ln|x|)'=\frac{1}{x}$$

从以上各例可见，复合函数求导法则是求导的灵魂.

3.2.3　基本初等函数的求导公式

前面我们介绍了所有基本初等函数的导数公式，并给出了导数的运算法则以及复合函数的求导法则. 为便于记忆与查阅，现将导数的基本公式和运算法则归纳如下：

$C'=0$（C 为常数）	$(x^{\mu})'=\mu x^{\mu-1}$（μ 为常数）
$(\log_a x)'=\dfrac{1}{x\ln a}$	$(\ln x)'=\dfrac{1}{x}$
$(a^x)'=a^x\ln a$	$(e^x)'=e^x$
$(\sin x)'=\cos x$	$(\cos x)'=-\sin x$
$(\tan x)'=\dfrac{1}{\cos^2 x}=\sec^2 x$	$(\cot x)'=-\dfrac{1}{\sin^2 x}=-\csc^2 x$
$(\sec x)'=\sec x\tan x$	$(\csc x)'=-\csc x\cot x$
$(\arcsin x)'=\dfrac{1}{\sqrt{1-x^2}}$	$(\arccos x)'=-\dfrac{1}{\sqrt{1-x^2}}$
$(\arctan x)'=\dfrac{1}{1+x^2}$	$(\text{arccot}\, x)'=-\dfrac{1}{1+x^2}$

3.2.4　隐函数的导数

用解析法表示函数时，一般采用两种形式，一种是把因变量 y 表示成自变量 x 的表达式的形式，即 $y=f(x)$的形式，称为显函数.

例如，$y=\ln x+x^2$，$y=\sin\ln\sqrt{2x+1}$等是显函数.

另一种是函数 y 与自变量 x 的关系隐含在方程中，这种函数称为隐函数.

例如，$x^3-y+1=0$，$xy-e^x+e^y=0$，$3y^2=x^2(x+1)$等是隐函数.

对于隐函数，有的能化成显函数，例如函数 $x^3-y+1=0$ 可化成 $y=x^3+1$，而有的化起来是很困难的，例如 $xy-e^x+e^y=0$ 就不能化为显函数. 在实际问题中，有时需要求隐函数的导数.

前面我们所遇到的都是显函数 $y=f(x)$的求导. 对于由方程 $F(x,y)=0$ 所确定的隐函数求导问题，如何从 $F(x,y)=0$ 直接把$\dfrac{dy}{dx}$求出来呢？

求隐函数的导数的方法是：方程两边同时对 x 求导，遇到含有 y 的项，把 y 看成是以 y 为中间变量的复合函数，然后从所得关系中解出 y'即可.

例 12　求由方程 $xy-e^x+e^y=0$ 所确定的隐函数的导数$\dfrac{dy}{dx}$.

解 把方程 $xy-e^x+e^y=0$ 的两端对 x 求导。但 y 是 x 的函数,得

$$y+xy'-e^x+e^y y'=0$$

由上式解出 y',便得隐函数的导数为

$$y'=\frac{e^x-y}{x+e^y}\quad(x+e^y\neq 0)$$

例 13 求曲线 $x^2+xy+y^2=4$ 在点(2,−2)处的切线方程.

解 方程两边对 x 求导,可得

$$2x+y+xy'+2yy'=0$$

则有

$$y'=\frac{2x+y}{x+2y}\quad(y\neq 0)$$

所以

$$k=y'\Big|_{(2,-2)}=1$$

因而所求切线方程为

$$y-(-2)=1\cdot(x-2)$$

即

$$x-y-4=0$$

3.2.5 对数求导法

有些函数虽然是显函数,但直接求导比较麻烦,若利用取对数将其变为隐函数,则求导就简单了.这种方法通常称为对数求导法.

例 14 设 $y=\sqrt[3]{\dfrac{x(4x-1)}{(2x-1)(2-x)}}$,求 y'.

解 先在等式两边取绝对值,再取对数,得

$$\ln|y|=\frac{1}{3}[\ln|x|+\ln|4x-1|-\ln|2x-1|-\ln|2-x|]$$

两边对 x 求导,得

$$\frac{1}{y}\cdot y'=\frac{1}{3}\left(\frac{1}{x}+\frac{4}{4x-1}-\frac{2}{2x-1}+\frac{1}{2-x}\right)$$

所以 $$y'=y=\frac{1}{3}\sqrt[3]{\frac{x(4x-1)}{(2x-1)(2-x)}}\times\left(\frac{1}{x}+\frac{4}{4x-1}-\frac{2}{2x-1}+\frac{1}{2-x}\right)$$

以后解题时,为了方便起见,取绝对值可以略去.

例 15 求 $y=x^{\sin x}(x>0)$的导数.

解 对于 $y=x^{\sin x}(x>0)$两边取对数,得

$$\ln y=\sin x\ln x$$

两边求导,得

$$\frac{1}{y}y'=\frac{\sin x}{x}+\cos x\ln x$$

所以

$$y'=y\left(\frac{\sin x}{x}+\cos x\ln x\right)=x^{\sin x}\left(\frac{\sin x}{x}+\cos x\ln x\right)$$

3.2.6　高阶导数

从 3.1 节中我们知道，变速直线运动的瞬时速度 $v(t)$是位置函数 $s(t)$对时间 t 的导数，即

$$v=\frac{\mathrm{d}s}{\mathrm{d}t}\quad 或\quad v=s'$$

而加速度 a 是速度 v 对时间 t 的变化率. 也就是说，加速度 a 等于速度 v 对时间 t 的导数，即

$$a=\frac{\mathrm{d}v}{\mathrm{d}t}$$

因为 $v=\frac{\mathrm{d}s}{\mathrm{d}t}$，所以

$$a=\frac{\mathrm{d}v}{\mathrm{d}t}=\frac{\mathrm{d}}{\mathrm{d}t}\left(\frac{\mathrm{d}s}{\mathrm{d}t}\right)\quad 或\quad a=[s'(t)]'$$

这种导数的导数$\frac{\mathrm{d}}{\mathrm{d}t}\left(\frac{\mathrm{d}s}{\mathrm{d}t}\right)$或$[s'(t)]'$叫作 s 对 t 的二阶导数，记作$\frac{\mathrm{d}^2s}{\mathrm{d}t^2}$或 $s''(t)$，所以，物体运动的加速度就是位置函数 s 对时间 t 的二阶导数.

一般地，函数 $y=f(x)$的导数 $y'=f'(x)$仍是 x 的可导函数，就称 $y'=f'(x)$的导数$[f'(x)]'$为函数 $y=f(x)$的二阶导数，记作 y''，$f''(x)$或$\frac{\mathrm{d}^2y}{\mathrm{d}x^2}$，即

$$y''=(y')'=f''(x)\quad 或\quad \frac{\mathrm{d}^2y}{\mathrm{d}x^2}=\frac{\mathrm{d}}{\mathrm{d}x}\left(\frac{\mathrm{d}y}{\mathrm{d}x}\right)$$

类似地，二阶导数的导数叫作三阶导数，三阶导数的导数叫作四阶导数，……，一般地，$f(x)$的 $n-1$ 阶导数的导数叫作 n 阶导数，分别记作

$$y''',\quad y^{(4)},\quad \cdots,\quad y^{(n)};\quad f'''(x),\quad f^{(4)}(x),\quad \cdots,\quad f^{(n)}(x)$$

或

$$\frac{\mathrm{d}^3y}{\mathrm{d}x^3},\frac{\mathrm{d}^4y}{\mathrm{d}x^4},\cdots,\frac{\mathrm{d}^ny}{\mathrm{d}x^n}$$

且有

$$y^{(n)}=[y^{(n-1)}]'\quad 或\quad \frac{\mathrm{d}^ny}{\mathrm{d}x^n}=\frac{\mathrm{d}}{\mathrm{d}x}\left(\frac{\mathrm{d}^{(n-1)}y}{\mathrm{d}x^{n-1}}\right)$$

二阶及二阶以上的导数统称为高阶导数. 显然，求高阶导数并不需要另外的方法，只要逐阶求导，一直求到所要求的阶数即可.

例 16　求函数 $y=5^x$ 的二阶及三阶导数.

解

$$y'=5^x\ln 5$$
$$y''=(y')'=(5^x\ln 5)'=5^x(\ln 5)^2$$
$$y'''=(y'')'=5^x(\ln 5)^3$$

例 17　求 n 次多项式 $y=a_0x^n+a_1x^{n-1}+\cdots+a_n$ 的各阶导数.

解

$$y'=na_0x^{n-1}+(n-1)a_1x^{n-2}+\cdots+a_{n-1}$$
$$y''=n(n-1)a_0x^{n-2}+(n-1)(n-2)a_1x^{n-3}+\cdots+2a_{n-2}$$

可见每经过一次求导运算，多项式的次数就降低一次，继续求导得

$$y^{(n)}=n!\ a_0$$

这是一个常数,因而

$$y^{(n+1)}=y^{(n+2)}=\cdots=0$$

这就是说,n 次多项式的一切高于 n 阶的导数都为零.

习题 3.2

1. 用导数的四则运算求下列函数的导数.

(1) $y=3x+\dfrac{1}{x}-6x+1$;　　(2) $y=3^x+\log_2 x+\sin\dfrac{\pi}{4}$;

(3) $y=x^3\cos x$;　　(4) $y=e^x\ln x$;

(5) $y=\dfrac{x-1}{x+1}$;　　(6) $y=\dfrac{x\tan x}{1+x^2}$.

2. 求下列函数的导数.

(1) $y=(2x+1)^2$;　　(2) $y=\ln^3 x$;

(3) $y=\sqrt{1-x^2}$;　　(4) $y=e^{\sin^2 x}$;

(5) $y=\arctan\dfrac{1}{x}$;　　(6) $y=e^{x^2+x+1}$;

(7) $y=\arccos 2x$;　　(8) $y=\ln(x+\sqrt{1+x^2})$.

3. 求下列函数在指定点的导数.

(1) $f(x)=x^2-3\ln x$,求 $f'(1)$;　　(2) $f(x)=\dfrac{x-\sin x}{x+\sin x}$,求 $f'\left(\dfrac{\pi}{2}\right)$.

4. 求下列隐函数的导数.

(1) $x^3+y^3-3xy=0$;　　(2) $xy+y+e^y=2$;

(3) $\sqrt{x}+\sqrt{y}=\sqrt{a}$;　　(4) $y=1+xe^y$.

5. 用对数求导法求下列函数的导数.

(1) $y=x^{x^2}$;　　(2) $y=\dfrac{(2x+3)\sqrt[4]{x-6}}{\sqrt[3]{x+1}}$.

6. 求下列函数的导数.

(1) $y=(x^3+1)^2$,求 y'';　　(2) $y=x\sin x$,求 y'';

(3) $y=a^x$,求 $y^{(n)}$.

3.3 微　分

3.3.1 微分的定义

微分与导数有着密切的联系,我们由实际问题介绍微分的概念及应用.先看一个具体的例子.

引例　一个边长为 x_0 的正方形金属薄片,当受冷热影响时,其边长由 x_0 变到 $x_0+\Delta x$(见图 3.3),问:薄片的面积改变了多少?

$$\Delta S=(x_0+\Delta x)^2-x_0^2=2x_0\Delta x+(\Delta x)^2$$

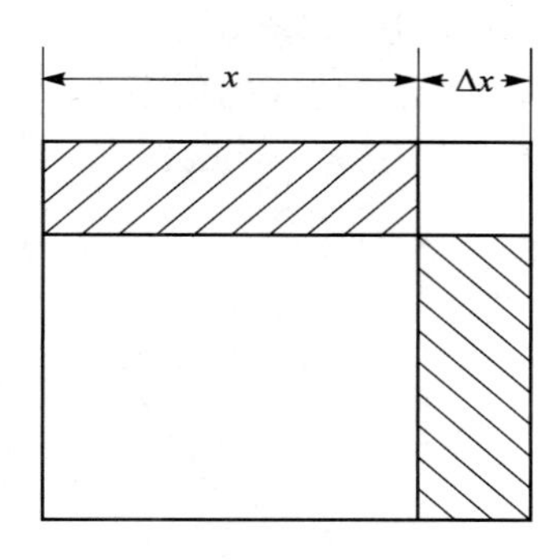

图 3.3

ΔS 包括两部分：

第一部分 $2x_0\Delta x$ 是 ΔS 的主要部分，即图 3.3 中画斜线的那两个矩形面积之和；而第二部分$(\Delta x)^2$，当 $\Delta x\to 0$ 时，是比 Δx 高阶的无穷小量. 因此，当 Δx 很小时，我们可以用第一部分 $2x_0\Delta x$ 近似地表示 ΔS，而把第二部分忽略掉，其差 $\Delta S-2x_0\Delta x$ 只是一个比 Δx 高阶的无穷小量. 我们把 $2x_0\Delta x$ 叫作正方形面积 S 在 x_0 处的微分，记作

$$\mathrm{d}S=2x_0\Delta x$$

这个结论具有一般性.

定义 1　设函数 $y=f(x)$在 x_0 处有导数 $f'(x_0)$，则称 $f'(x_0)\Delta x$ 为 $y=f(x)$在 x_0 处的微分，记作 $\mathrm{d}y$，即

$$\mathrm{d}y=f'(x_0)\Delta x$$

此时称函数 $y=f(x)$在 x_0 处是可微的.

例 1　求函数 $y=x^2$ 在 $x=2$ 处的微分.

解
$$\mathrm{d}y=(x^2)'\Big|_{x=2}=4\Delta x$$

函数 $y=f(x)$在任意点 x 的微分，叫作函数的微分，记作

$$\mathrm{d}y=f'(x)\Delta x$$

如果将自变量 x 当作自己的函数 $y=x$，则得

$$\mathrm{d}x=\mathrm{d}y=x'\cdot\Delta x=\Delta x$$

因此，我们说自变量的微分 $\mathrm{d}x$ 就等于它的改变量 Δx. 于是，函数的微分可以写成

$$\mathrm{d}y=f'(x)\mathrm{d}x$$

即函数的微分就是函数的导数与自变量的微分之乘积，由上式可得

$$\frac{\mathrm{d}y}{\mathrm{d}x}=f'(x)$$

也就是说，函数的微分与自变量微分之商等于该函数的导数，因此，导数也叫微商.

由于求微分的问题可归结为求导数的问题，因此求导数与求微分的方法叫作微分法.

例 2　求函数 $y=\ln x$ 的微分.

解　$\mathrm{d}y=(\ln x)'\mathrm{d}x=\dfrac{1}{x}\mathrm{d}x.$

1. 微分的几何意义

在直角坐标中作函数 $y=f(x)$的图形，如图 3.4 所示. 在曲线上取一点 $M(x,y)$，过M 点作曲线的切线，它与 Ox 轴的交角为 α，则此切线的斜率为

$$f'(x)=\tan\alpha$$

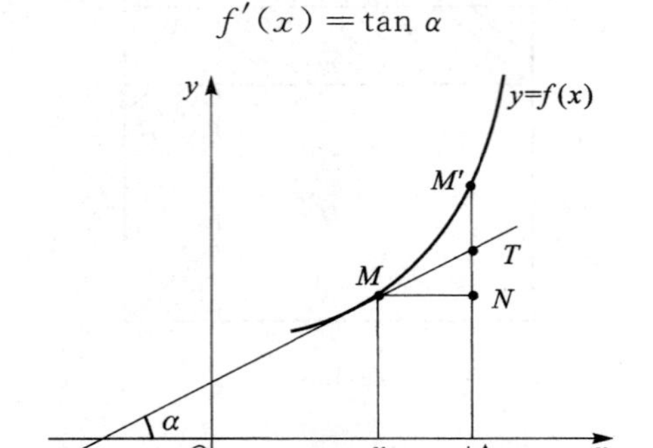

图 3.4

当自变量在点 x 处取得改变量 Δx 时，就得到曲线上另外一点 $M'(x+\Delta x,y+\Delta y)$. 由图 3.4 易知

$$MN=\Delta x,\quad NM'=\Delta y$$

且
$$NT=MN\cdot\tan\alpha=f'(x)\Delta x=\mathrm{d}y$$

因此，函数 $y=f(x)$的微分 $\mathrm{d}y$ 的几何意义就是过点 $M(x,y)$的切线的纵坐标的改变量.

2. 微分的运算

因为函数 $y=f(x)$的微分等于导数 $f'(x)$乘以 $\mathrm{d}x$，所以根据导数公式和导数运算法则，就能得到相应的微分公式和微分运算法则，求导数的一切基本公式和运算法则完全适用于微分.

例 3 求函数 $f(x)=x^2\mathrm{e}^{3x}$ 的微分.

解
$$f'(x)=2x\mathrm{e}^{3x}+3x^2\mathrm{e}^{3x}=x\mathrm{e}^{3x}(2+3x)$$
$$\mathrm{d}y=f'(x)\mathrm{d}x=x\mathrm{e}^{3x}(2+3x)$$

3.3.2 微分形式不变性

设函数 $y=f(u)$，根据微分的定义，当 u 是自变量时，函数 $y=f(u)$的微分是

$$\mathrm{d}y=f'(u)\mathrm{d}u$$

如果 u 不是自变量，而是 x 的可导函数 $u=\varphi(x)$，则复合函数 $y=f[\varphi(x)]$的导数为

$$y'=f'(u)\varphi'(x)$$

于是，复合函数 $y=f[\varphi(x)]$的微分为

$$\mathrm{d}y=f'(u)\varphi'(x)\mathrm{d}x$$

由于
$$\varphi'(x)\mathrm{d}x=\mathrm{d}u$$

所以
$$\mathrm{d}y=f'(u)\mathrm{d}u$$

由此可见，不论 u 是自变量还是函数(中间变量)，函数 $y=f(u)$的微分总保持统一形式 $\mathrm{d}y=f'(u)\mathrm{d}u$，这一性质称为一阶微分形式不变性. 有时，利用一阶微分形式不变性求复合函数的微分比较方便.

例 4　设 $y=\cos\sqrt{x}$，求 $\mathrm{d}y$.

解　(1) 用公式 $\mathrm{d}y=f'(x)\mathrm{d}x$，得

$$\mathrm{d}y=(\cos\sqrt{x})'\mathrm{d}x=-\frac{1}{2\sqrt{x}}\sin\sqrt{x}\,\mathrm{d}x$$

(2) 用一阶微分形式不变性，得

$$\mathrm{d}y=\mathrm{d}(\cos\sqrt{x})=-\sin\sqrt{x}\,\mathrm{d}\sqrt{x}=$$

$$-\sin\sqrt{x}\ \frac{1}{2\sqrt{x}}\mathrm{d}x=-\frac{1}{2\sqrt{x}}\sin\sqrt{x}\,\mathrm{d}x$$

例 5　设 $y=\mathrm{e}^{\sin x}$，求 $\mathrm{d}y$.

解　(1) 用公式 $\mathrm{d}y=f'(x)\mathrm{d}x$，得

$$\mathrm{d}y=(\mathrm{e}^{\sin x})'\mathrm{d}x=\mathrm{e}^{\sin x}\cos x\,\mathrm{d}x$$

(2) 用一阶微分形式不变性，得

$$\mathrm{d}y=\mathrm{d}\mathrm{e}^{\sin x}=\mathrm{e}^{\sin x}\mathrm{d}\sin x=\mathrm{e}^{\sin x}\cos x\,\mathrm{d}x$$

3.3.3　微分在近似计算中的应用

在实际问题中，经常利用微分作近似计算.

当函数 $y=f(x)$ 在 x_0 处的导数 $f'(x_0)\neq 0$ 且 $|\Delta x|$ 很小时，有近似公式

$$\Delta y\approx \mathrm{d}y=f'(x_0)\Delta x$$

$$\Delta y=f(x_0+\Delta x)-f(x_0)\approx f'(x_0)\Delta x \tag{3.3.1}$$

或

$$f(x_0+\Delta x)\approx f(x_0)+f'(x_0)\Delta x \tag{3.3.2}$$

这里，式(3.3.1)可以直接用于求函数增量的近似值，而式(3.3.2)可以用来求函数在某点附近的函数值的近似值.

例 6　水管壁的横截面是一个圆环，其内半径为 10 cm，环宽为 0.1 cm. 求横截面的面积的精确值和近似值.

解　圆的面积为 $s=\pi r^2$，则横截面的面积的精确值为

$$\Delta s=[\pi(10+0.1)^2-\pi 10^2]\mathrm{cm}^2=2.01\pi\ \mathrm{cm}^2$$

近似值为　$\Delta s\approx \mathrm{d}s=s'\Delta r=2\pi r\cdot\Delta r=2\pi\cdot 10\cdot 0.1\ \mathrm{cm}^2=2\pi\ \mathrm{cm}^2$

例 7　设某国家的国民经济消费模型为

$$y=10+0.4x+0.01x^{\frac{1}{2}}$$

其中，y 为总消费(单位:10 亿元)；x 为可支配收入(单位:10 亿元). 当 $x=100.05$ 时，问:总消费是多少?

解　设 $x_0=100$，$\Delta x=0.05$，因为 Δx 相对于 x_0 较小，可近似求值为

$$f(x_0+\Delta x)\approx f(x_0)+f'(x_0)\Delta x=$$

$$(10+0.4\times 100+0.01\times 100^{\frac{1}{2}})+\left(10+0.4x+0.01\times x^{\frac{1}{2}}\right)'\Big|_{x=100}\cdot\Delta x=$$

$$50.1+\left(0.4+\frac{0.01}{2\sqrt{x}}\right)'\Bigg|_{x=100}\times 0.05=50.120\,025(10\text{ 亿元})$$

习题 3.3

1. 求下列函数的微分.

(1) $y=x\sin 2x+\cos x$；　　(2) $y=\ln(\sin 3x)$；

(3) $y=\frac{1}{a}\arctan\frac{x}{a}$ ；　　(4) $y=e^{-x}\cos x$.

2. 一个正立方体的水桶，棱长为 10 cm，如果棱长增加 0.1 cm，求水桶体积增加的精确值和近似值.

3. 计算下列各式的近似值.

(1) $\sqrt[6]{65}$；　　(2) $\ln 1.01$.

3.4 洛必达法则

在求函数的极限时.曾多次遇到求两个无穷小量之比或两个无穷大量之比$\left(\text{即}\frac{0}{0}\text{型或}\frac{\infty}{\infty}\right.$型未定式$\Big)$的极限问题，它不能直接使用商的极限运算法则.本小节将应用前面讲述的柯西中值定理给出计算$\frac{0}{0}$型或$\frac{\infty}{\infty}$型未定式极限的简捷有效的方法——洛必达法则，进一步完善极限问题.

定理 1　设函数 $f(x)$与 $g(x)$满足条件：

(1) $\lim\limits_{x\to x_0}f(x)=\lim\limits_{x\to x_0}g(x)=0$；

(2) 在点 x_0 的某邻域内(点 x_0 可除外)可导，且 $g'(x)\neq 0$；

(3) $\lim\limits_{x\to x_0}\frac{f'(x)}{g'(x)}=A(\text{或}\infty)$，

则必有$\lim\limits_{x\to x_0}\frac{f'(x)}{g'(x)}=\lim\limits_{x\to x_0}\frac{f(x)}{g(x)}=A(\text{或}\infty)$.

注　上述定理对于 $x\to x_0$ 或 $x\to\infty$时的$\frac{0}{0}$型未定式同样适用，对于 $x\to x_0$ 或 $x\to\infty$时的$\frac{\infty}{\infty}$型未定式，也有相应的法则.

例 1　求$\lim\limits_{x\to 0}\frac{e^x-1}{x^2-x}$.

解　这是$\frac{0}{0}$型未定式，且满足定理 1 的条件，故有

$$\lim_{x\to 0}\frac{e^x-1}{x^2-x}=\lim_{x\to 0}\frac{(e^x-1)'}{(x^2-x)'}=\lim_{x\to 0}\frac{e^x}{2x-1}=\frac{1}{-1}=-1$$

例 2　求$\lim\limits_{x\to 0}\frac{(1+x)^\alpha-1}{x}$ (α 为任意实数).

解　这是$\frac{0}{0}$型未定式，应用洛必达法则，有

$$\lim_{x\to 0}\frac{(1+x)^{\alpha}-1}{x}=\lim_{x\to 0}\frac{\alpha(1+x)^{\alpha-1}}{1}=\alpha$$

例 3　求 $\lim\limits_{x\to+\infty}\dfrac{e^x}{x^2}$.

解　这是$\dfrac{\infty}{\infty}$型未定式，应用洛必达法则，有

$$\lim_{x\to+\infty}\frac{e^x}{x^2}=\lim_{x\to+\infty}\frac{e^x}{2x}=\lim_{x\to+\infty}\frac{e^x}{2}=+\infty$$

说明：如果$\lim\limits_{x\to x_0}\dfrac{f'(x)}{g'(x)}$仍是$\dfrac{0}{0}$或$\dfrac{\infty}{\infty}$型未定式，则可以继续应用洛必达法则.

例 4　求$\lim\limits_{x\to 1}\dfrac{x^3-3x+2}{x^3-x^2-x+1}$.

解　$$\lim_{x\to 1}\frac{x^3-3x+2}{x^3-x^2-x+1}=\lim_{x\to 1}\frac{3x^2-3}{3x^2-2x-1}=\lim_{x\to 1}\frac{6x}{6x-2}=\frac{6}{4}=\frac{3}{2}.$$

例 5　求$\lim\limits_{x\to\frac{\pi}{2}}\dfrac{\tan x}{\tan 3x}$.

解　$$\lim_{x\to\frac{\pi}{2}}\frac{\tan x}{\tan 3x}=\lim_{x\to\frac{\pi}{2}}\frac{\dfrac{1}{\cos^2 x}}{\dfrac{3}{\cos^2 3x}}=\frac{1}{3}\lim_{x\to\frac{\pi}{2}}\frac{\cos^2 3x}{\cos^2 x}=$$

$$\frac{1}{3}\lim_{x\to\frac{\pi}{2}}\frac{2\cos 3x\cdot(-3\sin 3x)}{2\cos x\cdot(-\sin x)}=\lim_{x\to\frac{\pi}{2}}\frac{\sin 6x}{\sin 2x}=$$

$$\lim_{x\to\frac{\pi}{2}}\frac{6\cos 6x}{2\cos 2x}=3$$

洛必达法则不仅可以用来解决$\dfrac{0}{0}$型或$\dfrac{\infty}{\infty}$型未定式的极限问题，还可以用来解决 $0\cdot\infty$，$\infty-\infty$，1^{∞}，0^0，∞^0 等型的未定式的极限问题. 解决这些类型未定式极限问题的办法，就是经过适当的变换，将它们化为$\dfrac{0}{0}$型或$\dfrac{\infty}{\infty}$型未定式的极限.

例 6　求 $\lim\limits_{x\to+\infty}\left[x\left(\dfrac{x}{2}-\arctan x\right)\right]$　($\infty\cdot 0$ 型).

解　$$\lim_{x\to+\infty}\left[x\left(\frac{x}{2}-\arctan x\right)\right]=\lim_{x\to+\infty}\frac{\dfrac{1}{2}-\arctan x}{\dfrac{1}{x}}=\lim_{x\to+\infty}\frac{-\dfrac{1}{1+x^2}}{-\dfrac{1}{x^2}}=$$

$$\lim_{x\to+\infty}\frac{x^2}{1+x^2}=1$$

例 7　求$\lim\limits_{x\to 1}\left(\dfrac{x}{x-1}-\dfrac{1}{\ln x}\right)$($\infty-\infty$型).

解　$$\lim_{x\to 1}\left(\frac{x}{x-1}-\frac{1}{\ln x}\right)=\lim_{x\to 1}\frac{x\ln x-x+1}{(x-1)\ln x}=\lim_{x\to 1}\frac{\ln x+1-1}{\dfrac{x-1}{x}+\ln x}=$$

$$\lim_{x\to 1}\frac{\ln x}{1-\frac{1}{x}+\ln x}=\lim_{x\to 1}\frac{\frac{1}{x}}{\frac{1}{x^2}+\frac{1}{x}}=\frac{1}{2}$$

例 8 求$\lim\limits_{x\to 1}x^{\frac{1}{1-x}}$($1^\infty$型).

解 因为$\lim\limits_{x\to 1}x^{\frac{1}{1-x}}=\lim\limits_{x\to 1}\mathrm{e}^{\frac{\ln x}{1-x}}=\mathrm{e}^{\lim\limits_{x\to 1}\frac{\ln x}{1-x}}$,而

$$\lim_{x\to 1}\frac{\ln x}{1-x}=\lim_{x\to 1}\frac{\frac{1}{x}}{-1}=-1$$

所以

$$\lim_{x\to 1}x^{\frac{1}{1-x}}=\mathrm{e}^{-1}$$

例 9 求$\lim\limits_{x\to 0^+}x^x$($0^0$ 型).

解 $\lim\limits_{x\to 0^+}x^x=\lim\limits_{x\to 0^+}\mathrm{e}^{x\ln x}=\mathrm{e}^{\lim\limits_{x\to 0^+}x\ln x}$

而

$$\lim_{x\to 0^+}x\ln x=\lim_{x\to 0^+}\frac{\ln x}{\frac{1}{x}}=\lim_{x\to 0^+}\frac{\frac{1}{x}}{-\frac{1}{x^2}}=$$

$$\lim_{x\to 0^+}(-x)=0$$

所以

$$\lim_{x\to 0^+}x^x=\mathrm{e}^{\lim\limits_{x\to 0^+}x\ln x}=\mathrm{e}^0=1$$

例 10 求$\lim\limits_{x\to 0}\dfrac{x^2\sin\frac{1}{x}}{\sin x}$.

解 这个问题属于$\frac{0}{0}$型未定式,但分子、分母分别求导数后,将化为$\lim\limits_{x\to 0}\dfrac{2x\sin\frac{1}{x}-\cos\frac{1}{x}}{\cos x}$,此式振荡无极限,故洛必达法则失效,不能使用.

但原极限是存在的,可用下法求得:

$$\lim_{x\to 0}\frac{x^2\sin\frac{1}{x}}{\sin x}=\lim_{x\to 0}\left(\frac{x}{\sin x}\cdot x\sin\frac{1}{x}\right)=\frac{\lim\limits_{x\to 0}x\sin\frac{1}{x}}{\lim\limits_{x\to 0}\frac{\sin x}{x}}=\frac{0}{1}=0$$

在使用洛必达法则时,我们应注意如下几点:

① 每次使用法则前,必须检验是否属于“$\frac{0}{0}$”或“$\frac{\infty}{\infty}$”未定型,若不是未定型,就不能使用该法则;

② 如果有可约因子,或有非零极限值的乘积因子,则可先约去或提出,以简化演算步骤;

③ 当 $\lim\dfrac{f'(x)}{g'(x)}$不存在(不包括∞的情形)时 ,并不能断定 $\lim\dfrac{f(x)}{g(x)}$也不存在,此时应

使用其他方法求极限.

习题 3.4

1. 用洛必达法则求极限时应注意什么?

2. 下列极限属于哪种类型的未定式? 求出它们的极限值.

(1) $\lim\limits_{x\to 0}\dfrac{\sin(\sin x)}{x}$;　　(2) $\lim\limits_{x\to +\infty}\dfrac{\ln x}{x}$;

(3) $\lim\limits_{x\to 0^+}\dfrac{\ln x}{\cot x}$;　　(4) $\lim\limits_{x\to +\infty}\dfrac{\ln(e^x+1)}{e^x}$.

3.5　函数的单调性与极值

3.5.1　函数的单调性

在第 1 章已经给出了函数在某个区间内单调性的定义,但利用定义判别函数的单调性有时是不太容易的,下面利用函数的导数来判定函数的单调性.

先从几何的角度直观分析一下.如果在区间(a,b)内曲线上每一点的切线斜率都为正值,即 $\tan\alpha=f'(x)>0$,则曲线是上升的,即函数 $f(x)$是单调递增的,如图 3.5 所示.如果切线斜率都为负值,即 $\tan\alpha=f'(x)<0$,则曲线是下降的,即函数 $f(x)$是单调递减的,如图 3.6 所示.

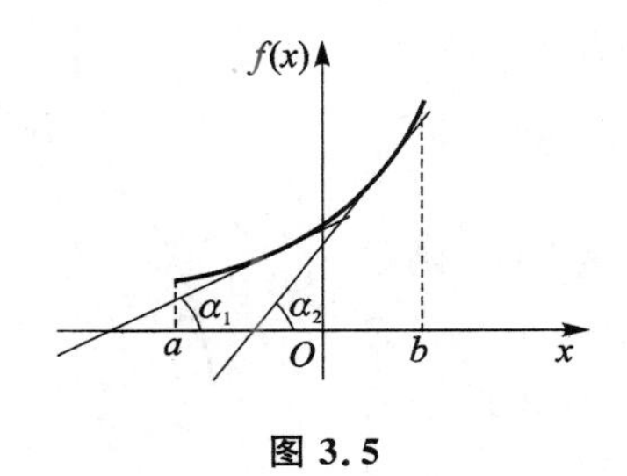

图 3.5

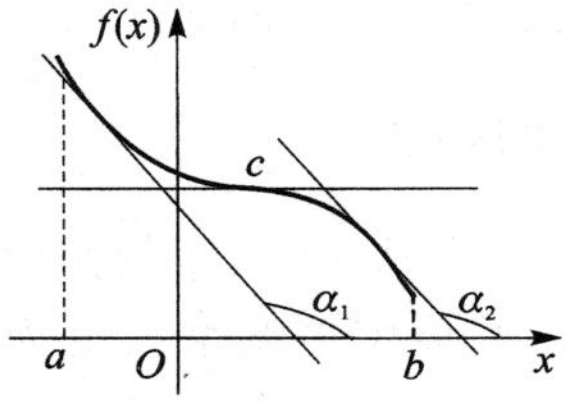

图 3.6

对于上升或下降的曲线,它的切线在个别点处可能平行于 x 轴(即导数等于 0),如图 3.6 中的点 c.

定理 1　设 $f(x)$在区间(a,b)内可导,那么

① 如果 $x\in(a,b)$时恒有 $f'(x)>0$,则 $f(x)$在(a,b)单调增大;

② 如果 $x\in(a,b)$时恒有 $f'(x)<0$,则 $f(x)$在(a,b)单调减小.

定义 1　使 $f'(x)=0$ 的点 x 称为 $f(x)$的驻点.

例 1　确定函数 $f(x)=x^3-3x$ 的单调区间.

解　因 $f'(x)=3x^2-3=3(x+1)(x-1)$,所以

- 当 $x\in(-\infty,-1)$时, $f'(x)>0$,函数 $f(x)$在$(-\infty,-1)$内单调增大;
- 当 $x\in(-1,1)$时, $f'(x)<0$,函数 $f(x)$在$(-1,1)$内单调减小;
- 当 $x\in(1,+\infty)$时, $f'(x)>0$,函数 $f(x)$在$(1,+\infty)$内单调增大,如图 3.7 所示.

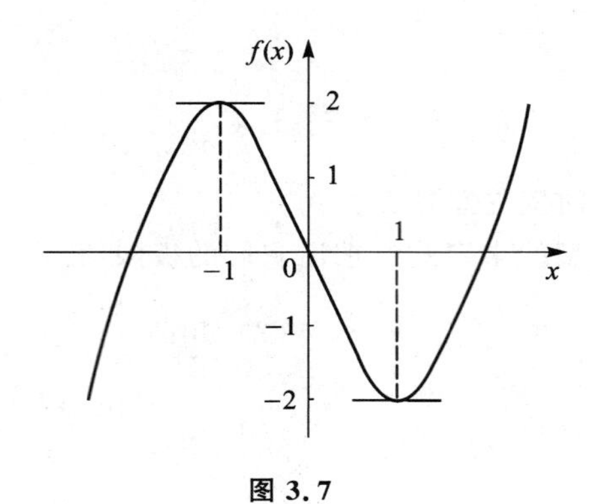

图 3.7

注意 如果在区间(a,b)内$f'(x)\geqslant 0$(或$f'(x)\leqslant 0$),但等号只在个别点处成立,则函数$f(x)$在(a,b)内仍是单调增大(或单调减小)的.

由以上例题可以看出,$f(x)$单调增减区间的分界点可能是驻点或导数不存在的点. 这样就归纳出求$f(x)$单调增减区间的步骤:

① 确定$f(x)$的定义域;

② 对$f(x)$求导后,找出$f(x)$的驻点和导数不存在的点;

③ 用这些点x_i将$f(x)$的定义域分成若干个子区间,判断每个子区间上$f'(x)$的符号,列出结果.

例 2 确定函数$f(x)=x^3$的单调性.

解 因$f'(x)=3x^2\geqslant 0$且只有当$x=0$时,$f'(0)=0$,所以$f(x)=x^3$在$(-\infty,+\infty)$内是单调增大的,如图 3.8 所示.

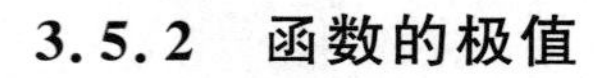

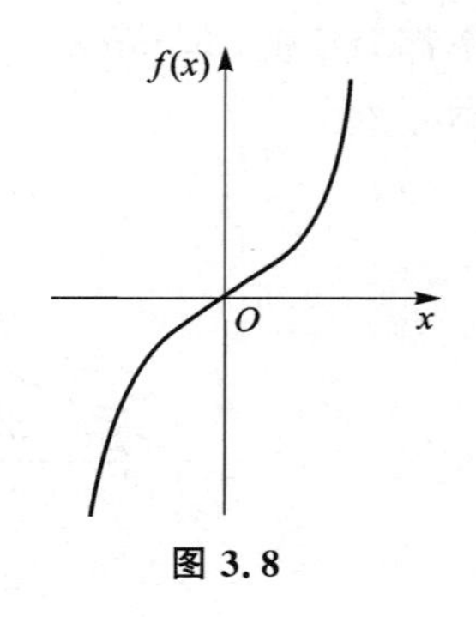

图 3.8

3.5.2 函数的极值

在例 1 中,当x从$x=-1$的左边邻近变到右边邻近时,函数$f(x)=x^3-3x$的值由单调增大变为单调减小,即点$x=-1$是函数由增大变为减小的转折点,因此在$x=-1$的左右邻近恒有$f(-1)>f(x)$,$f(-1)$称为$f(x)$的极大值. 同样,点$x=1$是函数由减小变为增加的转折点,因此在$x=1$的左右邻近恒有$f(1)<f(x)$,$f(-1)$称为$f(x)$的极小值.

定义 2 如果函数$f(x)$在点$x=x_0$的邻域内有定义,对于该邻域内任意的x,如果

① $f(x)<f(x_0)$成立,则$f(x_0)$称为函数的极大值,x_0称为函数$f(x)$的极大值点;

② $f(x)>f(x_0)$成立,则$f(x_0)$称为函数的极小值,x_0称为函数$f(x)$的极小值点.

极大值与极小值统称为极值,极大值点与极小值点统称为极值点. 显然,极值是一个局部性的概念,它只在与极值点附近的所有点的函数值相比较而言,并不意味着它在函数的整个定义区间内最大或最小.

如图 3.9 所示的函数$f(x)$,它在点x_1和x_3处各有极大值$f(x_1)$和$f(x_3)$,在点x_2和x_4处各有极小值$f(x_2)$和$f(x_4)$,而极大值$f(x_1)$还小于$f(x_4)$. 由图易见,这些极大值都不是函数在定义区间上的最大值,极小值也都不是函数在定义区间上的最小值.

由图 3.9 可以看出,在极值点处如果曲线有切线存在,并且切线有确定的斜率,那么该切

线必平行于 x 轴，但有水平切线的点不一定是极值点，如图 3.9 中的点 x_5 的切线平行于 x 轴，但点 x_5 并不是极值点.

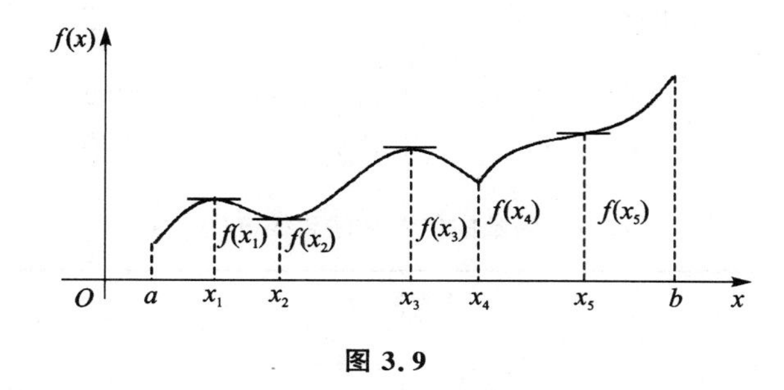

图 3.9

在上述几何直观的基础上，给出函数极值的如下定理：

定理 2（极值存在的必要条件）　如果函数 $f(x)$ 在点 x_0 处有极值 $f(x_0)$，且 $f'(x)$ 存在，则 $f'(x_0)=0$.

注意　① 定理 2 表明，$f'(x_0)=0$ 是点 x_0 为极值点的必要条件，但不是充分条件. 例如 $y=x^3$，$f'(x_0)=0$，但在 $x=0$ 处并没有极值.

使 $f'(x_0)=0$ 的点称为函数的驻点. 驻点可能是函数的极值点，也可能不是函数的极值点.

② 定理 2 是对函数在 x_0 处可导而言的. 在导数不存在的点，函数也可能有极值. 例如 $y=x^{\frac{2}{3}}$，$y'=\frac{2}{3}x^{-\frac{1}{3}}$，$f'(0)$ 不存在，但在 $x=0$ 处函数却有极小值 $f(0)=0$，如图 3.10 所示.

在导数不存在的点，函数也可能没有极值. 例如 $y=x^{\frac{1}{3}}$，$y'=\frac{1}{3}x^{-\frac{2}{3}}$，$f'(0)$ 不存在，但在 $x=0$ 处函数没有极小值，如图 3.11 所示.

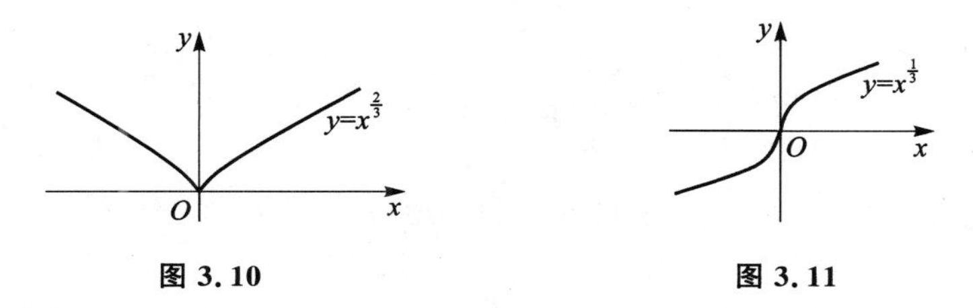

图 3.10　　　　图 3.11

由注意①和②可知，函数的极值点必是函数的驻点或导数不存在的点. 但是，驻点或导数不存在的点不一定就是函数的极值点. 下面介绍如何判定这些点处函数是否取得极值，也就是给出判断极值的方法.

定理 3　设函数 $f(x)$ 在点 x_0 的某邻域内连续且可导（但 $f'(x_0)$ 可以不存在）. 当 x 从 x_0 的左边变化到右边时：

① 如果 $f'(x)$ 的符号由正变负，则点 x_0 是 $f(x)$ 的极大值点，$f(x_0)$ 是 $f(x)$ 的极大值；

② 如果 $f'(x)$ 的符号由负变正，则点 x_0 是 $f(x)$ 的极小值点，$f(x_0)$ 是 $f(x)$ 的极小值；

③ 如果 $f'(x)$ 不变号，则 $f(x)$ 在点 x_0 处无极值.

例 3　求函数 $f(x)=(x-1)^2(x+1)^3$ 的单调区间和极值.

解　因为 $f'(x)=(x-1)(x+1)^2(5x-1)$，令 $f'(x)=0$，得驻点

$$x_1=-1,\quad x_2=\frac{1}{5},\quad x_3=1$$

这三个点将$(-\infty,+\infty)$分成四个部分：

$$(-\infty,-1),\quad \left(-1,\frac{1}{5}\right),\quad \left(\frac{1}{5},1\right),\quad (1,+\infty)$$

于是，可作出表3.1.

表3.1 函数的单调区间和极值(例3)

x	$(-\infty,-1)$	-1	$\left(-1,\frac{1}{5}\right)$	$\frac{1}{5}$	$\left(\frac{1}{5},1\right)$	1	$(1,+\infty)$
$f'(x)$	$+$	0	$+$	0	$-$	0	$+$
$f(x)$	↗	0 非极值	↗	$\frac{3\,456}{3\,125}$ 极大	↘	0 极小	↗

由表3.1可见：函数$f(x)$在区间$\left(-\infty,\frac{1}{5}\right)$，$(1,+\infty)$内单调增大；在区间$\left(\frac{1}{5},1\right)$内单调减小.在点$x=\frac{1}{5}$处有极大值$f\left(\frac{1}{5}\right)=\frac{3\,456}{3\,125}$，在$x=1$处有极小值$f(1)=0$，如图3.12所示.

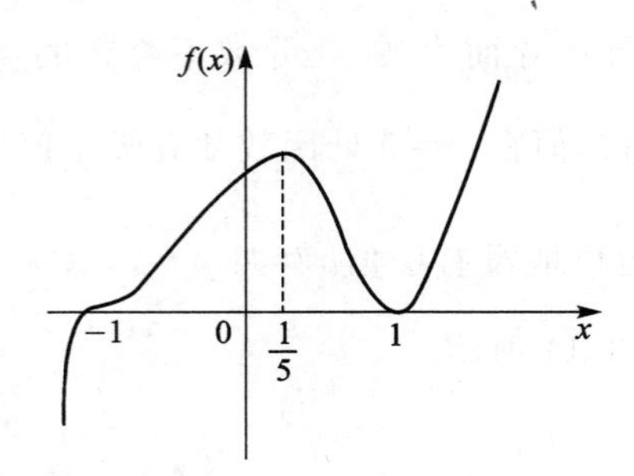

图3.12

例4 求函数$f(x)=x-\frac{2}{3}x^{\frac{2}{3}}$的单调区间和极值.

解 因为$f'(x)=1-x^{-\frac{1}{3}}$，当$x=1$时，$f'(x)=0$，而$x=0$时，$f'(x)$不存在，因此，函数只可能在这两点取得极值，如表3.2所列.

表3.2 函数的单调区间和极值(例4)

x	$(-\infty,0)$	0	$(0,1)$	1	$(1,+\infty)$
$f'(x)$	$+$	不存在	$-$	0	$+$
$f(x)$	↗	0 极大值	↘	$-\frac{1}{2}$极小值	↗

由表3.2可见：函数$f(x)$在区间$(-\infty,0)$，$(1,+\infty)$内单调增大，在区间$(0,1)$内单调减小.在点$x=0$处有极大值$f(0)=0$，在$x=1$处有极小值$f(1)=-\frac{1}{2}$.

当函数在驻点处存在二阶导数时，有如下的判别定理：

定理 4　设 $f'(x_0)=0$，$f''(x_0)$存在，如果

① $f''(x_0)>0$，则 $f(x_0)$为 $f(x)$的极小值；

② $f''(x_0)<0$，则 $f(x_0)$为 $f(x)$的极大值.

例 5　求函数 $f(x)=x^3-3x$ 的极值.

解

$$f'(x)=3x^2-3=3(x+1)(x-1)$$

$$f''(x_0)=6x$$

令 $f'(x)=0$ 得 $x=\pm1$，由于

- $f''(-1)=-6<0$，所以 $f(-1)=2$ 为极大值.
- $f''(1)=6>0$，所以 $f(1)=-2$ 为极小值.

注意　定理 3 和定理 4 虽然都是极值判定定理，但在应用时又有区别. 定理 3 对驻点和导数不存在的点均适用；而定理 4 用起来方便，但对导数不存在的点及 $f'(x_0)=f''(x_0)=0$ 的点不适用.

习题 3.5

1. 求函数 $f(x)=\frac{1}{3}x^3-x^2+x+2$ 的单调区间.

2. 讨论函数 $f(x)=e^{-x^2}$ 的单调性.

3. 求下列函数的极值.

(1) $y=x^3-3x^2-9x+1$；　　(2) $y=x-\ln x$；

(3) $y=\frac{1}{3}x^3-2x^2+3x+1$；　　(4) $y=x^2e^{-x^2}$.

3.6　曲线的凹向与拐点

在研究函数图形的变化情况时，一条曲线不仅有上升、下降问题，还有弯曲方向问题. 如图 3.13 所示的函数 $y=f(x)$的图形在区间(a,b)内虽然一直是上升的，但却有不同的弯曲状况. 从左向右，曲线是向上弯曲，通过 P 点后，扭转了曲线的方向，而向下弯曲. 因此，研究函数图形时，考察它的弯曲方向以及扭转弯曲方向的点，是很必要的.

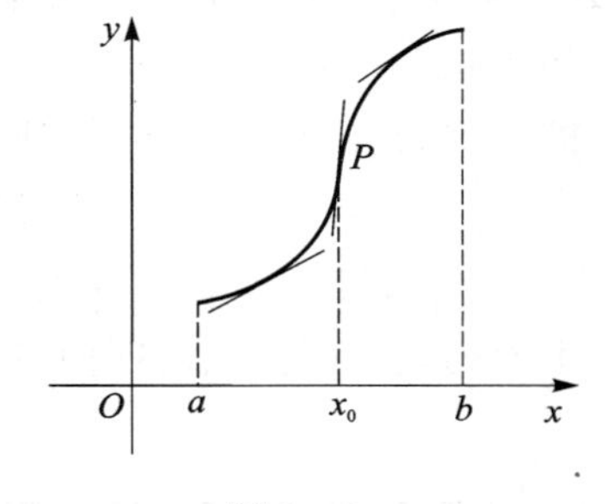

图 3.13

从图 3.13 明显看出，曲线向上弯曲的弧段位于这弧段上任意一点切线的上方，曲线向下弯曲的弧段位于这弧段上任意一点切线的下方. 据此，我们给出如下的定义：

定义 1　如果在某区间内，曲线弧位于其上任意一点切线的上方，则称曲线在这个区间内是上凹的，如图 3.14 所示；如果在某区间内，曲线弧位于其上任意一点切线的下方，则称曲线在这个区间内是下凹的，如图 3.15 所示.

观察图 3.14 不难发现，图中上凹曲线上各点处的切线斜率随着 x 的增大而增大，即 $f'(x)$单调增大；而图 3.15 中的下凹曲线上各点处切线的斜率随着 x 的增大而减小，即$f'(x)$

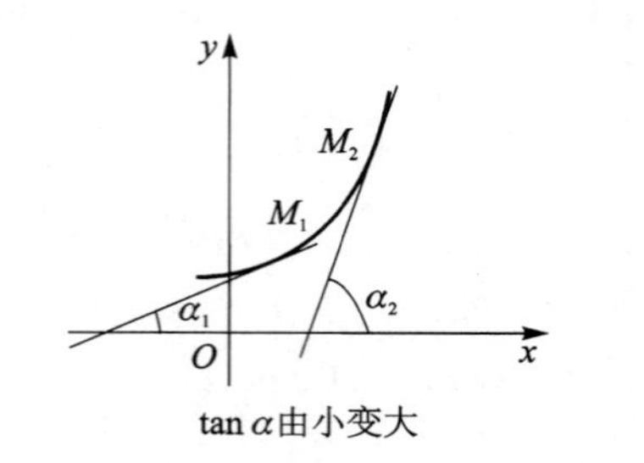

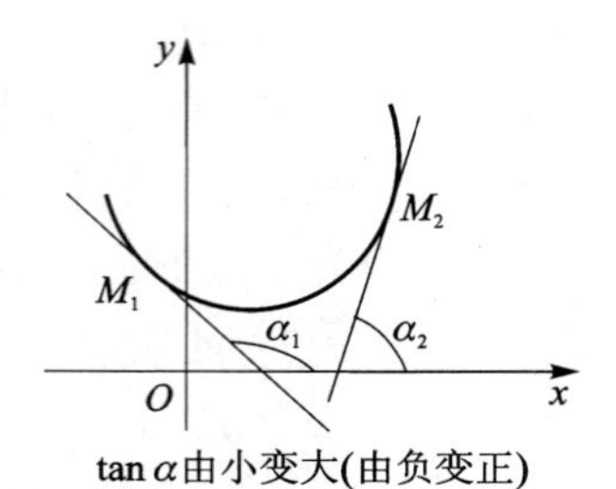

图 3.14

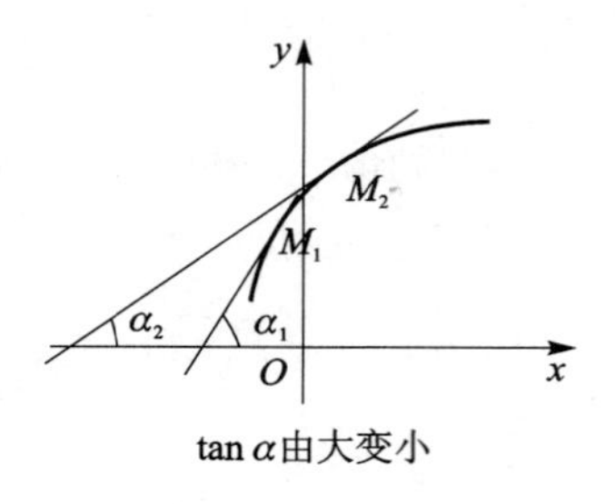

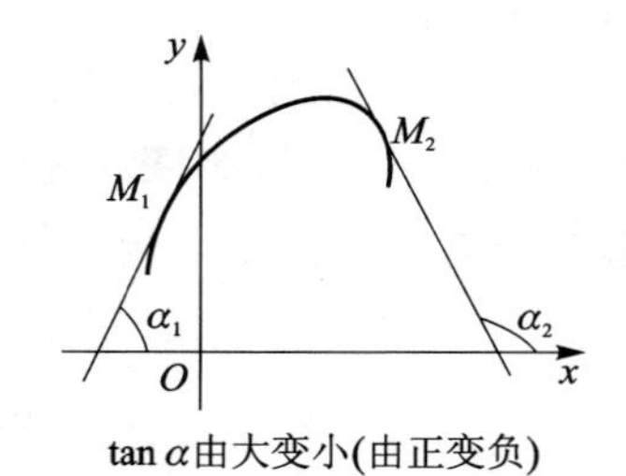

图 3.15

单调减小. 而 $f'(x)$的单调性可由它的导数,即 $f''(x)$的符号来判定,这就启发我们通过二阶导数的符号来判定曲线的凹向.

定理 1 设函数 $f(x)$在区间(a,b)内具有二阶导数,那么

① 如果 $x\in(a,b)$时,恒有 $f''(x)>0$,则曲线 $y=f(x)$在(a,b)内上凹;

② 如果 $x\in(a,b)$时,恒有 $f''(x)<0$,则曲线 $y=f(x)$在(a,b)内下凹.

定义 2 曲线上凹与下凹的分界点称为曲线的拐点.

拐点既然是上凹与下凹的分界点,所以在拐点左右邻近 $f''(x)$必然异号,因而在拐点处 $f''(x)=0$ 或 $f''(x)$不存在.

与驻点的情形类似,使 $f''(x)=0$ 或 $f''(x)$不存在的点只是拐点的可疑点,究竟是否为拐点,还要根据 $f''(x)$在该点的左右邻近是否异号来确定.

例 1 求曲线 $y=x^4-2x^3+1$ 的凹向与拐点.

解 因为 $y'=4x^3-6x^2$,所以

$$y''=12x^2-12x=12x(x-1)$$

令 $y'=0$,得 $x_1=0,x_2=1$.

下面列表说明函数的凹向、拐点,见表 3.3.

表 3.3 函数的凹向、拐点

x	$(-\infty,0)$	0	$(0,1)$	1	$(1,+\infty)$
y''	+	0	−	0	+
y	∪	1(拐点)	∩	0(拐点)	∪

注:表中记号“∪”和“∩”分别表示曲线在相应的区间内上凹和下凹.

可见曲线在区间$(-\infty,0)$,$(1,+\infty)$内上凹;在区间$(0,1)$内下凹;曲线的拐点是$(0,1)$和$(1,0)$.

习题 3.6

确定下列函数的凹向及拐点.

(1) $y=x^4-2x^3+1$；　　　　(2) $y=(x-1)^{\frac{5}{3}}$.

3.7　曲线的渐近线

有些函数的定义域与值域都是有限区间，此时函数的图形局限于一定范围之内，如圆、椭圆等. 而有些函数的定义域或值域是无穷区间，此时函数的图形向无穷远处延伸，如双曲线、抛物线等. 有些向无穷远延伸的曲线，呈现出越来越接近某一直线的形态，这种直线就是曲线的渐近线.

定义 3　如果曲线上的一点沿着曲线趋于无穷远时，该点与某条直线的距离趋于 0，则称此直线为曲线的渐近线.

例如，双曲线的渐近线 $y=\dfrac{1}{x}$是直线 $y=0$ 和 $x=0$.

渐近线分为水平渐近线、铅垂渐近线和斜渐近线三种. 本节只介绍前两种渐近线的求法.

如果给定曲线的方程为 $y=f(x)$，如何确定该曲线是否有渐近线呢？如果有渐近线又怎样求出它呢？下面讨论两种情形：

(1) 水平渐近线

如果曲线 $y=f(x)$的定义域是无限区间，且有 $\lim\limits_{x\to-\infty}f(x)=b$ 或 $\lim\limits_{x\to+\infty}f(x)=b$，则直线 $y=b$ 为曲线 $y=f(x)$的渐近线，称为水平渐近线，如图 3.16 和图 3.17 所示.

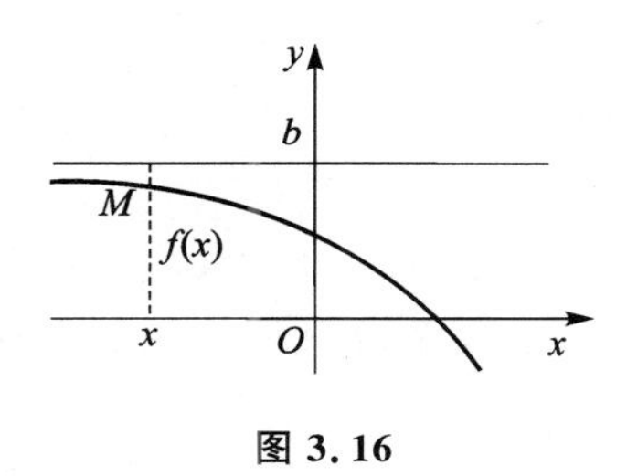

图 3.16

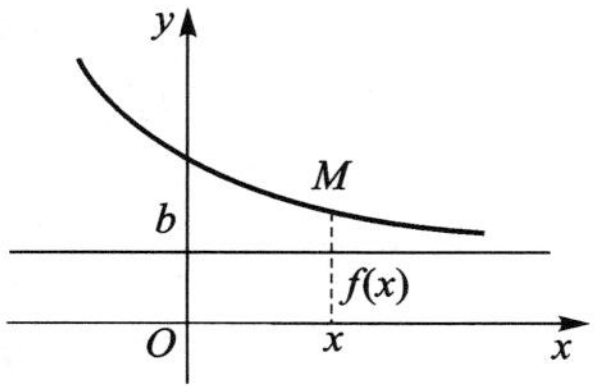

图 3.17

(2) 铅垂渐近线

如果曲线 $y=f(x)$有 $\lim\limits_{x\to c^-}f(x)=\infty$或 $\lim\limits_{x\to c^+}f(x)=\infty$，则直线 $x=c$ 为曲线 $y=f(x)$的一条渐近线，称为铅垂渐近线(或称为垂直渐近线)，如图 3.18 和图 3.19 所示.

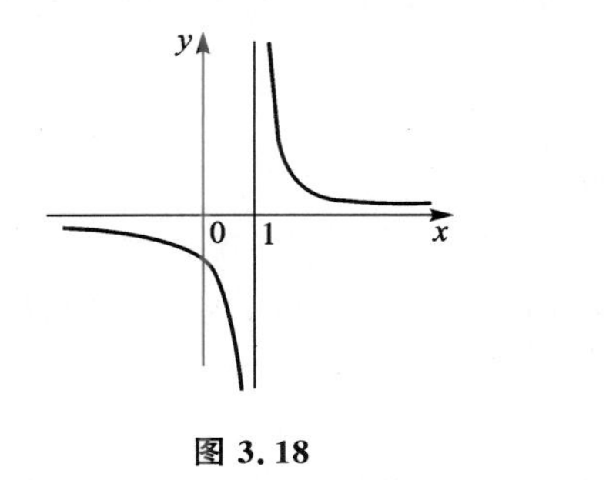

图 3.18

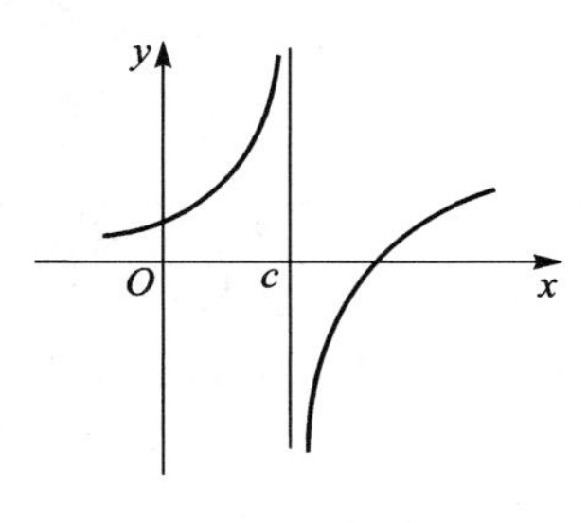

图 3.19

例 1 求曲线 $y=\dfrac{1}{x-1}$ 的水平渐近线和铅垂渐近线.

解 因为 $\lim\limits_{x\to\pm\infty}\dfrac{1}{x-1}=0$,所以 $y=0$ 是曲线的一条水平渐近线;

又因为 $\lim\limits_{x\to1^-}\dfrac{1}{x-1}=-\infty$, $\lim\limits_{x\to1^+}\dfrac{1}{x-1}=+\infty$,所以 $x=1$ 是曲线的一条铅垂渐近线.

习题 3.7

求下列曲线的渐近线.

(1) $y=\dfrac{x+1}{x-2}$;　　(2) $y=e^x$;

(3) $y=\ln x$.

3.8 函数的最值及其应用

3.8.1 函数的最大值与最小值

函数的最大值、最小值与极大值、极小值,一般说是不同的.

函数 $y=f(x)$ 在区间 $[a,b]$ 上连续.

如果 $f(x_0)$ 是函数 $f(x)$ 在 (a,b) 内的极大值(或极小值),则是指 $x_0\in(a,b)$,对 x_0 的一个包含在 (a,b) 内的 δ 邻域 $(x_0-\delta,x_0+\delta)$ 中的每一点 $x(x\neq x_0)$ 有

$$f(x_0)>f(x)\quad(\text{或 } f(x_0)<f(x))$$

而如果 $f(x_0)$ 是函数 $f(x)$ 的最大值(或最小值),则是指 $x_0\in[a,b]$,对所有的 $x\in[a,b]$ 有

$$f(x_0)\geqslant f(x)\quad(\text{或 } f(x_0)\leqslant f(x))$$

可见,极值是局部性的概念,而最大值(或最小值)是全局性的概念,最大值(或最小值)是函数在所考察的区间上全部函数值中的最大者(或最小者),而极值只是函数在极值点的某邻域内的最大值或最小值.

一般来说,连续函数在 $[a,b]$ 上的最大值与最小值,可以由区间端点的函数值 $f(a)$、$f(b)$ 与区间内使 $f'(x)=0$ 及 $f'(x)$ 不存在的点的函数值相比较,其中最大的就是函数在 $[a,b]$ 上的最大值,最小的就是函数在 $[a,b]$ 上的最小值.

例 1 求函数 $f(x)=2x^3+3x^2-12x$ 在 $[-3,4]$ 上的最大值和最小值.

解 因为 $f(x)=2x^3+3x^2-12x$ 在 $[-3,4]$ 上连续,所以在该区间上存在最大值和最小值.

又

$$f'(x)=6x^2+6x-12=6(x+2)(x-1)$$

令 $f'(x_0)=0$,得驻点 $x_1=-2$, $x_2=1$.

由于 $f(-2)=20$, $f(1)=-7$, $f(-3)=9$, $f(4)=128$,比较各值,可得函数 $f(x)$ 最大值为 $f(4)=128$,最小值为 $f(1)=-7$.

注意 下面是两种特殊情况:

① 如果函数 $f(x)$ 在 $[a,b]$ 上单调增大(减小)的,则最值在区间端点处取得,如图 3.20 和

图 3.21 所示.

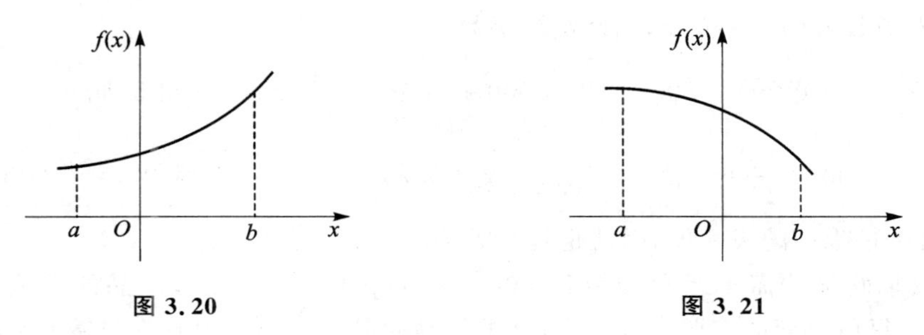

图 3.20　　　　图 3.21

② 如果连续函数在区间(a,b)内有且仅有一个极值，是极大(小)值时，则它就是函数$f(x)$在闭区间$[a,b]$上的最大(小)值，如图 3.22 和图 3.23 所示.

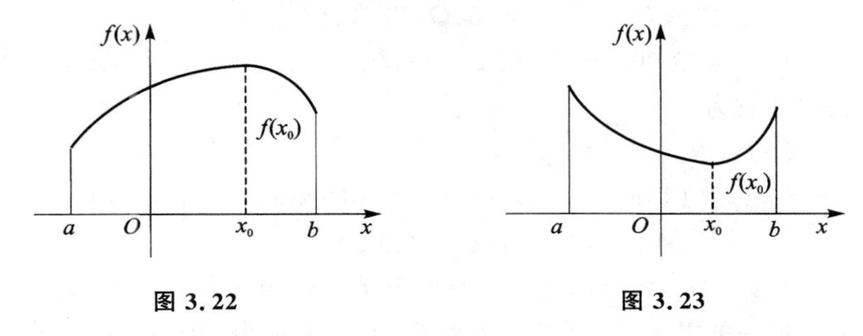

图 3.22　　　　图 3.23

很多求最大值或最小值的实际问题，是属于此种类型. 对这种类型的问题，可以用求极值的方法来解决.

3.8.2 经济学中的最值问题(优化分析)

在生产、经营、管理等大量经济活动中，总会遇到求最小成本、最大利润等最值问题，经济学中的求最值问题构成了经济优化分析领域，其中，利用导数解决优化问题是一种常用方法，下面通过几个例子说明.

例 2 已知某厂生产 x 件产品的成本为

$$C=25\ 000+200x+\frac{1}{40}x^2$$

(1) 若使平均成本最小，应生产多少件产品？

(2) 若产品以每件 500 元售出，要使利润最大，应生产多少件产品？

解 (1) 由 $C=25\ 000+200x+\frac{1}{40}x^2$ 得平均成本为

$$\overline{C}=\frac{C(x)}{x}=\frac{25\ 000}{x}+200+\frac{1}{40}x$$

由 $\overline{C}'(x)=-\frac{25\ 000}{x^2}+\frac{1}{40}=0$，得 $x=\pm 1\ 000$，由题意知，应将 $x=-1\ 000$ 舍去；

又因为 $\overline{C}''(x)=\frac{5\ 000}{x^3}$，而 $\overline{C}''(1\ 000)>0$，所以当 $x=1\ 000$ 时，$\overline{C}(x)$取得极小值，由于是唯一的极小值，因此也是最小值.

故当生产 1 000 件产品时,可使平均成本最小.

(2) 收入函数 $R(x)=500x$,因此利润函数

$$L(x)=R(x)-C(x)=500x-(25\ 000+200x+\frac{1}{40}x^2)=-2\ 5000+300x-\frac{x^2}{40}$$

由 $L'(x)=300-\frac{x}{20}=0$ 得 $x=6\ 000$;又 $L''(x)=-\frac{1}{20}<0$,所以 $x=6\ 000$ 时,$L(x)$ 取得极大值,由于是唯一的极大值,因此也是最大值.

例 3 设某商品的需求函数 $Q=12\ 000-80p$(p 的单位:元),商品的总成本函数 $C=25\ 000+50Q$,每单位商品需要纳税 2 元,试求使利润最大的商品的单价和最大利润额.

解 该商品的销售收入函数为

$$R(p)=(12\ 000-80p)(p-2)$$

将 $Q=12\ 000-80p$ 代入 $C=25\ 000+50Q$,得总成本函数为

$$C(p)=25\ 000+50(12\ 000-80p)=625\ 000-4\ 000p$$

因此,销售利润函数为

$$\begin{aligned}L(p)=R(p)-C(p)=&\\&(12\ 000-80p)(p-2)-(625\ 000-4\ 000p)=\\&-80p^2+16\ 160p-649\ 000\end{aligned}$$

由 $L'(p)=-160p+16\ 160=0$,得 $p=101$;又 $L''(p)=-160<0$,所以 $p=101$ 时,$L(p)$ 取得极大值,由于是唯一的极大值,所以是最大值,故当单价为 101 元时,可使销售利润最大. 最大利润为

$$L(p)=(-80\cdot 101^2+16\ 160\cdot 101-649\ 000)\text{ 元}=167\ 080\text{ 元}$$

例 4 要做一个容积为 V 的圆柱形罐头筒,怎样设计才能使材料最省?

解 显然,要材料最省,就是要罐头筒的表面积最小. 设罐头筒的底面半径为 r,高为 h,如图 3.24 所示,则它的侧面积为 $2\pi rh$,底面积为 πr^2,因此总面积为

$$S=2\pi r^2+2\pi rh$$

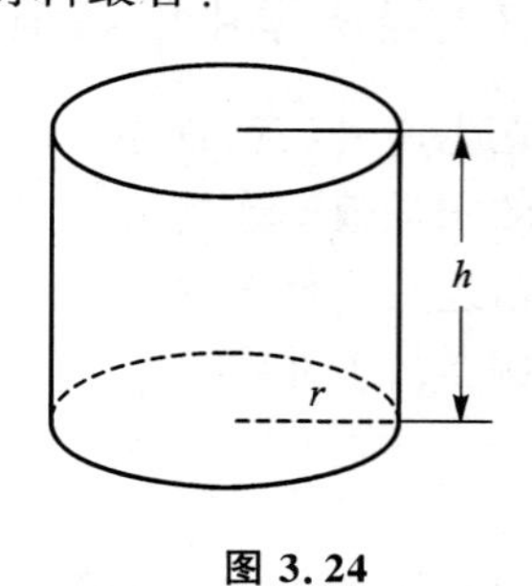

图 3.24

由体积公式 $V=\pi r^2h$ 有

$$h=\frac{V}{\pi r^2}$$

所以 $$S=2\pi r^2+\frac{2V}{r}\quad r\in(0,+\infty)$$

$$S'=4\pi r-\frac{2V}{r^2}=\frac{2(2\pi r^3-V)}{r^2}$$

令 $S'=0$,得 $r=\sqrt[3]{\frac{V}{2\pi}}$;而

$$S''=4\pi+\frac{4V}{r^3}$$

因为 π、V 都是正数,$r>0$,所以 $S''>0$. 因此 S 在点 $r=\sqrt[3]{\frac{V}{2\pi}}$ 处为极小值,也就是最小值. 这时相应的高为

$$h=\frac{V}{\pi r^2}=\frac{V}{\pi\left(\sqrt[3]{\frac{V}{2\pi}}\right)^2}=2\sqrt[3]{\frac{V}{2\pi}}=2r$$

于是得出结论：当所做罐头筒的高和底面直径相等时，所用材料最省.

习题 3.8

1. 求函数 $f(x)=e^{x^3}$ 在[0,1]上的最大值与最小值.

2. 已知某企业的成本函数 $C=q^3-9q^2+30q+25$，其中 C 表示成本（单位：千元），q 表示产量（单位：吨），求平均可变成本 $\overline{C}$（单位：千元）的最小值.

3. 某个体户以每条 10 元的价格购进一批牛仔裤，设此牛仔裤的需求函数为 $Q=40-2p$，问：该个体户将销售价定为多少元时，才能获得最大利润？

4. 欲用一个容积为 300 m^3 的无盖圆柱形蓄水池，已知池底单位造价为周围单位造价的 2 倍，问：该蓄水池的尺寸应怎样设计才能使总造价最低？

3.9　导数在经济分析中的应用

3.9.1　边际与边际分析

边际概念是经济学中的重要概念，一般指经济函数的变化率，利用导数研究经济变量的边际变化的方法，称为边际分析法.

1. 边际成本

成本函数 $C(q)$ 给出了生产数量 q 的某种产品的总成本，边际成本定义为产量为 q 再增加一个单位时总成本的增加量，一般记为 MC.

若 $C(q)$ 可导，则由

$$C'(q)=\lim_{\Delta q\to 0}\frac{C(q+\Delta q)-C(q)}{\Delta q}$$

可知 $C(q+1)-C(q)=\Delta C(q)=C'(q)$.

故从数学角度看，边际成本就是 $C(q)$ 关于产量 q 的导数，即 $MC=C'(q)$. 其经济意义为：当产量为 q 时，再多生产一个单位产品（$\Delta q=1$）时所需的成本.

2. 边际收入

收入函数 $R(q)$ 表示企业售出数量为 q 的某种产品所获得的总收入. 边际收入定义为多销售一个单位产品时总收入 $R(q)$ 的增加量，一般记为 MR.

若 $R(q)$ 可导，则由

$$R'(q)=\lim_{\Delta q\to 0}\frac{R(q+\Delta q)-R(q)}{\Delta q}$$

可知 $R(q+1)-R(q)=\Delta R(q)=R'(q)$.

边际收入就是总收入 $R(q)$ 关于销售量 q 的导数，即 $MR=R'(q)$. 其经济意义为：当销售量为 q 时，再多销售一个单位产品（$\Delta q=1$）时所增加的收入.

3. 边际利润

设某产品销售量为 q 时的总利润函数为 $L(q)$. 当 $L(q)$ 可导时，$L'(q)$ 称为销售量为 q 时的边际利润，它近似等于销售量为 q 时再多销售一个单位产品时所增加的利润.

由于总利润为总收入与总成本之差，即有

$$L(q)=R(q)-C(q)$$

上式两边求导，得

$$L'(q)=R'(q)-C'(q)$$

即边际利润等于边际收入与边际成本之差.

例 1 某公司每月生产 q t 煤的总收入函数为 $R(q)=100q-q^2$（万元），而生产 q t 煤的总成本函数为 $C(q)=40+111q-7q^2+\frac{1}{3}q^3$（万元）. 试求：

(1) 边际利润函数；

(2) 当产量 $q=10,11,12$ t 时的边际收入、边际成本和边际利润，并说明所得结果的经济意义.

解 (1) 因为

- 边际收入函数为 $R'(q)=100-2q$；
- 边际成本函数为 $C'(q)=111-14q+q^2$，

所以，边际利润函数为 $L'(q)=R'(q)-C'(q)=-q^2+12q-11$.

(2) 当 $q=10$ t 时，$R'(10)=80, C'(10)=71, L'(10)=9$；

当 $q=11$ t 时，$R'(11)=78, C'(11)=78, L'(11)=0$；

当 $q=12$ t 时，$R'(12)=76, C'(12)=87, L'(12)=-11$.

因此，

- 当产量为 10 t 时的边际收入为 80 万元，边际成本为 71 万元，边际利润为 9 万元；
- 当产量为 11 t 时的边际收入为 78 万元，边际成本为 78 万元，边际利润为 0 万元；
- 当产量为 12 t 时的边际收入为 76 万元，边际成本为 87 万元，边际利润为 -11 万元.

由所得结果可知，当产量为 10 t 时，再多生产 1 t，总利润会增加 9 万元；当产量为 11 t 时，再增加产量，总利润也不会再增加；当产量为 12 t 时，再多生产 1 t，反而使总利润减少 11 万元.

3.9.2 弹性与弹性分析

1. 弹性的概念

定义 1 若函数 $f(x)$ 在 x_0 处可导，则函数的相对改变量

$$\frac{\Delta y}{y_0}=\frac{f(x_0+\Delta x)-f(x)}{f(x_0)}$$

与自变量的相对改变量 $\frac{\Delta x}{x_0}$ 之比 $\frac{\Delta y/y_0}{\Delta x/x_0}$，称为函数 $f(x)$ 从 $x=x_0$ 到 $x=x_0+\Delta x$ 两点间的相对改变量的比率，或称为两点间的弹性，记为 $\left.\frac{E_y}{E_x}\right|_{x=x_0}$.

由定义知

$$\left.\frac{E_y}{E_x}\right|_{x=x_0}=\lim_{\Delta x\to 0}\frac{\Delta y/y_0}{\Delta x/x_0}=\frac{x_0}{f(x_0)}f'(x_0)$$

当 x_0 为变量 x 时，称 $\frac{E_y}{E_x}=\frac{x}{f(x)}f'(x)$ 为 $f(x)$ 的弹性函数.

函数 $f(x)$ 在点 x 处的弹性 $\frac{E_y}{E_x}$ 反映了在 x 处函数值 $f(x)$ 的相对变化 $\frac{\Delta y}{y}$ 与 x 的相对变化 $\frac{\Delta x}{x}$ 的比率，也就是当 x 相对变化 1%时，$f(x)$ 相对变化的百分数. 或者说，弹性 $\frac{E_y}{E_x}$ 反映了 $f(x)$ 的百分之变化相对于 x 的百分之变化的强烈程度或灵敏度. 例如，当 $\frac{E_y}{E_x}=2$ 时，表明当 x 变化 1%时，y 会变化 2%.

2. 需求弹性

设需求函数为 $Q=\varphi(p)$. 按函数弹性定义，需求函数的弹性定义为

$$E_p=\frac{EQ}{Ep}=\frac{p}{Q}\cdot\frac{\mathrm{d}Q}{\mathrm{d}p}=p\,\frac{\varphi'(p)}{\varphi(p)}$$

通常上式为需求函数在点 p 的需求价格弹性，简称为需求弹性，记作 E_p.

一般情况下，因 $p>0$，$\varphi(p)>0$，而 $\varphi'(p)<0$（因假设 $\varphi(p)$ 是单调减函数），所以 E_p 是负数，即

$$E_p=p\,\frac{\varphi'(p)}{\varphi(p)}<0$$

由上述可知，需求函数在点 p 的需求价格弹性的经济意义是，当价格为 p 时，若提高或降低 1%，需求将减小或增大的百分数（近似的）是 $|E_p|$. 因此，需求价格弹性反映了当价格变动时，需求变动对价格变动的灵敏程度.

需求价格弹性一般分为如下三类：

① 若 $|E_p|<1$，即 $-1<E_p<0$ 时，则称需求是低弹性（或缺乏弹性）的. 当价格提高（或降低）1%时，需求减小（或增大）将小于 1%. 此时，商品需求量变动的百分比低于价格变动的百分比，价格变动对需求量的影响较小.

② 若 $|E_p|>1$，即 $E_p<-1$ 时，则称需求是高弹性（或富有弹性）的. 当价格提高（或降低）1%时，需求减小（或增大）将大于 1%. 此时，商品需求量变动的百分比高于价格变动的百分比，价格变动对需求量的影响较大.

③ 若 $|E_p|=1$，即 $E_p=-1$ 时，则称需求是单位弹性的. 当价格提高（或降低）1%时，需求恰减小（或增大）1%. 此时，商品需求量变动的百分比 $\frac{\Delta Q}{Q}$ 与价格变动的百分比 $\frac{\Delta p}{p}$ 相等.

例 2　某商品的需求函数为 $Q=12-\frac{p}{2}$ $(0<p<24)$，求：

（1）需求弹性函数.

（2）p 为何值时，需求为高弹性或低弹性？

（3）当 $p=6$ 时的需求弹性，并解释其经济意义.

解　（1）因为 $Q=12-\frac{p}{2}$，所以 $\frac{\mathrm{d}Q}{\mathrm{d}p}=-\frac{1}{2}$，则需求弹性函数为

$$E_p=\frac{\mathrm{d}Q}{\mathrm{d}p}\cdot\frac{p}{Q}=\left(-\frac{1}{2}\right)\frac{p}{12-\frac{1}{2}p}=\frac{p}{p-24}$$

(2) 令$|E_p|<1$,又$E_p<0$有$\frac{p}{24-p}<1$,即$p<12$,故当$0<p<12$时,需求为低弹性的. 令$|E_p|>1$,有$\frac{p}{24-p}>1$,即$p>12$,故当$12<p<24$时,需求为高弹性的.

(3) 当$p=6$时,需求弹性为

$$E_p|_{p=6}=\left.\frac{p}{24-p}\right|_{p=6}=-\frac{6}{18}=-0.33$$

当$p=6$时,需求变动幅度小于价格变动的幅度,即当$p=6$时,价格上涨1%,需求将减小0.33%,或者说当价格下降1%时,需求将增大0.33%.

习题 3.9

1. 已知某商品的成本函数为$C(q)=100+\frac{q^2}{4}$,求出产量$q=10$时的总成本、平均成本、边际成本,并解释其经济意义.

2. 某产品的需求函数和总成本函数分别为$Q=800-20p$,$C(Q)=5\ 000+20Q$,求边际利润函数,并计算$Q=150$和$Q=400$时的边际利润.

3. 设产品的需求量Q对价格p的函数关系为$Q=1\ 600\left(\frac{1}{4}\right)^p$,求当$p=3$时的需求价格弹性.

4. 某商品的需求函数为$Q(p)=75-p^2$(p为价格).求:

(1) 当$p=4$时的边际需求.

(2) 当$p=4$时的需求价格弹性,并解释其经济意义.

(3) 当p为多大时,总收入最大?最大值是多少?

本章小结

导数和微分是微积分学的重要概念.导数刻画的是函数相对于自变量的变化快慢程度,而微分则给出自变量有微小改变量的近似值.

本章重点是导数的概念及其几何意义,导数的计算方法,初等函数的二阶导数的求法,用洛必达法则求未定式的极限,利用导数判断函数的单调性与图形凹向及拐点,利用导数求函数极值的方法及求简单一元函数的最大值与最小值的应用.难度是求复合函数和隐函数导数的方法及导数应用中目标函数的建立.

求导运算是学习高等数学的一项基本功,因此要求读者多做习题,达到求导既要正确又要迅速.读者每时每刻都要牢记:导数是函数的一种特殊形式,即函数差商的极限,不能因为有了基本初等函数的导数公式与求导法则以后,就认为求导已成为纯粹利用这些公式与法则的运算,而忘记了导数的这一本质.

1. 导数的概念

① 定义:$f'(x)=\lim\limits_{\Delta x\to 0}\frac{\Delta y}{\Delta x}=\lim\limits_{\Delta x\to 0}\frac{f(x+\Delta x)-f(x)}{\Delta x}$.

② 几何意义:函数$f(x)$在x处的导数为曲线$f(x)$在点$(x,f(x))$处的切线方程.

③ 性质：函数在某点可导，则必在该点连续；反之，函数在某点连续，则不一定在该点可导.

2. 求导法则

① 函数的和、差、积、商的求导法则：

$[u(x)\pm v(x)]'=u'(x)\pm v'(x)$；

$[u(x)v(x)]'=u'(x)v(x)+v'(x)u(x)$；

$\left[\dfrac{u(x)}{v(x)}\right]'=\dfrac{u'(x)v(x)-u(x)v'(x)}{v^2(x)}\ (v(x)\neq 0)$.

② 复合函数的求导法则：设 $y=f(u)$，$u=\varphi(x)$，则复合函数 $y=f[\varphi(x)]$ 关于 x 的导数为

$$\frac{\mathrm{d}y}{\mathrm{d}x}=\frac{\mathrm{d}y}{\mathrm{d}u}\frac{\mathrm{d}u}{\mathrm{d}x} \quad 或 \quad \{f[\varphi(x)]\}'=f'(u)\varphi'(x)$$

3. 函数的微分

$$\mathrm{d}y=\mathrm{d}[f(x)]=f'(x)\mathrm{d}x$$

4. 洛必达法则

设函数 $f(x)$ 与 $g(x)$ 满足条件：

① $\lim\limits_{x\to a}f(x)=\lim\limits_{x\to a}g(x)=0$（或$\infty$）；

② 在点 a 的某邻域内（点 a 可除外）可导，且 $g'(x)\neq 0$；

③ $\lim\limits_{x\to a}\dfrac{f'(x)}{g'(x)}=A$（或$\infty$），则必有$\lim\limits_{x\to a}\dfrac{f'(x)}{g'(x)}=\lim\limits_{x\to a}\dfrac{f(x)}{g(x)}=A$（或$\infty$）.

5. 确定函数的最值

求闭区间上连续函数的最大值及最小值时，可求出一切可能的极值点（包括驻点、导数不存在的点）和端点的函数值，然后进行比较，从而确定函数的最大值及最小值.

在实际问题中，如果函数在某区间内只有一个驻点 x_0，而根据实际问题本身又可以知道 $f(x)$ 在该区间内必有最大值或最小值，那么 $f(x_0)$ 就是所要求的最大值或最小值.

6. 导数在经济问题中的应用

① 边际成本、边际收入、边际利润.

② 需求弹性.

注意结合现实生活中的实例理解经济函数的概念以及对其进行相应的经济分析.

数学文化三——数学与诺贝尔经济学奖

当今世界科学的最高荣誉当属诺贝尔奖，它是由瑞典著名化学家、硝化甘油炸药的发明人——阿尔弗雷德·诺贝尔以部分个人遗产作为基金创立，于 1901 年 12 月 10 日首次颁发，主要奖项分设物理、化学、生理或医学、文学、和平五个奖项；1968 年瑞典国家银行为纪念建行 300 周年，决定颁发瑞典银行经济学奖，同时这一奖项也以诺贝尔来命名，1969 年首次颁发，这就构成了诺贝尔六大奖项.

数学在人类文明和科学的发展进程中一直起着非常重要的、有时甚至是关键作用。然而，却没有诺贝尔数学奖.个中原因众说纷纭，在此我们不做讨论.诺贝尔奖虽然没有数学奖，但并不排斥数学，事实上，有不少获奖者本人就是数学家；尤其是诺贝尔经济学奖，几乎所有的获奖

者都是数理经济或计量经济学家——致力于研究和解决经济问题的数学家.

自1969年首次授予的诺贝尔经济学奖以来,众多的诺贝尔经济学奖获得者就与数学结下了不解之缘.几乎所有的获奖者都是利用数学工具,把数学方法与经济学研究相结合,其中还有很多获奖者本身就是学数学出身的,包括1971年诺贝尔经济学奖获得者西蒙·史密斯·库兹涅茨,取得了经济学和数学两个专业的学士学位;1972年诺贝尔经济学奖获得者约翰·希克斯取得了牛津大学数学学士学位;1994年诺贝尔经济学奖获得者约翰·纳什,为普林斯顿大学数学系教授;2007年诺贝尔经济学奖获得者埃里克·马斯金,获得哈佛大学数学学士、硕士、博士学位等,他们都是学数学而获得了诺贝尔经济学奖.

从获得诺贝尔经济学奖的人来分析,我们发现数学的基本思维和方法与经济学研究有必然的内在联系,系统地掌握高等数学的基础知识、基本理论和常用的运算技能,对相关的经济问题建立可靠的数学模型,无疑对经济学研究具有重要的意义.随着世界经济联系更加紧密,把数学与经济学相结合是应用数学在经济领域研究的必由之路.

同步练习题三

同步练习题 A

一、选择题

1. 设 $y=\sin^2 x-\cos^2 x$,则 $\dfrac{dy}{dx}=$(　　).

A. $2\cos 2x$　　B. $2\sin 2x$　　C. $-2\cos 2x$　　D. $-2\sin 2x$

2. 设 $y=f(-x)$,则 $y'=$(　　).

A. $f'(x)$　　B. $-f'(x)$　　C. $f'(-x)$　　D. $-f'(-x)$

3. 设 $y=\sin x\cos x$,则 $\dfrac{dy}{dx}=$(　　).

A. $\cos 2x$　　B. $\sin 2x$　　C. $\cos 2x\,dx$　　D. $\sin 2x\,dx$

4. 函数 $y=x^2\left(x-\dfrac{1}{x}+\dfrac{1}{x^2}\right)$,则 $y'=$(　　).

A. $2x\left(1+\dfrac{1}{x^2}-\dfrac{1}{x^3}\right)$　　B. $2x\left(1-\ln x+\dfrac{1}{2x}\right)$

C. $4x^4+\ln x+1$　　D. $3x^2-1$

5. 下列导数正确的是(　　).

A. $(e^x)'=e$　　B. $(\tan x)'=\sec x$

C. $(\sin x)'=\cos x$　　D. $(\cos x)'=\sin x$

6. 设 $y=f(-ax)$,则 $y'=$(　　).

A. $f'(-ax)$　　B. $-af'(x)$　　C. $-af'(-ax)$　　D. $af'(-ax)$

二、填空题

1. 设函数 $f(x)=\sin x$,则 $f''(x)=$________.

2. 设 $y=e^{\cos x}$,$y''=$________.

3. 设方程 $x^2+y^2-xy=1$ 确定隐函数 $y=y(x)$,则 $y'=$________.

4. 设 $y=\arctan\sqrt{x}$，则 $y''=$________.

5. 设 $y=e^{x}\ln x$，则 $dy=$________.

6. 设 $y=x^{3}+\ln(1+x)$，则 $dy=$________.

三、计算题

1. 设 $f(x)$ 在 x_0 可导，求 $\lim\limits_{h\to 0}\dfrac{f(x_0+h)-f(x_0-2h)}{h}$.

2. 求在抛物线 $y=x^2$ 上点 $x=3$ 处的切线方程.

3. 讨论 $f(x)=\begin{cases}\ln(1+x), & -1<x\leqslant 0\\ \sqrt{1+x}-\sqrt{1-x}, & 0<x<1\end{cases}$ 在点 $x=0$ 处的连续性与可导性.

4. 求下列函数的导数(其中 a、b 为常数).

(1) $y=3x^2-x+5$;　　(2) $y=x^{a+b}$;

(3) $y=\dfrac{x^2}{2}+\dfrac{2}{x^2}$;　　(4) $y=(x+1)\sqrt{2x}$;

(5) $y=x\sin x+\cos x$;　　(6) $y=\dfrac{x}{1-\cos x}$.

5. 求下列函数的导数(其中 a、n 为常数).

(1) $y=\sqrt{x^2-a^2}$;　　(2) $y=\log_a(1+x^2)$;

(3) $y=(3x+5)^3(5x+4)^5$;　　(4) $y=\dfrac{x}{\sqrt{1-x^2}}$;

(5) $y=\dfrac{(x+4)^2}{x+3}$;　　(6) $y=\ln(a^2-x^2)$;

(7) $y=\ln\dfrac{1+\sqrt{x}}{1-\sqrt{x}}$;　　(8) $y=\ln\sqrt{x}+\sqrt{\ln x}$.

6. 求下列函数的导数.

(1) $y=\arcsin 2x$;　　(2) $y=\operatorname{arccot}\dfrac{1}{x}$;

(3) $y=\arctan\dfrac{2x}{1-x^2}$;　　(4) $y=\dfrac{\arccos x}{\sqrt{1-x^2}}$;

(5) $y=\left(\arcsin\dfrac{x}{2}\right)^2$;　　(6) $y=x\sqrt{1-x^2}+\arcsin x$;

(7) $y=\arcsin x+\arccos x$.

7. 求下列隐函数的导数(其中 a、b 为常数).

(1) $x^3+y^3-\sin 3x+6y=0$;　　(2) $y^x=x^y$.

8. 求下列函数的导数(其中 a 为常数).

(1) $y=e^{4x}$;　　(2) $y=a^x e^x$;

(3) $y=e^{-x^2}$;　　(4) $y=e^{e^{-x}}$;

(5) $y=x^a+a^x+a^a$;　　(6) $y=e^{-\frac{1}{x}}$;

(7) $y=e^{-x}\cos 3x$;　　(8) $y=\sin e^{x^2+x-2}$.

9. 利用对数求导法求下列函数的导数.

(1) $y=x\sqrt{\frac{1-x}{1+x}}$；　　(2) $y=\frac{x^2}{1-x}\sqrt[3]{\frac{3-x}{(3+x)^2}}$；

(3) $y=(x-a_1)^{a_1}(x-a_2)^{a_2}\cdots(x-a_n)^{a_n}$；　　(4) $y=(\ln x)^x$.

10. 求下列函数的高阶导数(其中 a、m 为常数).

(1) $y=\ln(1+x^2)$,求 y''；　　(2) $y=\mathrm{e}^{-2x}$，求 y'''.

11. 求下列函数的微分.

(1) $y=3x^2$；　　(2) $y=\sqrt{1-x^2}$；

(3) $y=\ln x^2$；　　(4) $y=\frac{x}{1-x^2}$；

(5) $y=\mathrm{e}^{-x}\cos x$；　　(6) $y=\arcsin\sqrt{x}$.

12. 利用洛必达法则求下列极限.

(1) $\lim\limits_{x\to 0}\frac{\mathrm{e}^x+\mathrm{e}^{-x}-2}{1-\cos x}$；　　(2) $\lim\limits_{x\to+\infty}\frac{\ln x}{x^2}$；

(3) $\lim\limits_{x\to 1}\frac{x^3-3x^2+2}{x^3-x^2-x+1}$；　　(4) $\lim\limits_{x\to\left(\frac{\pi}{2}\right)^+}\frac{\ln\left(x-\frac{\pi}{2}\right)}{\tan x}$；

(5) $\lim\limits_{x\to+\infty}\frac{x^n}{\mathrm{e}^{ax}}(a>0,n$ 为正整数)；　　(6) $\lim\limits_{x\to+\infty}\frac{\ln\left(1+\frac{1}{x}\right)}{\operatorname{arccot} x}$.

13. 求下列函数的单调区间.

(1) $y=x^3-3x^2-9x+1$；　　(2) $y=x^3+x$；

(3) $y=x+\frac{4}{x}$.

14. 证明函数 $y=x-\ln(1+x^2)$在定义域内是单调增加的.

15. 求下列函数的极值.

(1) $y=x^3-3x^2+7$；　　(2) $y=\frac{2x}{1+x^2}$.

16. 利用二阶导数,判断下列函数的极值.

(1) $y=x^3-3x^2-9x-5$；　　(2) $y=(x-3)^2(x-2)$.

17. 求下列函数在给定区间上的最大值与最小值.

(1) $y=x^2-4x+6$, $[-3,10]$；　　(2) $y=\frac{x^2}{1+x}$, $\left[-\frac{1}{2},1\right]$；

(3) $y=\frac{x^2}{1+x}$, $\left[-\frac{1}{2},1\right]$；　　(4) $y=x+\sqrt{x}$, $[0,4]$.

18. 求下列曲线的渐近线.

(1) $y=\mathrm{e}^{-x^2}$；　　(2) $y=\frac{x-1}{x^2-3x+2}$.

四、应用题

1. 欲做一个底为正方形,容积为 108 m^3 的长方体开口容器,怎样做用材料最省?

2. 已知需求函数 $Q=8\,000-8p$,试将收入函数 R 表示为销售量 Q 的函数.

3. 设某产品的需求函数和总成本函数分别为 $Q=1\,000-100p$, $C=100+6Q$,求利润最大时的产量和利润.

4. 生产某种产品的固定成本为 900 元,每生产一件产品,成本增加 4 元,产品的售价为每件 10 元. 试求:

(1) 总成本函数、总收入函数和总利润函数;

(2) 盈亏临界点;

(3) 边际成本函数和 $Q=10$ 时的边际成本.

同步练习题 B

一、单项选择题

1. $y=x^n+e^{ax}$,则 $y^{(n)}=$(　　).

A. $a^n e^{ax}$　　B. $n!$　　C. $n!+e^{ax}$　　D. $n!+a^n e^{ax}$

2. 设 $y=x\ln x$,则 $y'''=$(　　).

A. $\ln x$　　B. x　　C. $\dfrac{1}{x^2}$　　D. $-\dfrac{1}{x^2}$

3. 若 $f(x)=\ln ax$,则 $f'(x)=$(　　).

A. $\dfrac{1}{ax}$　　B. $\dfrac{a}{x}$　　C. $\dfrac{1}{x}$　　D. e^{ax}

4. 设 $y=\sin x^2$,则 $dy=$(　　).

A. $-2x\cos x^2 dx$　　B. $2x\cos x^2 dx$　　C. $-2x\sin x^2 dx$　　D. $2x\sin x^2 dx$

5. 设 $y=f(u)$是可微函数,u 是 x 的可微函数,则 $dy=$(　　).

A. $f'(u)u dx$　　B. $f'(u)du$　　C. $f'(u)dx$　　D. $f'(u)u' du$

6. 当$|\Delta x|$充分小,$f'(x)\neq 0$ 时,函数 $y=f(x)$的改变量 Δy 与微分 dy 的关系是(　　).

A. $\Delta y=dy$　　B. $\Delta y<dy$　　C. $\Delta y>dy$　　D. $\Delta y\approx dy$

二、填空题

1. 设 $f(x)$在 x_0 处可导,则 $\lim\limits_{h\to 0}\dfrac{f(x_0+h)-f(x_0-h)}{h}=$________.

2. $y=2x^2+\ln x$,则 $y''|_{x=1}=$________.

3. $y=10^x$,则 $y^{(n)}(0)=$________.

4. 设 $y=a^x+\operatorname{arccot}x$,则 $dy=$________ dx.

5. $\dfrac{1}{1+9x^2}dx=$________ $d(\arctan 3x)$.

6. 设 $f(x)=\sin x-\cos x$,则 $f''(0)=$________.

三、计算题

1. 设函数 $f(x)=\begin{cases}x^2, & x\leqslant 1\\ ax+b, & x>1\end{cases}$,试确定 a、b 的值,使 $f(x)$在点 $x=1$ 处既连续又可导.

2. 试求曲线 $y=x^4+4x+5$ 平行于 x 轴的切线方程及平行于直线 $y=4x-1$ 的切线方程.

3. 在曲线 $y=\frac{1}{1+x^2}$ 上求一点，使通过该点的切线平行于 x 轴.

4. 讨论函数 $y=x|x|$ 在点 $x=0$ 处的可导性.

5. 求下列函数的导数(其中 a、n 为常数).

(1) $y=\sin^n x$；　　(2) $y=\sin nx$；

(3) $y=\sin x^n$；　　(4) $y=\sin^n x\cos nx$；

(5) $y=\ln(x+\sqrt{x^2-a^2})$；　　(6) $y=x^2\sin\frac{1}{x}$.

6. 设 f，y 可导，求下列函数的导数.

(1) $y=\ln f(\mathrm{e}^x)$；　　(2) $y=f\left(\arcsin\frac{1}{x}\right)$.

7. $y=(1+x)^m$，求 $y^{(n)}$.

8. 分别求函数 $f(x)=x^2-3x+5$ 当 $x=1$，① $\Delta x=1$，② $\Delta x=0.1$，③ $\Delta x=0.01$ 时的改变量及微分，并加以比较，是否能得出结论：当 Δx 越小时，二者越近似.

9. 求下列各式的近似值.

(1) $\arctan 1.02$；　　(2) $\mathrm{e}^{1.01}$.

10. 利用洛必达法则求下列极限.

(1) $\lim\limits_{x\to 0^+}\ln(1+x)\ln x$；　　(2) $\lim\limits_{x\to 0}\left(\frac{1}{x\tan x}-\frac{1}{x^2}\right)$；

(3) $\lim\limits_{x\to 0}(1+\sin x)^{\frac{1}{x}}$.

11. 设 $f(x)=\frac{x+\cos x}{x}$，问：

(1) $\lim\limits_{x\to+\infty}f(x)$是否存在？

(2) 能否由洛必达法则求上述极限，为什么？

12. 证明函数 $y=\sin x-x$ 在定义域内是单调减小的.

13. 确定下列函数的凹向及拐点.

(1) $y=x^2-x^3$；　　(2) $y=\ln(1+x^2)$；

(3) $y=x\mathrm{e}^x$；　　(4) $y=\mathrm{e}^{-x}$.

四、应用题

1. 欲用围墙围成面积为 216 m^2 的一块矩形土地，并在正中用一堵墙将其隔成两块，问这块土地的长和宽选取多大尺寸，才能使所用建筑材料最省？

2. 某产品的需求函数为 $Q=a-bp(a>0,b>0)$：

(1) 求市场价格为 p_0 时的需求价格弹性；

(2) 当 $a=3,b=1.5$ 时，需求价格弹性 $E_p=-1.5$，求此时市场的价格和需求量；

(3) 求价格上升能给市场销售额增加的市场价格范围.

第 4 章　一元函数积分学及应用

在第 3 章通过对一元函数微分学的学习，了解了导数与微分，一般是由原函数求出其导数或微分. 但在很多实际的问题中，往往需要求出与之相反的问题，比如：已知某一质点的瞬时加速度，求出其瞬时速度；已知某产品的边际收益，求出该产品的收益函数等，这些问题刚好是一元函数微分学的逆运算.

4.1　不定积分

4.1.1　原函数与不定积分的概念

在第 3 章中知道，已知某产品的总收入函数为 $R(q)$，那么其边际收入为 $\mathrm{MR}=\frac{\mathrm{d}R}{\mathrm{d}q}=R'(q)$. 在实际的问题中，我们可能会遇到这样的问题，即已知某产品的边际收入为 $R'(q)$，如何求该产品的总收入函数，这显然是从函数的导数反过来求“原函数”的问题.

定义 1　设函数 $f(x)$ 在区间 I 上有定义，若对任意 $x\in I$ 都有可导函数 $F(x)$，使得 $F'(x)=f(x)$ 或 $\mathrm{d}F(x)=f(x)\mathrm{d}x$，则称函数 $F(x)$ 是 $f(x)$ 在区间 I 上的一个原函数.

例如，在 $x\in\mathbf{R}$ 内，有 $(x^3)'=3x^2$，所以 x^3 是 $3x^2$ 的一个原函数，同时 $(x^3+C)'=3x^2$，x^3+C 也是其原函数，由此表明原函数不唯一.

由原函数的定义，可以得出不定积分的定义：

定义 2　在区间 I 上，函数 $f(x)$ 的全体原函数 $F(x)+C$，称为 $f(x)$ 在区间 I 上的不定积分，记作：

$$\int f(x)\mathrm{d}x=F(x)+C$$

式中：$\int$ 为积分号，$f(x)$ 为被积函数，x 为积分变量，$f(x)\mathrm{d}x$ 为被积表达式，C 称为积分常数。

例 1　求下列不定积分：

(1) $\int x^3\mathrm{d}x$　　(2) $\int\frac{1}{x}\mathrm{d}x$　　(3) $\int\cos x\mathrm{d}x$

解　(1) 因为 $\left(\frac{1}{4}x^4\right)'=x^3$，所以 $\frac{1}{4}x^4$ 是 x^3 的一个原函数，即 $\int x^3\mathrm{d}x=\frac{1}{4}x^4+C$.

(2) 因为 $(\ln|x|)'=\frac{1}{x}$，所以 $\ln|x|$ 是 $\frac{1}{x}$ 的一个原函数，即 $\int\frac{1}{x}\mathrm{d}x=\ln|x|+C$.

(3) 因为 $(\sin x)'=\cos x$，所以 $\sin x$ 是 $\cos x$ 的一个原函数，即 $\int\cos x\mathrm{d}x=\sin x+C$.

4.1.2　不定积分的几何意义

在不定积分表达式中，$\int f(x)\mathrm{d}x=F(x)+C$，$F(x)$ 为 $f(x)$ 的一个原函数，对于函数

$F(x)+C$,相当于函数 $F(x)$ 在直角坐标系中,向上或向下平移 C 个单位(见图 4.1),曲线 $F(x)+C$ 称为 $f(x)$ 的一条积分曲线簇.

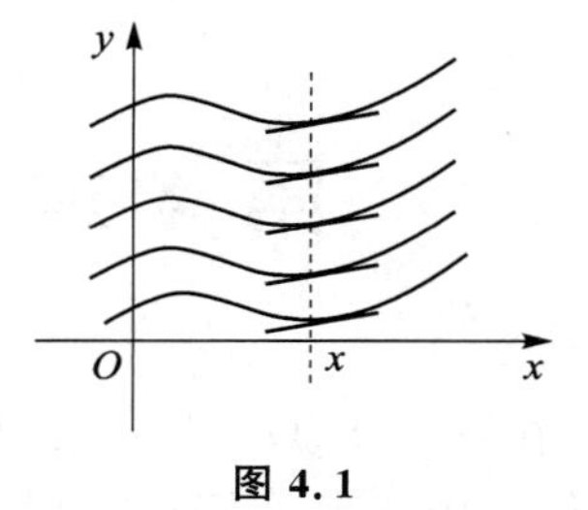

图 4.1

例 2 已知某曲线过点(1,2),且该曲线任意一点的切线斜率等于该点横坐标的 2 倍,求此曲线方程.

解 设曲线方程为 $y=f(x)$,由题意可知,过曲线任意一点 (x,y) 的切线斜率为

$$k=\frac{\mathrm{d}y}{\mathrm{d}x}=2x$$

所以,$f(x)$ 是 $2x$ 的一个原函数,即 $\int 2x\,\mathrm{d}x=x^2+C$,则 $f(x)=x^2+C$.

又因为曲线过点(1,2),代入上式有 $2=1^2+C$,即 $C=1$,则所求曲线方程为

$$y=x^2+1$$

习题 4.1

1. e^x 的一个原函数是________;x^2 的一个原函数是________.
2. 计算下列不定积分.

(1) $\int \sin x\,\mathrm{d}x$;　　(2) $\int \frac{1}{1+x^2}\mathrm{d}x$;　　(3) $\int 3\mathrm{d}x$.

4.2 不定积分的基本公式与基本性质

通过学习不定积分定义知道,积分是导数的逆运算,所以由基本初等函数的求导公式可以得出不定积分的基本公式.

4.2.1 基本积分公式

由不定积分定义知道,不定积分是导数的逆运算,所以由基本初等函数的导数公式,可以推导出基本积分公式如下:

(1) $\int k\,\mathrm{d}x=kx+C$ (k 为常数)	(2) $\int x^\mu\,\mathrm{d}x=\frac{x^{\mu+1}}{\mu+1}+C$ ($\mu\neq-1$)
(3) $\int \frac{\mathrm{d}x}{x}=\ln\|x\|+C$	(4) $\int a^x\,\mathrm{d}x=\frac{a^x}{\ln a}+C$
(5) $\int \sin x\,\mathrm{d}x=-\cos x+C$	(6) $\int \cos x\,\mathrm{d}x=\sin x+C$
(7) $\int \frac{\mathrm{d}x}{\cos^2 x}=\int \sec^2 x\,\mathrm{d}x=\tan x+C$	(8) $\int \frac{\mathrm{d}x}{\sin^2 x}=\int \csc^2 x\,\mathrm{d}x=-\cot x+C$
(9) $\int \sec x\tan x\,\mathrm{d}x=\sec x+C$	(10) $\int \csc x\cot x\,\mathrm{d}x=-\csc x+C$
(11) $\int \frac{1}{\sqrt{1-x^2}}\mathrm{d}x=\arcsin x+C$	(12) $\int \frac{1}{1+x^2}\mathrm{d}x=\arctan x+C$

4.2.2　不定积分的基本性质

由不定积分的定义可以得到下面不定积分的性质(证明略)：

性质 1　$\left[\int f(x)\mathrm{d}x\right]'=f(x)$ 或 $\mathrm{d}\left[\int f(x)\mathrm{d}x\right]=f(x)\mathrm{d}x$.

性质 2　$\int F'(x)\mathrm{d}x=F(x)+C$ 或 $\int \mathrm{d}F(x)=F(x)+C$.

性质 3　被积函数中的非零常数因子可以提到积分号外面,即

$$\int kf(x)\mathrm{d}x=k\int f(x)\mathrm{d}x \quad (k\neq 0 \text{ 是常数})$$

性质 4　两个函数代数和的不定积分等于每个函数不定积分的代数和,即

$$\int [f(x)\pm g(x)]\,\mathrm{d}x=\int f(x)\mathrm{d}x\pm\int g(x)\mathrm{d}x$$

此性质可以推广到任意有限个函数的代数和的情形,即有

$$\int [f_1(x)\pm f_2(x)\pm\cdots\pm f_n(x)]\,\mathrm{d}x=\int f_1(x)\mathrm{d}x\pm\int f_2(x)\mathrm{d}x\pm\cdots\pm\int f_n(x)\mathrm{d}x$$

例 1　写出下列各式的结果：

(1) $\left[\int \mathrm{e}^x\sin 3xdx\right]'$；　　(2) $\int(\sqrt{x+1})'\mathrm{d}x$；　　(3) $\mathrm{d}\left[\int \dfrac{\sin x}{1+x^2}\mathrm{d}x\right]$.

解　(1) $\left[\int \mathrm{e}^x\sin 3x\,\mathrm{d}x\right]'=\mathrm{e}^x\sin 3x$ (先积后微).

(2) $\int(\sqrt{x+1})'\mathrm{d}x=\sqrt{x+1}+C$ (先微后积).

(3) $\mathrm{d}\left[\int \dfrac{\sin x}{1+x^2}\mathrm{d}x\right]=\dfrac{\sin x}{1+x^2}\mathrm{d}x$ (先积后微).

例 2　求 $\int\left(\dfrac{3}{1+x^2}-\dfrac{2}{x}+5\sin x\right)\mathrm{d}x$.

解

$$\begin{aligned}\int\left(\frac{3}{1+x^2}-\frac{2}{x}+5\sin x\right)\mathrm{d}x&=\int \frac{3}{1+x^2}\mathrm{d}x-\int\frac{2}{x}\mathrm{d}x+\int 5\sin x\,\mathrm{d}x=\\&3\int\frac{1}{1+x^2}\mathrm{d}x-2\int\frac{1}{x}\mathrm{d}x+5\int\sin x\,\mathrm{d}x=\\&3\arctan x-2\ln|x|-5\cos x+C\end{aligned}$$

例 3　求 $\int\dfrac{(x-1)^2}{\sqrt[3]{x}}\mathrm{d}x$.

解

$$\begin{aligned}\int\frac{(x-1)^2}{\sqrt[3]{x}}\mathrm{d}x=\int\frac{x^2-2x+1}{\sqrt[3]{x}}\mathrm{d}x&=\int\left(x^{\frac{5}{3}}-2x^{\frac{2}{3}}+x^{-\frac{1}{3}}\right)\mathrm{d}x=\\&\int x^{\frac{5}{3}}\,\mathrm{d}x-2\int x^{\frac{2}{3}}\,\mathrm{d}x+\int x^{-\frac{1}{3}}\,\mathrm{d}x=\\&\frac{3}{8}x^{\frac{8}{3}}-\frac{6}{5}x^{\frac{5}{3}}+\frac{3}{2}x^{\frac{2}{3}}+C\end{aligned}$$

例 4　求 $\int\dfrac{x^2}{1+x^2}\mathrm{d}x$.

解
$$\int \frac{x^2}{x^2+1}dx = \int \frac{(x^2-1)+1}{1+x^2}dx = \int (1-\frac{1}{1+x^2})dx = x - \arctan x + C$$

例 5 求 $\int \frac{x^4}{1+x^2}dx$.

解
$$\int \frac{x^4}{1+x^2} = \int \frac{(x^4-1)+1}{1+x^2}dx = \int \frac{(x^2-1)(x^2+1)+1}{1+x^2}dx = \int \left[(x^2-1)+\frac{1}{1+x^2}\right]dx = \frac{1}{3}x^3 - x + \arctan x + C$$

例 6 求 $\int (\sin^2 \frac{x}{2} + \sec^2 x)dx$.

解
$$\int \left(\sin^2 \frac{x}{2} + \sec^2 x\right)dx = \int \frac{1-\cos x}{2}dx + \int \sec^2 x dx = \int \frac{1}{2}dx - \frac{1}{2}\int \cos x dx + \tan x = \frac{1}{2}(x - \sin x) + \tan x + C$$

习题 4.2

1. 填空题.

(1) $\left(\int x^2 \sin x dx\right)' =$ ________；　(2) $\int d\tan x =$ ________；

(3) $\int x^4 dx =$ ________；　(4) $\int x\sqrt{x}\, dx =$ ________；

(5) $\int 3^x dx =$ ________；　(6) $\int \frac{2}{\sqrt{1-x^2}}dx =$ ________.

2. 若 $f(x)$的一个原函数为 e^{-2x}，则 $f'(x)=($　$)$.

A. $-2e^{-2x}$　B. $4e^{-2x}$　C. e^{-2x}　D. $-4e^{-2x}$

3. 设 $\int f(x)dx = x\cos x + C$，则 $f(x)=($　$)$.

A. $x\cos x$　B. $x+\cos x$　C. $\cos x - x\sin x$　D. $\cos x + x\sin x$

4. 求下列不定积分.

(1) $\int \frac{1}{\sqrt[3]{x^2\sqrt{x}}}dx$；　(2) $\int \frac{e^x - 2^x}{3^x}dx$；

(3) $\int \left(\frac{3}{x^2} - \frac{5}{1+x^2}\right)dx$；　(4) $\int \frac{1+2x^2}{x^2(1+x^2)}dx$.

4.3　不定积分方法

由不定积分基本公式及性质，可以求出简单函数的积分，对于复杂的函数必须用相应的积分方法解决，下面我们介绍几种积分方法.

4.3.1　第一类换元积分法（凑微分法）

根据基本积分公式，我们知道 $\int \sin x \mathrm{d}x = -\cos x + C$，那么对于积分

$$\int \sin 2x \mathrm{d}x = -\cos 2x + C$$

是否成立呢？由于 $(-\cos 2x + C)' = 2\sin 2x$，很显然上述积分表达式不成立，由于 $\sin 2x$ 为复合函数，需要把 $2x$ 看作整体，正确积分如下：

$$\int \sin 2x \mathrm{d}x = \frac{1}{2}\int \sin 2x \mathrm{d}2x = -\frac{1}{2}\cos 2x + C$$

由此对于复合函数必须用相关积分方法来解决，首先我们引入凑微分法.

定理 1　若 $\int f(u)\mathrm{d}u = F(u) + C$，且 $u = \varphi(x)$ 为可导函数，则有换元公式

$$\int f[\varphi(x)]\varphi'(x)\mathrm{d}x = \int f[\varphi(x)]\mathrm{d}\varphi(x) = \int f(u)\mathrm{d}u = F(u) + C = F[\varphi(x)] + C$$

第一换元法也称凑微分法，一般情况下为先凑微分再积分，为了更好地运用第一换元法，需要记住以下常用的凑微分公式：

(1) $\mathrm{d}x = \mathrm{d}(x+C)$	(2) $\mathrm{d}x = \frac{1}{k}\mathrm{d}(kx)$　$(k \neq 0)$
(3) $x^{n-1}\mathrm{d}x = \frac{1}{n}\mathrm{d}(x^n)$　$(n \neq 0)$	(4) $\frac{1}{2\sqrt{x}}\mathrm{d}x = \mathrm{d}\sqrt{x}$
(5) $\frac{1}{x}\mathrm{d}x = \mathrm{d}\ln x$	(6) $\mathrm{e}^x\mathrm{d}x = \mathrm{d}\mathrm{e}^x$
(7) $\sin x\mathrm{d}x = -\mathrm{d}\cos x$	(8) $\cos x\mathrm{d}x = \mathrm{d}\sin x$
(9) $\sec^2 x\mathrm{d}x = \mathrm{d}\tan x$	(10) $\csc^2 x\mathrm{d}x = -\mathrm{d}\cot x$
(11) $\frac{1}{\sqrt{1-x^2}}\mathrm{d}x = \mathrm{d}\arcsin x$	(12) $\frac{1}{1+x^2}\mathrm{d}x = \mathrm{d}\arctan x$

例 1　求不定积分 $\int \frac{1}{2+3x}\mathrm{d}x$.

解

$$\int \frac{1}{2+3x}\mathrm{d}x = \frac{1}{3}\int \frac{1}{2+3x}\cdot 3\mathrm{d}x =$$

$$\frac{1}{3}\int \frac{1}{2+3x}\mathrm{d}(3x+2) =$$

$$\frac{1}{3}\ln|2+3x| + C$$

例 2 求 $\int \frac{1}{x^2+2x-3}\mathrm{d}x$.

解

$$\int \frac{1}{x^2+2x-3}\mathrm{d}x = \int \frac{1}{(x-1)(x+3)}\mathrm{d}x =$$

$$\int \frac{1}{4}\left(\frac{1}{x-1} - \frac{1}{x+3}\right)\mathrm{d}x =$$

$$\frac{1}{4}\int \frac{1}{x-1}\mathrm{d}x - \frac{1}{4}\int \frac{1}{x+3}\mathrm{d}x =$$

$$\frac{1}{4}\ln|x-1| - \frac{1}{4}\ln|x+3| + C =$$

$$\frac{1}{4}\ln\left|\frac{x-1}{x+3}\right| + C$$

例 3 求不定积分 $\int \frac{\sin\sqrt{x}}{\sqrt{x}}\mathrm{d}x$.

解

$$\int \frac{\sin\sqrt{x}}{\sqrt{x}}\mathrm{d}x = 2\int \sin\sqrt{x}\,\mathrm{d}\sqrt{x} = -2\cos\sqrt{x} + C$$

例 4 求不定积分 $\int \frac{1}{x(1-3\ln x)}\mathrm{d}x$.

解

$$\int \frac{1}{x(1-3\ln x)}\mathrm{d}x = \int \frac{1}{1-3\ln x}\mathrm{d}\ln x =$$

$$-\frac{1}{3}\int \frac{1}{1-3\ln x}\mathrm{d}(1-3\ln x) =$$

$$-\frac{1}{3}\ln|1-3\ln x| + C$$

例 5 求不定积分 $\int \frac{\mathrm{e}^x}{\mathrm{e}^x+1}\mathrm{d}x$.

解

$$\int \frac{\mathrm{e}^x}{\mathrm{e}^x+1}\mathrm{d}x = \int \frac{1}{1+\mathrm{e}^x}\mathrm{d}(1+\mathrm{e}^x) = \ln(1+\mathrm{e}^x) + C$$

例 6 求不定积分 $\int \frac{1}{\mathrm{e}^x+1}\mathrm{d}x$.

解

$$\int \frac{\mathrm{e}^x}{1+\mathrm{e}^x}\mathrm{d}x = \int \frac{(1+\mathrm{e}^x)-\mathrm{e}^x}{\mathrm{e}^x+1}\mathrm{d}x =$$

$$\int\left(1 - \frac{\mathrm{e}^x}{\mathrm{e}^x+1}\right)\mathrm{d}x =$$

$$x - \int \frac{\mathrm{d}(\mathrm{e}^x+1)}{\mathrm{e}^x+1} =$$

$$x-\ln(e^x+1)+C$$

例 7　求不定积分 $\int \sin^3 x \cdot \cos^2 x\mathrm{d}x$.

解
$$\int \sin^3 x \cdot \cos^2 x\mathrm{d}x=\int \sin^2 x \cdot \cos^2 x \cdot \sin x\mathrm{d}x=$$
$$-\int (1-\cos^2 x)\cos^2 x\mathrm{d}\cos x=$$
$$\int (\cos^4 x-\cos^2 x)\mathrm{d}\cos x=$$
$$\frac{1}{5}\cos^5 x-\frac{1}{3}\cos^3 x+C$$

例 8　求不定积分 $\int \frac{1}{x^2+a^2}\mathrm{d}x$.

解
$$\int \frac{1}{x^2+a^2}\mathrm{d}x=\frac{1}{a^2}\int \frac{1}{1+\left(\frac{x}{a}\right)^2}\mathrm{d}x=$$
$$\frac{1}{a}\int \frac{1}{1+\left(\frac{x}{a}\right)^2}\mathrm{d}\frac{x}{a}=$$
$$\frac{1}{a}\arctan\frac{x}{a}+C$$

例 9　求 $\int \frac{(\arcsin x)^3}{\sqrt{1-x^2}}\mathrm{d}x$.

解
$$\int \frac{(\arcsin x)^3}{\sqrt{1-x^2}}\mathrm{d}x=\int (\arcsin x)^3\mathrm{d}\arcsin x=$$
$$\frac{1}{4}(\arcsin x)^4+C$$

4.3.2　第二类换元积分法

定理 2　设 $x=\varphi(t)$ 是单调、可微函数，且有反函数 $t=\varphi^{-1}(x)$ 与 $\varphi'(t)\neq 0$. 又设 $\int f[\varphi(t)]\varphi'(t)\mathrm{d}t$ 具有原函数 $\Phi(t)$，即 $\int f[\varphi(t)]\varphi'(t)\mathrm{d}t=\Phi(t)+C$，则有换元公式

$$\int f(x)\mathrm{d}x=\int f[\varphi(t)]\varphi'(t)\mathrm{d}t=\Phi(t)+C=\Phi[\varphi^{-1}(x)]+C$$

例 10　求 $\int \frac{1}{1+\sqrt{x}}\mathrm{d}x$.

解　令 $\sqrt{x}=t$，则 $x=t^2$，$\mathrm{d}x=2t\mathrm{d}t$，于是
$$\int \frac{1}{1+\sqrt{x}}\mathrm{d}x=\int \frac{1}{1+t}\cdot 2t\mathrm{d}t=$$
$$2\int \frac{(t+1)-1}{1+t}\mathrm{d}t=$$
$$2(t-\ln|1+t|)+C=$$

$$2(\sqrt{x}-\ln|1+\sqrt{x}|)+C$$

例 11 求 $\int \frac{1}{\sqrt{x}+\sqrt[3]{x}}dx$.

解 令 $x=t^6$，则 $dx=6t^5dt$，于是

$$\int \frac{1}{\sqrt{x}+\sqrt[3]{x}}dx=\int \frac{1}{t^3+t^2}6t^5dt=6\int \frac{t^3}{1+t}dt=$$

$$6\int \frac{(t^3+1)-1}{1+t}dt=6\int\left(t^2-t+1-\frac{1}{1+t}\right)dt=$$

$$2t^3-3t^2+6t-6\ln|1+t|+C=$$

$$2\sqrt{x}-3\sqrt[3]{x}+6\sqrt[6]{x}-6\ln|1+\sqrt[6]{x}|+C$$

例 12 求 $\int \sqrt{a^2-x^2}dx(a>0)$.

解 令 $x=a\sin t, t\in(-\pi/2,\pi/2)$，则 $dx=a\cos tdt, \sqrt{a^2-x^2}=\sqrt{a^2-a^2\sin^2x}=a\cos t$，于是

$$\int \sqrt{a^2-x^2}dx=\int a\cos t\cdot a\cos tdt=\frac{a^2}{2}\int(1+\cos 2t)dt=$$

$$\frac{a^2}{2}\left(t+\frac{1}{2}\sin 2t\right)+C=\frac{a^2}{2}(t+\sin t\cos t)+C$$

由于 $x=a\sin t$，得 $\sin t=\frac{x}{a}, t=\arcsin\frac{x}{a}, \cos t=\frac{\sqrt{a^2-x^2}}{a}$，因此

$$\int \sqrt{a^2-x^2}dx=\frac{a^2}{2}\arcsin\frac{x}{a}+\frac{x\sqrt{a^2-x^2}}{2}+C$$

在变量回元时也可通过所谓的辅助直角三角形来实现. 由所设代换 $x=a\sin t$，即 $\sin t=\frac{x}{a}$ 作直角三角形(见图 4.2).

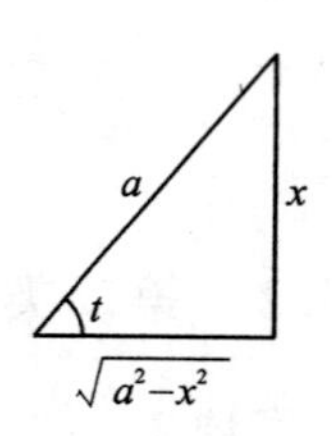

图 4.2

例 13 求 $\int \frac{1}{\sqrt{a^2+x^2}}dx(a>0)$.

解 令 $x=a\tan t, t\in(-\pi/2,\pi/2)$，则

$$dx=a\sec^2tdt$$

$$\sqrt{a^2+x^2}=\sqrt{a^2+a^2\tan^2t}=a\sec t$$

于是

$$\int \frac{1}{\sqrt{a^2+x^2}}dx=\int \frac{1}{\sqrt{a^2+a^2\tan^2t}}a\sec^2tdt=\int \sec tdt=\ln|\sec t+\tan t|+C$$

由于 $x=a\tan t$，得 $\tan t=\frac{x}{a}, \sec t=\frac{\sqrt{a^2+x^2}}{a}$，如图 4.3 所示，因此

$$\int \frac{1}{\sqrt{a^2+x^2}}dx=\ln\left|\frac{x}{a}+\frac{\sqrt{a^2+x^2}}{a}\right|+C$$

例 14　求$\int \frac{1}{\sqrt{x^2-a^2}}\mathrm{d}x(a>0)$.

解　令 $x=a\sec t, t\in(0,\pi/2)$，如图 4.4 所示，则 $\mathrm{d}x=a\sec t\tan t\mathrm{d}t, \sqrt{x^2-a^2}=a\tan t$，于是

$$\int \frac{1}{\sqrt{x^2-a^2}}\mathrm{d}x=\int \frac{1}{a\tan t}a\sec t\tan t\mathrm{d}t=\int \sec t\mathrm{d}t=\ln|\sec t+\tan t|+C$$

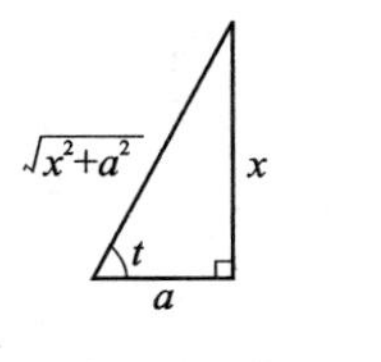

图 4.3

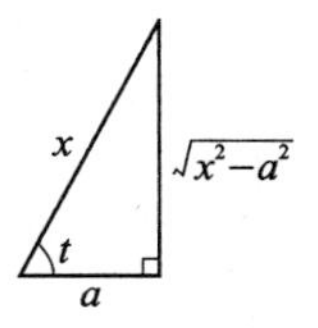

图 4.4

由代换 $x=a\sec t$，得 $\sec t=\frac{x}{a}, \tan t=\frac{\sqrt{x^2-a^2}}{a}$，因此

$$\int \frac{1}{\sqrt{x^2-a^2}}\mathrm{d}x=\ln\left|\frac{x}{a}+\frac{\sqrt{x^2-a^2}}{a}\right|+C$$

4.3.3　分部积分法

利用换元积分法可以解决很大一部分积分问题，但当遇到积分形式为$\int x\sin x\mathrm{d}x$，$\int x\ln x\mathrm{d}x$，$\int \arctan x\mathrm{d}x$ 等类型时，换元积分法就无法解决了，为此，利用两个函数乘积的导数法则，引入另一种基本积分法——分部积分法.

设函数 u,v 可导，则$(uv)'=u'v+uv'$，移项可得 $uv'=(uv)'-u'v$，两边同时积分得$\int uv'\mathrm{d}x=\int(uv)'\mathrm{d}x-\int vu'\mathrm{d}x$，化简即有

$$\int u\mathrm{d}v=uv-\int v\mathrm{d}u$$

由上式可得如下定理：

定理 3　设函数 $u=u(x), v=v(x)$具有连续导数，则有积分公式

$$\int u\mathrm{d}v=uv-\int v\mathrm{d}u \quad 或 \quad \int uv'\mathrm{d}x=uv-\int vu'\mathrm{d}x$$

例 15　求$\int x\cos x\mathrm{d}x$.

解　由题意令 $\cos x\mathrm{d}x=\mathrm{d}v, v=\sin x, u=x$，则

$$\int x\cos x\mathrm{d}x=\int x\mathrm{d}\sin x=x\sin x-\int \sin x\mathrm{d}x=$$

$$x\sin x+\cos x+C$$

例 16　求$\int x^2\mathrm{e}^x\mathrm{d}x$.

解　由题意令 $\mathrm{e}^x\mathrm{d}x=\mathrm{d}v, v=\mathrm{e}^x, u=x^2$，则

$$\int x^2 e^x dx = \int x^2 de^x = x^2 e^x - \int e^x dx^2 = x^2 e^x - \int e^x 2x dx =$$

$$x^2 e^x - 2\int x de^x = x^2 e^x - 2(x e^x - \int e^x dx) =$$

$$x^2 e^x - 2x e^x + 2e^x + C$$

例 17 求 $\int x \arctan x dx$.

解 由题意令 $x dx = d\,\frac{1}{2}x^2, v = \frac{1}{2}x^2, u = \arctan x$，则

$$\int x \arctan x dx = \frac{1}{2}\int \arctan x dx^2 = \frac{1}{2}x^2 \arctan x - \frac{1}{2}\int x^2 \frac{1}{1+x^2} dx =$$

$$\frac{1}{2}x^2 \arctan x - \frac{1}{2}x + \frac{1}{2}\arctan x + C$$

例 18 求 $\int \ln x dx$.

解 由题意令 $dx = dv, v = x, u = \ln x$，则

$$\int \ln x dx = x\ln x - \int x d\ln x = x \ln x - \int x \cdot \frac{1}{x} dx =$$

$$x \ln x - x + C = x(\ln x - 1) + C$$

例 19 求 $\int e^x \cos x dx$.

解 由题意令 $e^x dx = dv, v = e^x, u = \cos x$，则

$$\int e^x \cos x dx = \int \cos x de^x = e^x \cos x - \int e^x d\cos x = e^x \cos x + \int e^x \sin x dx =$$

$$e^x \cos x + \int \sin x de^x = e^x \cos x + (e^x \sin x - \int e^x d\sin x) =$$

$$e^x \cos x + e^x \sin x - \int e^x \cos x dx$$

令 $I = \int e^x \cos x dx$，从而解以上方程：

$$I = \int e^x \cos x dx = \frac{e^x(\cos x + \sin x)}{2} + C \quad (\text{注意要添加任意常数 } C)$$

例 20 求 $\int \arctan\sqrt{x} dx$.

解 先换元，令 $\sqrt{x} = t(t>0)$，则 $dx = 2t dt$.

$$\int \arctan\sqrt{x} dx = \int \arctan t \cdot 2t dt = \int \arctan t dt^2 =$$

$$t^2 \arctan t - \int t^2 d\arctan t = t^2 \arctan t - \int \frac{t^2}{1+t^2} dt =$$

$$t^2 \arctan t - \int \left(1 - \frac{1}{1+t^2}\right) dt = t^2 \arctan t - t + \arctan t + C =$$

$$(x+1)\arctan\sqrt{x} - \sqrt{x} + C$$

习题 4.3

1. 求下列不定积分.

(1) $\int \cos(3x-2)\mathrm{d}x$；　　(2) $\int (5-2x)^{10}\mathrm{d}x$；

(3) $\int x\mathrm{e}^{-x^2}\mathrm{d}x$；　　(4) $\int \frac{x-1}{\sqrt[3]{x^2-2x}}\mathrm{d}x$；

(5) $\int \frac{(3+2\ln x)^5}{x}\mathrm{d}x$；　　(6) $\int \cos x\sin x\mathrm{d}x$；

(7) $\int \tan^2 x\mathrm{d}x$；　　(8) $\int \frac{1}{\mathrm{e}^x(\mathrm{e}^{2x}+1)}\mathrm{d}x$.

2. 求下列不定积分.

(1) $\int \frac{\mathrm{d}x}{1+\sqrt[3]{x+2}}$；　　(2) $\int \frac{1}{\sqrt{x}(1+\sqrt[3]{x})}\mathrm{d}x$；

(3) $\int \sqrt{1-x^2}\mathrm{d}x$；　　(4) $\int \frac{\sqrt{x^2-9}}{x}\mathrm{d}x$.

3. 求下列积分.

(1) $\int x\mathrm{e}^{-x}\mathrm{d}x$；　　(2) $\int \frac{\ln x}{x^2}\mathrm{d}x$；

(3) $\int \ln x\mathrm{d}x$；　　(4) $\int \frac{1}{(x+2)(x-5)}\mathrm{d}x$.

4.4　定积分的积分方法

4.4.1　问题引入

在初等数学中，我们可以求规则图形的面积，比如三角形、矩形、梯形等平面图形的面积，但是，对于不规则图形的面积该如何计算呢？

在直角坐标系中，由直线 $x=a$，$x=b$，轴及连续曲线 $y=f(x)$所围成图形称为曲边梯形，其中 $a<b$，$f(x)\geqslant 0$，现求其面积.

在规则图形中，我们可以求矩形的面积；对于曲边梯形，可以采用分割原理、取近似、利用极限思维求出曲边梯形面积. 主要方法如下：

(1) 分　割

在区间 $[a,b]$ 中，任意插入 $n-1$ 个分点

$$a=x_0<x_1<x_2\cdots<x_{i-1}<x_i<\cdots<x_n=b$$

将区间 $[a,b]$ 分成 n 个小区间

$$[x_0,x_1],\ [x_1,x_2],\ [x_2,x_3],\ \cdots,\ [x_{i-1},x_i],\ \cdots,\ [x_{n-1},x_n]$$

每个小区间仍然为曲边梯形，一个有 n 个曲边的梯形.

(2) 取近似

对第 i 个区间 $[x_{i-1},x_i]$，其区间长度为 $\Delta x_i=x_i-x_{i-1}$，任意取一点 $\xi_i(x_{i-1}\leqslant\xi_i\leqslant x_i)$，

把该区间所围成的图形近似看成矩形,可得到其面积的近似值:

$$\Delta A_i = f(\xi_i)\Delta x_i$$

(3) 求　和

由于区间分成了 n 个小区间,将 n 个曲边梯形面积相加,可得原曲边梯形面积的近似值:

$$A = \sum_{i=1}^{n}\Delta A_i = \sum_{i=1}^{n} f(\xi_i)\Delta x_i$$

(4) 取极限

为使得近似程度更高,所分区间长度越小越好,即

$$\lambda = \max\{\Delta x_1, \Delta x_2, \Delta x_3, \cdots, \Delta x_n\}$$

当 $\lambda \to 0$ 时,若和式的极限存在,则定义此极限值为原曲边梯形的面积,即

$$S = \lim_{\lambda \to 0}\sum_{i=1}^{n} f(\xi_i)\Delta x_i$$

4.4.2　定积分的概念

定义 1　设 $y=f(x)$ 在 $[a,b]$ 上有定义,任取一组分点

$$a = x_0 < x_1 < x_2 < \cdots < x_{i-1} < x_i < \cdots < x_n = b$$

将区间 $[a,b]$ 分成 n 个小区间;每个小区间 $[x_{k-1}, x_k]$ 的长度为 $\Delta x_i = x_i - x_{i-1}$ $(i=1,2,\cdots,n)$ 在每个小区间 $[x_{i-1}, x_i]$ 上任取一点 ξ_i $(x_{i-1} \leqslant \xi_i \leqslant x_i)$ 作乘积 $f(\xi_i)\Delta x_i$,并作和式

$$S = \sum_{i=1}^{n} f(\xi_i)\Delta x_i$$

若(记 $\lambda = \max\limits_{1\leqslant i\leqslant n}\{\Delta x\}$)$S = \lim\limits_{\lambda \to 0}\sum\limits_{i=1}^{n} f(\xi_i)\Delta x_i$ 存在,则将此极限值称为 $f(x)$ 在 $[a,b]$ 上的定积分,记为

$$\int_a^b f(x)\mathrm{d}x = \lim_{\lambda \to 0}\sum_{i=1}^{n} f(\xi_i)\Delta x_i$$

式中:$\int$ 为积分号,$[a,b]$ 为积分区间,a 为积分下限,b 为积分上限,$f(x)$ 为被积函数,x 为积分变量,$f(x)\mathrm{d}x$ 为被积表达式.

定理 1　设 $f(x)$ 在区间 $[a,b]$ 上连续,则 $f(x)$ 在 $[a,b]$ 上可积.

定理 2　设 $f(x)$ 在区间 $[a,b]$ 上有界,且只有有限个第一类间断点,则 $f(x)$ 在 $[a,b]$ 上可积.

4.4.3　定积分的几何意义

由前面的讨论可以得到图 4.5 所示的几何解释,即有

$$\int_a^b f(x)\mathrm{d}x = A_1 - A_2 + A_3$$

例 1　利用定积分几何意义计算 $\int_0^2 2x\mathrm{d}x$.

解　$\int_0^2 2x\mathrm{d}x = \frac{1}{2} \times 2 \times 4 = 4$.

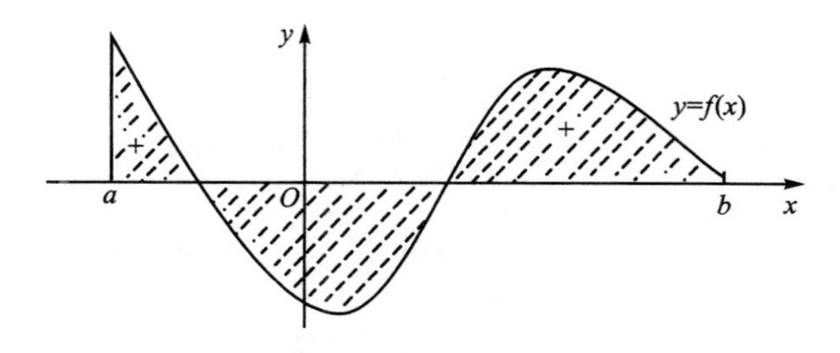

图 4.5

例 2　利用定积分几何意义计算 $\int_{-a}^{a}\sqrt{a^2-x^2}\,\mathrm{d}x\,(a>0)$.

解　$\int_{-a}^{a}\sqrt{a^2-x^2}\,\mathrm{d}x=\frac{1}{2}\times\pi\times a^2=\frac{1}{2}\pi a^2$.

4.4.4　定积分的基本原理

设函数 $f(x)$ 在区间 $[a,b]$ 上连续，$F(x)$ 是 $f(x)$ 在区间 $[a,b]$ 上的一个原函数，即 $F'(x)=f(x)$，则

$$\int_a^b f(x)\,\mathrm{d}x=F(x)\Big|_a^b=F(b)-F(a)$$

上述公式称为牛顿-莱布尼茨(Newton - Leibniz)公式，亦称为微积分基本公式，求解定积分的问题转化为求原函数的问题，建立了积分和原函数之间的关系，使求定积分的问题变得相对简单.

例 3　求定积分 $\int_1^4\sqrt{x}\,\mathrm{d}x$.

解　$\int_1^4\sqrt{x}\,\mathrm{d}x=\frac{2}{3}x^{\frac{3}{2}}\Big|_1^4=\frac{2}{3}(4^{\frac{3}{2}}-1)=\frac{14}{3}$.

例 4　求定积分 $\int_0^2\frac{\mathrm{d}x}{4+x^2}$.

解　$\int_0^2\frac{\mathrm{d}x}{4+x^2}=\frac{1}{2}\int_0^2\frac{\mathrm{d}\left(\frac{x}{2}\right)}{1+\left(\frac{x}{2}\right)^2}=\frac{1}{2}\arctan\frac{x}{2}\Big|_0^2=\frac{1}{2}(\arctan 1-\arctan 0)=\frac{\pi}{8}$.

4.4.5　定积分的性质

性质 1　代数和差的积分等于积分的代数和差，即

$$\int_a^b[f(x)\pm g(x)]\mathrm{d}x=\int_a^b f(x)\,\mathrm{d}x\pm\int_a^b g(x)\,\mathrm{d}x$$

性质 2　$\int_a^b kf(x)\,\mathrm{d}x=k\int_a^b f(x)\,\mathrm{d}x$（任意 $k\in\mathbf{R}$）.

性质 3　$\int_a^b f(x)\,\mathrm{d}x=-\int_b^a f(x)\,\mathrm{d}x$.

性质 4（定积分对积分区间的可加性）

$$\int_a^b f(x)\mathrm{d}x = \int_a^c f(x)\mathrm{d}x + \int_c^b f(x)\mathrm{d}x$$

例 5 已知函数 $f(x)=\begin{cases} \mathrm{e}^x, & 0\leqslant x\leqslant 1 \\ x, & 1< x\leqslant 2 \end{cases}$,求积分 $\int_0^2 f(x)\mathrm{d}x$.

解
$$\int_0^2 f(x)\mathrm{d}x = \int_0^1 f(x)\mathrm{d}x + \int_1^2 f(x)\mathrm{d}x =$$
$$\int_0^1 \mathrm{e}^x\mathrm{d}x + \int_1^2 x\mathrm{d}x =$$
$$\mathrm{e}^x\Big|_0^1 + \frac{1}{2}x^2\Big|_1^2 = \mathrm{e}-1+\left(2-\frac{1}{2}\right) = \mathrm{e}-\frac{1}{2}$$

例 6 计算 $\int_{-1}^3 |2-x|\mathrm{d}x$.

解
$$\int_{-1}^3 |2-x|\mathrm{d}x = \int_{-1}^2 |2-x|\mathrm{d}x + \int_2^3 |2-x|\mathrm{d}x =$$
$$\int_{-1}^2 (2-x)\mathrm{d}x + \int_2^3 (x-2)\mathrm{d}x =$$
$$\left(2x-\frac{1}{2}x^2\right)\Big|_{-1}^2 + \left(\frac{1}{2}x^2-2x\right)\Big|_2^3 = \frac{9}{2}+\frac{1}{2} = 5$$

性质 5(保号性) 如果在区间 $[a,b]$ 上 $f(x)\geqslant 0$,则
$$\int_a^b f(x)\mathrm{d}x \geqslant 0$$

推论 1(不等式性质) 若在区间 $[a,b]$ 上总有 $f(x)\leqslant g(x)$,则
$$\int_a^b f(x)\mathrm{d}x \leqslant \int_a^b g(x)\mathrm{d}x \quad (a<b)$$

推论 2 $\left|\int_a^b f(x)\mathrm{d}x\right| \leqslant \int_a^b |f(x)|\mathrm{d}x$.

性质 6(定积分的估值定理) 设 M 与 m 分别是函数 $f(x)$ 在区间 $[a,b]$ 上的最大值与最小值,则
$$m(b-a) \leqslant \int_a^b f(x)\mathrm{d}x \leqslant M(b-a) \quad (a<b)$$

例 7 估计定积分 $\int_0^1 \mathrm{e}^{x^2}\mathrm{d}x$.

解 由于 e^{x^2} 在区间 $[0,1]$ 上单调递增,则有 $1\leqslant \mathrm{e}^{x^2}\leqslant \mathrm{e}$,由定积分估值定理有
$$1\times(1-0) \leqslant \int_0^1 \mathrm{e}^{x^2}\mathrm{d}x \leqslant \mathrm{e}(1-0)$$
即有
$$1 \leqslant \int_0^1 \mathrm{e}^{x^2}\mathrm{d}x \leqslant \mathrm{e}$$

例 8 不计算定积分,比较定积分 $\int_0^{\frac{\pi}{2}} \sin^2 x\mathrm{d}x$ 与 $\int_0^{\frac{\pi}{2}} \sin x\mathrm{d}x$ 的大小.

解 因为当 $x\in[0,\pi/2]$ 时,$0\leqslant \sin x\leqslant 1$,所以 $\sin^2 x\leqslant \sin x$,从而
$$\int_0^{\frac{\pi}{2}} \sin^2 x\mathrm{d}x \leqslant \int_0^{\frac{\pi}{2}} \sin x\mathrm{d}x$$

性质 7(积分中值定理)　如果函数 $f(x)$在闭区间$[a,b]$上连续,则至少存在一点 $\xi\in[a,b]$,使得

$$\int_a^b f(x)\mathrm{d}x=f(\xi)(b-a)\quad(a\leqslant\xi\leqslant b)$$

4.4.6　积分上限函数及其导数

前面讨论了定积分的概念与性质等,要求函数的定积分一般采用"分割、取近似、求和、求极限",但是某些函数分割比较困难,无法有效地求解定积分.为此引入了变限积分的概念.

定义 2　设函数 $f(t)$在 $[a,b]$ 上连续且可积,x 为区间 $[a,b]$ 上任意一点,则称 $\int_a^x f(t)\mathrm{d}t$ 为积分上限函数,记作

$$\Phi(x)=\int_a^x f(t)\mathrm{d}t,\quad x\in[a,b]$$

定义 3　设函数 $f(t)$在 $[a,b]$ 上连续,则积分上限函数 $\Phi(x)=\int_a^x f(t)\mathrm{d}t$ 在 $[a,b]$ 上可导,且它的导数是 $f(x)$,即

$$\Phi'(x)=\left(\int_a^x f(t)\mathrm{d}t\right)'=f(x)$$

即积分上限函数是被积函数的一个原函数.

推论 1　$\left(\int_a^{\varphi(x)} f(t)\mathrm{d}t\right)'=f[\varphi(x)]\varphi'(x)$.

推论 2　$\left(\int_{\psi(x)}^{\varphi(x)} f(t)\mathrm{d}t\right)'=f[\varphi(x)]\varphi'(x)-f[\psi(x)]\psi'(x)$.

例 9　计算 $\dfrac{\mathrm{d}}{\mathrm{d}x}\int_0^x \mathrm{e}^t\cos t\,\mathrm{d}t$.

解

$$\frac{\mathrm{d}}{\mathrm{d}x}\int_0^x \mathrm{e}^t\cos t\,\mathrm{d}t=\left(\int_0^x \mathrm{e}^t\cos t\,\mathrm{d}t\right)'=\mathrm{e}^x\cos x$$

例 10　求积分上限函数 $\Phi(x)=\int_0^{\sqrt{x}}\cos(t^2+1)\mathrm{d}t$ 的导数.

解

$$\Phi'(x)=\cos[(\sqrt{x})^2+1]\cdot(\sqrt{x})'=\frac{\cos(x+1)}{2\sqrt{x}}$$

例 11　求积分下限函数 $\Phi(x)=\int_{x^2}^2\sin\sqrt{t}\,\mathrm{d}t\,(x>0)$ 的导数.

解　$\Phi'(x)=\left(\int_{x^2}^2\sin\sqrt{t}\,\mathrm{d}t\right)'=\left(-\int_2^{x^2}\sin\sqrt{t}\,\mathrm{d}t\right)'=-\sin\sqrt{x^2}\cdot(x^2)'=-2x\sin x$

例 12　求 $\lim\limits_{x\to0}\dfrac{\int_0^x\sin^2 t\,\mathrm{d}t}{x-\sin x}$.

解　由积分中值定理,容易看到 $x\to0$ 时,$\int_0^x\sin^2 t\,\mathrm{d}t\to0$,因此极限是$\dfrac{0}{0}$型未定式,从而由洛必达法则有

$$\lim_{x\to0}\frac{\int_0^x\sin^2 t\,\mathrm{d}t}{x-\sin x}=\lim_{x\to0}\frac{\left(\int_0^x\sin^2 t\,\mathrm{d}t\right)'}{(x-\sin x)'}=\lim_{x\to0}\frac{\sin^2 x}{1-\cos x}=\lim_{x\to0}\frac{x^2}{\frac{1}{2}x^2}=2$$

4.4.7 定积分的积分法

定理 3 已知函数 $f(x)$在 $[a,b]$ 上连续,作变换 $x=\varphi(t)$,并且满足条件:

① $\varphi(\alpha)=a,\varphi(\beta)=b$;

② 当 t 从 α 变到 β 时在 $x=\varphi(t)$上单调且具有连续的导数 $\varphi'(t)$,

则有

$$\int_a^b f(x)\mathrm{d}x=\int_\alpha^\beta f[\varphi(t)]\varphi'(t)\mathrm{d}t$$

重要结论:

设 $f(x)$在$[-a,a]$上连续,则 $\int_{-a}^a f(x)\mathrm{d}x=\int_0^a[f(x)+f(-x)]\mathrm{d}x$.

① 当 $f(x)$为偶函数时,$\int_{-a}^a f(x)\mathrm{d}x=2\int_0^a f(x)\mathrm{d}x$.

② 当 $f(x)$为奇函数时,$\int_{-a}^a f(x)\mathrm{d}x=0$.

证明 $\int_{-a}^a f(x)\mathrm{d}x=\int_{-a}^0 f(x)\mathrm{d}x+\int_0^a f(x)\mathrm{d}x$.

又因为

$$\int_{-a}^0 f(x)\mathrm{d}x\xlongequal{x=-t}\int_a^0 f(-t)(-1)\mathrm{d}t=\int_0^a f(-t)\mathrm{d}t=\int_0^a f(-x)\mathrm{d}x$$

即有

$$\int_{-a}^a f(x)\mathrm{d}x=\int_{-a}^0 f(x)\mathrm{d}x+\int_0^a f(x)\mathrm{d}x=\int_0^a[f(x)+f(-x)]\mathrm{d}x$$

① 当 $f(x)$为偶函数时,有 $f(x)=f(-x)$,$\int_{-a}^a f(x)\mathrm{d}x=2\int_0^a f(x)\mathrm{d}x$;

② 当 $f(x)$为奇函数时,有 $f(x)=-f(-x)$,$\int_{-a}^a f(x)\mathrm{d}x=0$,

即上述重要结论成立.

例 13 求 $\int_{-\pi}^{\pi}\frac{\cos x\sin x}{1+x^{2\,000}}\mathrm{d}x$.

解 由于被积函数 $f(x)=\frac{\cos x\sin x}{1+x^{2\,000}}$在区间 $[-\pi,\pi]$ 上为奇函数,由重要结论可得

$$\int_{-\pi}^{\pi}\frac{\cos x\sin x}{1+x^{2\,000}}\mathrm{d}x=0$$

例 14 求 $\int_{-1}^1 x^2(|x|+\sin x)\mathrm{d}x$.

解 由于整体对函数 $f(x)=x^2(|x|+\sin x)$的奇偶性无法判断,则分开讨论可得

$$\int_{-1}^1 x^2(|x|+\sin x)\mathrm{d}x=\int_{-1}^1 x^2|x|\mathrm{d}x+\int_{-1}^1 x^2\sin x\mathrm{d}x=\int_{-1}^1 x^2|x|\mathrm{d}x=$$

$$\int_{-1}^0 x^2|x|\mathrm{d}x+\int_0^1 x^2|x|\mathrm{d}x=\int_{-1}^0 x^2(-x)\mathrm{d}x+\int_0^1 x^2 x\mathrm{d}x=$$

$$-\frac{1}{4}x^4\Big|_{-1}^0+\frac{1}{4}x^4\Big|_0^1=\frac{1}{4}+\frac{1}{4}=\frac{1}{2}$$

例 15　求$\int_0^{\sqrt{\ln 2}} x e^{x^2} dx$.

解　$\int_0^{\sqrt{\ln 2}} x e^{x^2} dx = \frac{1}{2}\int_0^{\sqrt{\ln 2}} e^{x^2} dx^2 = \frac{1}{2}e^{x^2}\Big|_0^{\sqrt{\ln 2}} = 1 - \frac{1}{2} = \frac{1}{2}$

例 16　求$\int_0^3 \frac{1}{1+\sqrt{1+x}} dx$.

解　令$\sqrt{1+x}=t$，则$x=t^2-1$，$dx=2t\,dt$. 当$x=0$时，$t=1$；当$x=3$时，$t=2$. 于是

$$\int_0^3 \frac{1}{1+\sqrt{1+x}} dx = \int_1^2 \frac{1}{1+t} 2t\,dt = 2\int_1^2 \frac{t+1-1}{t+1} dt =$$

$$2\int_1^2 \left(1-\frac{1}{1+t}\right) dt = 2[t-\ln(1+t)]\Big|_1^2 =$$

$$2(2-\ln 3)-2(1-\ln 2) = 2-2\ln 3+2\ln 2$$

例 17　计算$\int_0^1 x^2\sqrt{1-x^2}\,dx$.

解　令$x=\sin t$，则$dx=\cos t\,dt$. 当$x=0$时，$t=0$；当$x=1$时，$t=\pi/2$. 于是

$$\int_0^1 x^2\sqrt{1-x^2}\,dx = \int_0^{\pi/2} \sin^2 t\sqrt{1-\sin^2 t}\cos t\,dt = \int_0^{\pi/2} \sin^2 t\cos^2 t\,dt =$$

$$\frac{1}{4}\int_0^{\pi/2} \sin^2 2t\,dt = \frac{1}{8}\int_0^{\pi/2} (1-\cos 4t)\,dt = \frac{1}{8}\left(\frac{\pi}{2}-\frac{1}{4}\sin 4t\Big|_0^{\pi/2}\right) = \frac{\pi}{16}$$

3. 定积分的分部积分法

定理 4　设函数$u(x)$和$v(x)$在区间$[a,b]$上有连续导数，则有

$$\int_a^b u(x)v'(x)\,dx = \int_a^b u(x)\,dv(x) = u(x)v(x)\Big|_a^b - \int_a^b v(x)\,du(x)$$

例 18　求$\int_0^\pi x\sin x\,dx$.

解

$$\int_0^\pi x\sin x\,dx = \int_0^\pi x\,d(-\cos x) = -x\cos x\Big|_0^\pi + \int_0^\pi \cos x\,dx =$$

$$\pi + \sin x\Big|_0^\pi = \pi$$

例 19　求$\int_1^e \ln x\,dx$.

解　$\int_1^e \ln x\,dx = x\ln x\Big|_1^e - \int_1^e x\cdot\frac{1}{x}dx = e - x\Big|_1^e = e-(e-1) = 1.$

习题 4.4

1. 由定积分的几何意义求下列定积分.

(1) $\int_0^1 (2x+3)\,dx$；　　(2) $\int_0^4 \sqrt{4-x^2}\,dx$.

2. 比较下列积分的大小.

(1) $\int_0^1 x\,dx$ 与$\int_0^1 \sqrt{x}\,dx$；　　(2) $\int_1^2 \ln x\,dx$ 与$\int_1^2 \ln^2 x\,dx$.

3. 求下列函数的导数.

(1) $\Phi(x)=\int_{1}^{\sin x} e^{t^2}\,dt$；　　(2) $\Phi(x)=\int_{x}^{x^2} \frac{\ln t}{t}dt$.

4. 求下列极限.

(1) $\lim\limits_{x\to 0}\frac{\int_0^x \ln(1+t)dt}{x^2}$；　　(2) $\lim\limits_{x\to 0}\frac{(1-\cos x)^2}{\int_x^0 \sin^3 t\,dt}$.

5. 计算下列定积分.

(1) $\int_1^e \frac{1+\ln x}{x}dx$；　　(2) $\int_1^{\sqrt{3}} \frac{1}{x^2\sqrt{1+x^2}}dx$；

(3) $\int_0^1 x\arctan x\,dx$；　　(4) $\int_{-2}^4 |x^2-2x-3|\,dx$.

4.5 广义积分

4.5.1 无限区间上的广义积分

定义 1 ①设函数 $f(x)$在区间$[a,+\infty)$上连续，取 $b>a$，若极限 $\lim\limits_{b\to+\infty}\int_a^b f(x)dx$ 存在，则称此极限为函数 $f(x)$在$[a,+\infty)$上的广义积分，记作$\int_a^{+\infty} f(x)dx$，即

$$\int_a^{+\infty} f(x)dx=\lim_{b\to+\infty}\int_a^b f(x)dx$$

若上述极限存在，则称广义积分收敛；如果不存在，则称其发散.

② 设函数 $f(x)$在区间$(-\infty,b]$上连续，取 $b>a$，若极限 $\lim\limits_{a\to-\infty}\int_a^b f(x)dx$ 存在，则称此极限为函数 $f(x)$在$(-\infty,b]$上的广义积分，记作$\int_{-\infty}^a f(x)dx$，即

$$\int_{-\infty}^b f(x)dx=\lim_{a\to-\infty}\int_a^b f(x)dx$$

若上述极限存在，则称广义积分收敛；如果不存在，则称其发散.

③ 设函数 $f(x)$在区间$(-\infty,+\infty)$内连续，若极限$\int_{-\infty}^0 f(x)dx$ 与$\int_0^{+\infty} f(x)dx$ 都存在，则称 $\int_{-\infty}^{+\infty} f(x)dx$ 在区间$(-\infty,+\infty)$内收敛，并记为$\int_{-\infty}^{+\infty} f(x)dx=\int_{-\infty}^0 f(x)dx+\int_0^{+\infty} f(x)dx$；如果不存在，则称$\int_{-\infty}^{+\infty} f(x)dx$ 发散.

当我们熟悉此类广义积分以后，也可以采用牛顿-莱布尼茨公式方法：

① $\int_a^{+\infty} f(x)dx=F(x)\Big|_a^{+\infty}=\lim\limits_{x\to+\infty}F(x)-F(a)$；

② $\int_{-\infty}^b f(x)dx=F(x)\Big|_{-\infty}^b=F(b)-\lim\limits_{x\to-\infty}F(x)$；

③ $\int_{-\infty}^{+\infty} f(x)dx=F(x)\Big|_{-\infty}^{+\infty}=\lim\limits_{x\to+\infty}F(x)-\lim\limits_{x\to-\infty}F(x)$.

例 1　计算广义积分 $\int_{2}^{+\infty}\frac{1}{x^2}\mathrm{d}x$.

解　$\int_{2}^{+\infty}\frac{1}{x^2}\mathrm{d}x=\lim\limits_{b\to+\infty}\int_{2}^{b}\frac{1}{x^2}\mathrm{d}x=\lim\limits_{b\to+\infty}\left(-\frac{1}{x}\right)\Big|_{2}^{b}=\lim\limits_{b\to+\infty}\left(\frac{1}{2}-\frac{1}{b}\right)=\frac{1}{2}$

例 2　计算广义积分 $\int_{-\infty}^{0}\mathrm{e}^x\mathrm{d}x$.

解　$\int_{-\infty}^{0}\mathrm{e}^x\mathrm{d}x=\mathrm{e}^x\Big|_{-\infty}^{0}=1$

例 3　计算广义积分 $\int_{-\infty}^{+\infty}\frac{\mathrm{d}x}{1+x^2}$.

解　$\int_{-\infty}^{+\infty}\frac{\mathrm{d}x}{1+x^2}=\arctan x\Big|_{-\infty}^{+\infty}=\lim\limits_{x\to+\infty}\arctan x-\lim\limits_{x\to-\infty}\arctan x=\frac{\pi}{2}-\left(-\frac{\pi}{2}\right)=\pi$

例 4　证明 p -积分 $\int_{a}^{+\infty}\frac{\mathrm{d}x}{x^p}(a>0)$ 当 $p>1$ 时收敛，$p\leqslant1$ 时发散.

证明　当 $p=1$ 时，$\int_{a}^{+\infty}\frac{\mathrm{d}x}{x}=\ln x\Big|_{a}^{+\infty}=+\infty$. 当 $p\neq1$ 时，

$$\int_{a}^{+\infty}\frac{\mathrm{d}x}{x^p}=\frac{1}{1-p}x^{1-p}\Big|_{a}^{+\infty}=\frac{1}{1-p}\left(\lim_{x\to+\infty}x^{1-p}-a^{1-p}\right)=\begin{cases}\dfrac{1}{p-1}a^{1-p}, & p>1\\ +\infty, & p<1\end{cases}$$

因此，p -积分 $\int_{a}^{+\infty}\frac{\mathrm{d}x}{x^p}(a>0)$ 当 $p>1$ 时收敛，$p\leqslant1$ 时发散.

4.5.2　无界函数的广义积分

定义 2　① 设函数 $f(x)$ 在区间 $(a,b]$ 上连续，且 $\lim\limits_{x\to a^+}f(x)=\infty$，若极限 $\lim\limits_{\varepsilon\to0^+}\int_{a+\varepsilon}^{b}f(x)\mathrm{d}x$ 存在，则称此极限为函数 $f(x)$ 在 $(a,b]$ 上的广义积分，记作 $\int_{a}^{b}f(x)\mathrm{d}x$，即

$$\int_{a}^{b}f(x)\mathrm{d}x=\lim_{\varepsilon\to0^+}\int_{a+\varepsilon}^{b}f(x)\mathrm{d}x$$

若上述极限存在，则称广义积分收敛；如果不存在，则称其发散.

② 设函数 $f(x)$ 在区间 $[a,b)$ 上连续，且 $\lim\limits_{x\to b^-}f(x)=\infty$，若极限 $\lim\limits_{\varepsilon\to0^+}\int_{a}^{b-\varepsilon}f(x)\mathrm{d}x$ 存在，则称此极限为函数 $f(x)$ 在 $[a,b)$ 上的广义积分，记作 $\int_{a}^{b}f(x)\mathrm{d}x$，即

$$\int_{a}^{b}f(x)\mathrm{d}x=\lim_{\varepsilon\to0^+}\int_{a}^{b-\varepsilon}f(x)\mathrm{d}x$$

若上述极限存在，则称广义积分收敛；如果不存在，则称其发散.

③ 设函数 $f(x)$ 在区间 $[a,b]$ 上除 c 点外都连续，且 $\lim\limits_{x\to c}f(x)=\infty$，如果两个广义积分 $\int_{a}^{c}f(x)\mathrm{d}x$ 和 $\int_{c}^{b}f(x)\mathrm{d}x$ 都收敛，则广义积分 $\int_{a}^{b}f(x)\mathrm{d}x$ 收敛，并记为

$$\int_{a}^{b}f(x)\mathrm{d}x=\int_{a}^{c}f(x)\mathrm{d}x+\int_{c}^{b}f(x)\mathrm{d}x$$

否则称为广义积分发散.

当熟悉此类广义积分后，同样可以采用牛顿-莱布尼茨公式方法：

① $\int_a^b f(x)\mathrm{d}x=\lim\limits_{\varepsilon\to 0^+}\int_a^{b-\varepsilon} f(x)\mathrm{d}x=\lim\limits_{\varepsilon\to 0^+}F(b-\varepsilon)-F(a)$；

② $\int_a^b f(x)\mathrm{d}x=\lim\limits_{\varepsilon\to 0^+}\int_{a+\varepsilon}^{b} f(x)\mathrm{d}x=F(b)-\lim\limits_{\varepsilon\to 0^+}F(a+\varepsilon)$.

例 5 判断广义积分 $\int_0^1 \frac{1}{\sqrt{1-x^2}}\mathrm{d}x$ 的敛散性.

解 因为函数 $\frac{1}{\sqrt{1-x^2}}$ 在 $[0,1)$ 上连续，$x=1$ 是 $\frac{1}{\sqrt{1-x^2}}$ 的无穷间断点，根据定义，有

$$\int_0^1 \frac{1}{\sqrt{1-x}}\mathrm{d}x=\arcsin x\Big|_0^1=\frac{\pi}{2}$$

所以广义积分收敛.

例 6 讨论广义积分 $\int_{-1}^1 \frac{1}{x^2}\mathrm{d}x$ 的敛散性.

解 $x=0$ 是函数的无穷间断点，根据定义，有

$$\int_{-1}^1 \frac{1}{x^2}\mathrm{d}x=\int_{-1}^0 \frac{1}{x^2}\mathrm{d}x+\int_0^1 \frac{1}{x^2}\mathrm{d}x=\lim_{\varepsilon_1\to 0^+}\left(-\frac{1}{x}\right)\Big|_{-1}^{-\varepsilon_1}+\lim_{\varepsilon_2\to 0^+}\left(-\frac{1}{x}\right)\Big|_{\varepsilon_2}^{1}=\infty$$

所以广义积分发散.

习题 4.5

1. 下列广义积分收敛的是(　　).

A. $\int_1^{+\infty} \frac{1}{\sqrt[3]{x}}\mathrm{d}x$　　B. $\int_2^{+\infty} \frac{1}{x\cdot\sqrt[5]{(\ln x)^3}}\mathrm{d}x$

C. $\int_1^{+\infty} \frac{1}{\sqrt{x^3}}\mathrm{d}x$　　D. $\int_2^{+\infty} \frac{1}{x\cdot\sqrt[3]{(\ln x)^5}}\mathrm{d}x$

2. 判断广义积分 $\int_0^{+\infty} \frac{x}{1+x^2}\mathrm{d}x$ 是收敛还是发散.

3. 计算下列广义积分.

(1) $\int_{-\infty}^0 \frac{1}{1-x}\mathrm{d}x$；　　(2) $\int_{-\infty}^{+\infty} \frac{1}{x^2+2x+2}\mathrm{d}x$；

(3) $\int_1^2 \frac{x}{\sqrt{x-1}}\mathrm{d}x$；　　(4) $\int_0^1 \frac{x}{\sqrt{1-x^2}}\mathrm{d}x$.

4.6 定积分的应用

首先，定积分在数学上有着广泛的应用，例如在几何上的应用，可以在直角坐标系下求平面图形的面积、旋转体的体积、平面曲线的弧长，也可以在极坐标下求面积等. 其次，定积分在经济领域也有广泛的应用. 下面介绍直角坐标系下求平面图形的面积及定积分在经济上的应用.

4.6.1 定积分在几何上的应用

对于直角坐标系下不规则的图形，可以分为以下两种情况加以讨论：

1. 选取 x 作为积分变量,计算平面图形的面积

① 由曲线 $y=f(x)$,直线 $x=a$、$x=b$ 及 x 轴围成的平面图形的面积(如图 4.6 所示):

$$S=\int_a^b |f(x)|\mathrm{d}x$$

② 由曲线 $y=f(x)$、$y=g(x)$,直线 $x=a$、$x=b$ 围成的平面图形的面积(如图 4.7 所示):

$$S=\int_a^b |f(x)-g(x)|\mathrm{d}x$$

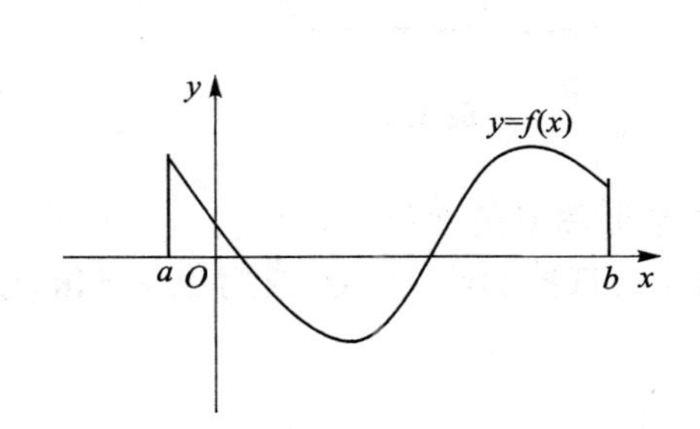

图 4.6

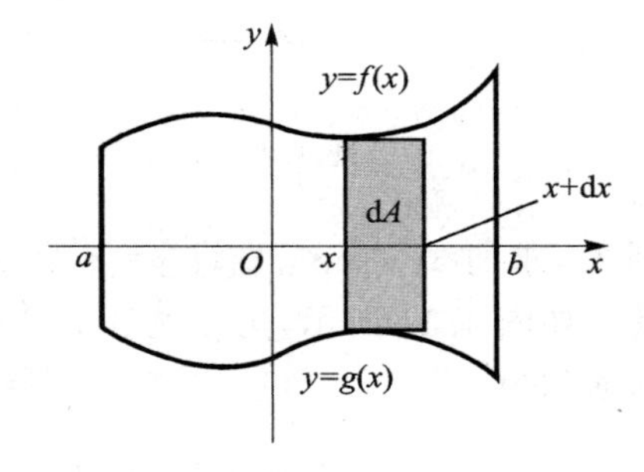

图 4.7

例 1　求曲线 $y=x^2$,直线 $x=1/2$、$x=2$ 及 x 轴所围成的平面图形的面积.

解　选 x 为积分变量,则 $x\in[1/2,2]$,于是图形面积为

$$S=\int_{\frac{1}{2}}^2 x^2\mathrm{d}x=\frac{1}{3}x^3\Big|_{\frac{1}{2}}^2=\frac{8}{3}-\frac{1}{24}=\frac{21}{8}$$

例 2　求曲线 $y=\sin x$、$y=\cos x$,直线 $x=\pi$ 及 y 轴所围成的平面图形的面积.

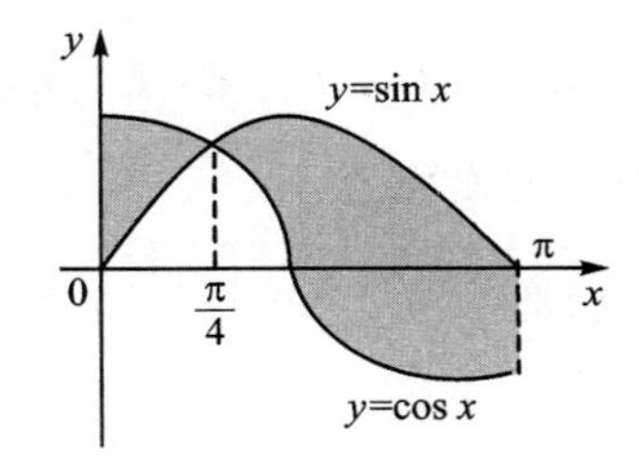

图 4.8

解　如图 4.8 所示,选取 x 为积分变量,则 $x\in[0,\pi]$,于是面积为

$$S=\int_0^{\pi}|\sin x-\cos x|\mathrm{d}x=$$

$$\int_0^{\frac{\pi}{4}}(\cos x-\sin x)\mathrm{d}x+\int_{\frac{\pi}{4}}^{\pi}(\sin x-\cos x)\mathrm{d}x=$$

$$(\sin x+\cos x)\Big|_0^{\frac{\pi}{4}}-(\sin x+\cos x)\Big|_{\frac{\pi}{4}}^{\pi}=$$

$$\sqrt{2}-1-(-1-\sqrt{2})=2\sqrt{2}$$

2. 选取 y 作为积分变量,计算平面图形的面积

① 由曲线 $x=\varphi(y)$,直线 $y=c$、$y=d$ 及 y 轴所围成的平面图形的面积(如图 4.9 所示):

$$S=\int_c^d |\varphi(y)|\mathrm{d}y$$

② 由曲线 $x=\varphi(y)$、$x=\varphi(y)$,以及直线 $y=c$、$y=d$ 所围成的平面图形的面积(如图 4.10 所示):

$$A=\int_c^d |\varphi(y)-\varphi(y)|\mathrm{d}y$$

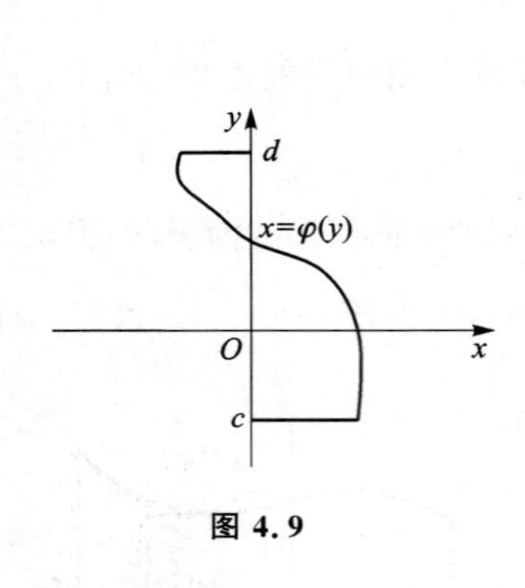

图 4.9

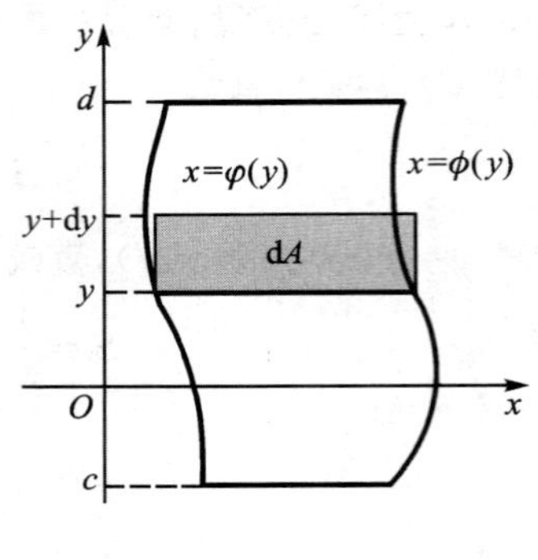

图 4.10

例 3 求曲线 $y=e^x$、直线 $y=e$ 及 y 轴所围成的平面图形的面积.

解 如图 4.11 所示,选 y 为积分变量,则 $y\in[1,e]$,且把曲线 $y=e^x$ 改写成 $x=\ln y$. 于是图形面积为

$$S=\int_1^e \ln y\mathrm{d}y=y\ln y\Big|_1^e-\int_1^e y\cdot\frac{1}{y}\mathrm{d}y=e-(e-1)=1$$

例 4 求曲线 $y^2=2x$ 与直线 $y=x-4$ 所围成的平面图形的面积.

解 由 $y^2=2x$ 与 $y=x-4$ 联立可解得两曲线的交点为 $(2,-2)$ 和 $(8,4)$. 如图 4.12 所示,选取 y 为积分变量,则 $y\in[-2,4]$,且右边曲线是 $x=y+4$,左边曲线是 $x=\frac{1}{2}y^2$,所以平面图形的面积为

$$S=\int_{-2}^4\left[(y+4)-\frac{1}{2}y^2\right]\mathrm{d}y=\frac{1}{2}y^2\Big|_{-2}^4+24-\frac{1}{6}y^3\Big|_{-2}^4=18$$

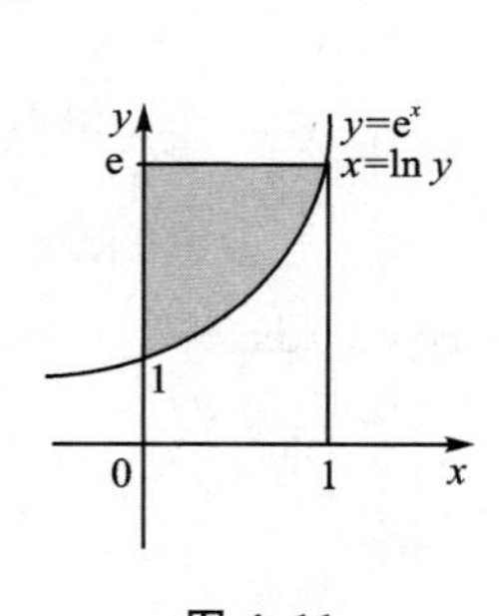

图 4.11

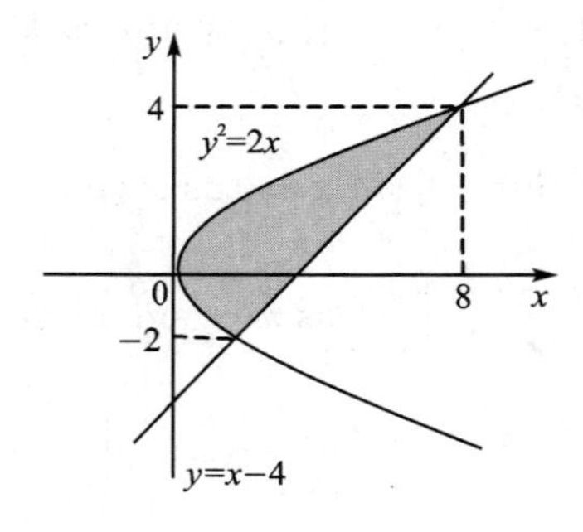

图 4.12

4.6.2 定积分在经济上的应用

在经济领域里,已知边际函数,可利用积分求它们的原函数和原函数的增量. 一般,有以下常见的情况:

① 已知边际成本 $C'(q)$,固定成本 C_0,则总成本函数为

$$C(q)=\int_0^q C'(q)\mathrm{d}q+C_0$$

产量由 a 变到 b 时,总成本的增量为

$$\Delta C=\int_a^b C'(q)\mathrm{d}q$$

② 已知边际收入 $R'(q)$，则总收入函数为

$$R(q)=\int_0^q R'(q)\mathrm{d}q$$

产量由 a 变到 b 时，总收入的增量为

$$\Delta R=\int_a^b R'(q)\mathrm{d}q$$

③ 已知固定成本为 C_0，边际利润 $L'(q)$，则总利润函数为

$$L(q)=\int_0^q L'(q)\mathrm{d}q-C_0$$

产量由 a 变到 b 时，总利润的增量为

$$\Delta L=\int_a^b L'(q)\mathrm{d}q$$

例 5　设某产品的边际成本函数为 $C'(q)=8q+300$，固定成本 1 000，求总成本函数.

解
$$C(q)=\int_0^q C'(t)\mathrm{d}t+C_0=\int_0^q(8t+300)\mathrm{d}t+1\,000=4q^2+300q+1\,000$$

例 6　已知某产品销售量为 q 时边际收益为 $R'(q)=500-2q$，求：

① 总收益函数；

② 销售量从 50 到 80 时，收益是多少？

解　① $R(q)=\int_0^q R'(t)\mathrm{d}t=\int_0^q(500-2t)\mathrm{d}t=(500t-t^2)\Big|_0^q=500q-q^2$.

② $\Delta R=R(60)-R(40)=\int_{40}^{60}R'(q)\mathrm{d}q=\int_{40}^{60}(100-q)\mathrm{d}q=(500q-q^2)\Big|_{40}^{60}=8\,000$.

例 7　某工厂生产某产品的边际成本为 $C'(q)=5q+10$（万元），固定成本为 5 万元，边际收益 $R'(q)=60$（元/件），求：

① 当产量为多少时利润最大？

② 在最大利润产量的基础上再多生产 5 个单位时，利润将有什么变化？

解　① 因为 $L'(q)=R'(q)-C'(q)=50-5q$，令 $L'(q)=0$，得 $q=10$，且在区间 $(0,+\infty)$ 有唯一驻点，所以 $q=10$ 为所求的最大值点，于是当产量为 10 件时，利润最大.

② 再多生产 5 个单位时，利润增量为

$$\Delta L=\int_{10}^{15}(50-5q)\mathrm{d}q=\left(50q-\frac{5}{2}q^2\right)\Big|_{10}^{15}=-62.5$$

所以，再多生产 5 个单位时，利润将减少 62.5 万元.

习题 4.6

1. 求下列各题中曲线所围成的平面图形的面积.

(1) $xy=1, y=x, x=2$；　　(2) $y=x^2-1, y=x+1$.

2. 某产品的边际成本为 $C'(q)=0.01q-5$，固定成本为 600，求总成本函数.

3. 已知生产某产品 q 个单位时的边际收益为 $R'(q)=100-2q$（元/单位），求生产 40 个单位时的总收益，并求再增加 10 个单位时所增加的收益.

本章小结

本章是高等数学的重中之重，是高等数学的核心内容，主要有以下内容：

1. 原函数及不定积分的概念

若 $F'(x)=f(x)$ 或 $dF(x)=f(x)dx$，则称函数 $F(x)$ 是 $f(x)$ 一个原函数. 函数 $f(x)$ 的全体原函数 $F(x)+C$ 称为 $f(x)$ 的不定积分，记作 $\int f(x)dx=F(x)+C$.

2. 不定积分的性质

性质 1 $\left[\int f(x)dx\right]'=f(x)$ 或 $d\left[\int f(x)dx\right]=f(x)dx$.

性质 2 $\int F'(x)dx=F(x)+C$ 或 $\int dF(x)=F(x)+C$.

性质 3 被积函数中的非零常数因子可以提到积分号外面，即

$$\int kf(x)dx=k\int f(x)dx \quad (k\neq 0 \text{ 是常数})$$

性质 4 两个函数代数和的不定积分等于每个函数不定积分的代数和，即

$$\int [f(x)\pm g(x)]\,dx=\int f(x)dx\pm\int g(x)dx$$

3. 不定积分基本公式

（略）

4. 不定积分方法

（1）第一换元法

$$\int f[\varphi(x)]\varphi'(x)dx=\int f[\varphi(x)]d\varphi(x)=F(u)+C=F[\varphi(x)]+C$$

（2）第二换元法

$$\int f(x)dx=\int f[\varphi(t)]\varphi'(t)dt=\Phi(t)+C=\Phi[\varphi^{-1}(x)]+C$$

（3）分部积分法

$$\int uv'dx=\int u\,dv=uv-\int v\,du$$

5. 定积分的概念

$$\int_a^b f(x)dx=\lim_{\lambda\to 0}\sum_{i=1}^{n}f(\xi_i)\Delta x_i$$

6. 微积分的基本原理

牛顿-莱布尼茨公式：

$$\int_a^b f(x)dx=F(x)\Big|_a^b=F(b)-F(a)$$

7. 定积分的性质

性质 1 $\int_a^b [f(x)\pm g(x)]dx=\int_a^b f(x)dx\pm\int_a^b g(x)dx$.

性质 2　$\int_a^b kf(x)\mathrm{d}x = k\int_a^b f(x)\mathrm{d}x$(任意 $k \in \mathbf{R}$).

性质 3　$\int_a^b f(x)\mathrm{d}x = -\int_b^a f(x)\mathrm{d}x$.

性质 4　$\int_a^b f(x)\mathrm{d}x = \int_a^c f(x)\mathrm{d}x + \int_c^b f(x)\mathrm{d}x$.

性质 5　如果在区间 $[a,b]$ 上 $f(x)\geqslant 0$,则 $\int_a^b f(x)\mathrm{d}x \geqslant 0$.

推论 1　若在区间 $[a,b]$ 上总有 $f(x)\leqslant g(x)$,则

$$\int_a^b f(x)\mathrm{d}x \leqslant \int_a^b g(x)\mathrm{d}x \quad (a < b)$$

推论 2　$\left|\int_a^b f(x)\mathrm{d}x\right| \leqslant \int_a^b |f(x)|\mathrm{d}x$.

性质 6　设 M 与 m 分别是函数 $f(x)$ 在区间 $[a,b]$ 上的最大值与最小值,则

$$m(b-a) \leqslant \int_a^b f(x)\mathrm{d}x \leqslant M(b-a) \quad (a < b)$$

性质 7　如果函数 $f(x)$ 在闭区间 $[a,b]$ 上连续,则至少存在一点 $\xi\in[a,b]$,使得

$$\int_a^b f(x)\mathrm{d}x = f(\xi)(b-a) \quad (a \leqslant \xi \leqslant b)$$

8. 广义积分

广义积分分为无限区间上的广义积分和无界函数的广义积分.

9. 定积分的应用

求平面图形面积或者经济应用问题.

数学文化四——微积分创立的争论

我们都知道牛顿和莱布尼茨是微积分的联合创始人,但究竟是谁最早创立的微积分,这个问题争论了近一个世纪.

牛顿(I. Newton,1642—1727),1642 年生于英格兰伍尔索普村的一个农民家庭.

1654 年,牛顿进入离家十几公里远的金格斯皇家中学读书.牛顿的母亲原希望他成为一个农民,但牛顿本人却无意于此.他酷爱读书,随着年岁的增大,越发爱好读书,喜欢沉思,做科学小实验.他在金格斯皇家中学读书时,曾经寄宿在一位药剂师家里,这使他受到了化学试验的熏陶.后来迫于生活困难,母亲让牛顿停学在家务农,赡养家庭,但在格兰瑟姆中学校长史托克斯和牛顿的舅父埃斯库的竭力劝说下,牛顿的母亲又允许牛顿重返学校.史托克斯的劝说词中有这样一句话:“在繁杂的农务中埋没这样一位天才,对世界来说将是多么巨大的损失.”可以说这是科学史上最幸运的预言.1661 年牛顿进入剑桥大学三一学院,受教于巴罗.对牛顿的数学思想影响最深的应该是笛卡儿的《几何学》和沃利斯的《无穷算术》,正是这两部著作引导牛顿走上了创立微积分之路.

在 1665 年,牛顿获得了学位,顺利从剑桥大学毕业,而大学为了预防伦敦大瘟疫而关闭了,牛顿离校返乡.在家乡躲避瘟疫的两年,成为牛顿科学生涯中的黄金岁月,微积分的创立、万有引力定律以及颜色理论的发现等都是牛顿在这两年完成的.

牛顿于1664年秋开始研究微积分问题，在家乡躲避瘟疫期间，取得了突破性进展. 1666年牛顿将其前两年的研究成果整理成一篇总结性论文——《流数简论》，这也是历史上第一篇系统的微积分文献. 在这篇论文中，牛顿以运动学为背景提出了微积分的基本问题，发明了"正流数术"(微分)；从确定面积的变化率入手通过反微分计算面积，又建立了"反流数术"；并将面积计算与求切线问题的互逆关系作为一般规律明确地揭示出来，将其作为微积分普遍算法的基础论述了"微积分基本定理". "微积分基本定理"也称为牛顿-莱布尼茨定理，牛顿和莱布尼茨各自独立地发现了这一定理. 该定理用我们现代的语言叙述就是：

设函数 $f(x)$ 在区间 $[a,b]$ 上连续，对 (a,b) 内任何 x，如果 $F(x)$ 是 $f(x)$ 的一个原函数，则

$$\int_a^b f(x)\mathrm{d}x = F(x)\Big|_a^b = F(b) - F(a)$$

微积分基本定理是微积分中最重要的定理，它建立了微分和积分之间的联系，指出微分和积分互为逆运算.

这样，牛顿就以正、反流数术，亦即微分和积分，将自古以来求解无穷小问题的各种方法和特殊技巧有机地统一起来. 正是在这种意义下，我们说牛顿创立了微积分.《流数简论》标志着微积分的诞生，但它有许多不成熟的地方. 1667年，牛顿回到剑桥大学，并未发表他的《流数简论》. 在以后20余年的时间里，牛顿始终不渝地努力改进、完善自己的微积分学说，先后完成了三篇微积分论文：《运用无穷多项方程的分析学》(简称《分析学》，1669)、《流数法与无穷级数》(简称《流数法》，1671)和《曲线求积术》(1691). 它们反映了牛顿微积分学说的发展过程. 在《分析学》中，牛顿回避了《流数简论》中的运动学背景，将变量的无穷小增量称为该变量的"瞬"，将其视为静止的无限小量，有时直接令其为零，带有浓厚的不可分量色彩. 在《流数法》中，牛顿又恢复了运动学观点，他把变量称为"流"，变量的变化率称为"流数"，变量的"瞬"是随时间的"瞬"而连续变化的. 在《流数法》中，牛顿更清楚地表述了微积分的基本问题："已知两个流之间的关系，求它们的流数之间的关系"以及"已知表示量的流数间的关系的方程，求流之间的关系". 在《流数法》和《分析学》中，牛顿所使用的方法并无本质的区别，都是以无限小量作为微积分算法的论证基础，所不同的是，《流数法》以动力学连续变化的观点代替了《分析学》的静力学不可分量法.

牛顿最成熟的微积分著作是《曲线求积术》，对于微积分的基础在观念上发生了新的变革，文中提出了"首末比方法". 牛顿批评自己过去随意扔掉无限小"瞬"的做法，他说："在数学中，最微小的误差也不能忽略. 在这里，我认为数学的量并不是由非常小的部分组成的，而是用连续的运动来描述的."在此基础上，牛顿定义了流数概念，继而认为"流数之比非常接近于尽可能小的等时间间隔内产生的流量的增量比，确切地说，它们构成增量的最初比"，并借助于几何解释把流数理解为增量消逝时获得的最终比. 可以看出，牛顿的所谓"首末比方法"相当于求函数自变量与因变量变化之比的极限，它成为了极限方法的先导.

牛顿对于发表自己的科学著作持非常谨慎的态度. 1687年，牛顿出版了他的力学巨著《自然哲学的数学原理》. 这部著作中包含了他的微积分学说，也是牛顿微积分学说的最早的公开表述，因此该巨著成为数学史上划时代的著作. 而他的微积分论文直到18世纪初才在朋友的再三催促下相继发表.

莱布尼茨(W. Leibniz，1646—1716)出生于罗马帝国莱比锡，父亲是莱比锡大学的教授，

家庭条件优越，青少年时期受到良好的教育，14 岁时进入莱比锡大学念书，专攻法律和一般大学课程，20 岁时完成学业，拿到博士学位. 1666 年他出版的第一部有关哲学方面的书籍，名为《论组合术》. 大学毕业后，经当时政治家的介绍任职服务于美茵茨选帝侯大主教的高等法庭，1672—1676 年，莱布尼茨作为梅因茨选帝侯的大使在巴黎工作，在巴黎期间，莱布尼茨结识了荷兰数学家、物理学家惠更斯(C. Huygens，1629—1695)，在惠更斯的私人影响下，开始更深入地研究数学，研究笛卡儿和帕斯卡(B. Pascal，1623—1662)等人的著作. 与牛顿的切入点不同，莱布尼茨创立微积分首先是出于几何问题的思考，尤其是特征三角形的研究. 特征三角形在帕斯卡和巴罗等人的著作中都曾出现过. 1684 年，莱布尼茨整理、概括了自己 1673 年以来微积分研究的成果，在《教师学报》上发表了第一篇微分学论文《一种求极大值与极小值以及求切线的新方法》(简称《新方法》). 它包含了微分记号以及函数和、差、积、商、乘幂与方根的微分法则，还包含了微分法在求极值、拐点以及光学等方面的广泛应用. 1686 年，莱布尼茨又发表了他的第一篇积分学论文，这篇论文初步论述了积分或求积问题与微分或切线问题的互逆关系，包含积分符号 $\int$，莱布尼茨深刻认识到 $\int$ 同 d 的互逆关系. 他断言：作为求和过程的积分是微分的逆，这一思想的产生是莱布尼茨创立微积分的标志. 然而，这位博学多才的时代巨人，由于官场的失意、与牛顿关于微积分优先权争论的困扰以及多种病痛的折磨，晚年生活颇为凄凉. 据说莱布尼茨的葬礼只有他忠实的秘书参加.

牛顿和莱布尼茨都是他们那个时代的巨人，两位学者也从未怀疑过对方的科学才能. 就微积分的创立而言，尽管二者在背景、方法和形式上存在差异、各有特色，但二者的功绩是相当的. 然而，一个局外人的一本小册子却引起了“科学史上最不幸的一章”：微积分发明优先权的争论. 瑞士数学家德丢勒在这本小册子中认为，莱布尼茨的微积分工作从牛顿那里有所借鉴，后莱布尼茨又被英国数学家指责为剽窃者. 这样就造成了支持莱布尼茨的欧陆数学家和支持牛顿的英国数学家两派的不和，甚至互相尖锐地攻击对方。这件事的结果，使得两派数学家在数学的发展上分道扬镳，停止了思想交换.

在牛顿和莱布尼茨过世后很久，事情终于得到澄清，调查证实两人确实是相互独立地完成了微积分的发明. 就发明时间而言，牛顿早于莱布尼茨；就发表时间而言，莱布尼茨先于牛顿. 虽然牛顿在微积分应用方面的辉煌成就极大地促进了科学的发展，但这场发明优先权的争论却极大地影响了英国数学的发展. 由于英国数学家固守牛顿的传统近一个世纪，从而使自己逐渐远离分析的主流，落在欧洲大陆数学家的后面.

同步练习题四

同步练习题 A

一、选择题

1. 函数 $f(x)$ 的(　　)原函数称为不定积分.

A. 某一个　　B. 唯一　　C. 所有　　D. 任意一个

2. $\int \frac{1}{x^2}\mathrm{d}x =$ (　　).

A. $\frac{1}{x}+C$　　B. $-\frac{1}{x}+C$　　C. $\frac{1}{x^3}+C$　　D. $-\frac{1}{x^3}+C$

3. $\int \sin x \cos x \, dx =$（　　）.

A. $-\frac{1}{4}\cos 2x + c$　　B. $\frac{1}{4}\cos 2x + c$

C. $-\frac{1}{2}\sin^2 x + c$　　D. $\frac{1}{2}\cos^2 x + c$

4. 广义积分 $\int_0^{+\infty} e^x \, dx =$（　　）.

A. 1　　B. 2　　C. 发散　　D. 0

5. 极限 $\lim\limits_{x \to 0} \dfrac{\int_0^x \ln(1+t)\,dt}{\sqrt{1+x}-1} =$（　　）.

A. 0　　B. $\frac{1}{2}$　　C. 1　　D. 2

二、填空题

1. 若 $f(x)$ 的一个原函数为 $x^2 - 2^x$，则 $\int f(x)\,dx =$ ________.

2. $\dfrac{d}{dx}\int_0^{x^2} e^{t+1}\,dt =$ ________.

3. 利用几何意义求 $\int_{-1}^{1} \sqrt{1-x^2} =$ ________.

4. $\int_{-\pi}^{\pi} x^3 \cos x \, dx =$ ________.

5. $\int_0^4 |2x-3|\,dx =$ ________.

三、计算题

1. 计算下列不定积分.

(1) $\int \dfrac{x}{x+3}\,dx$；　　(2) $\int \left(\dfrac{1}{x} - \dfrac{3}{\sqrt{1-x^2}}\right) dx$；

(3) $\int (x+1)(\sqrt{x} - x^3)\,dx$；　　(4) $\int \dfrac{(1+x^2)(\sqrt{x}-1)}{x}\,dx$；

(5) $\int \dfrac{1}{e^x + e^{-x}}\,dx$；　　(6) $\int \cos^5 x \sin x \, dx$；

(7) $\int \dfrac{1}{1+\sqrt{x+2}}\,dx$；　　(8) $\int x^2 \ln x \, dx$.

2. 计算下列定积分.

(1) $\int_0^3 |2-x|\,dx$；　　(2) $\int_0^{\frac{\pi}{2}} x \sin x \, dx$.

四、综合题

1. 求由曲线 $xy=1$，直线 $y=x$、$y=4$ 所围成图形的面积.

2. 已知某产品的固定成本为 200，当产量为 q 时的边际成本为 $5q-6$，边际收入为 $R'(q) = 74-3q$，求：

(1) 总成本函数、总收入函数及总利润函数；

(2) 当产量为多少时，利润最大，最大利润为多少？

(3) 当获得最大利润时，如果再多生产 10 个单位，该产品的总利润将有什么变化？

同步练习题 B

一、选择题

1. 若 $\int f(x)\mathrm{d}x = x\sin x + C$，则 $f(x)=$(　　).

A. $x\sin x$　　B. $\sin x$　　C. $\sin x + x\cos x$　　D. $\sin x + x\cos x$

2. 设 $\int_0^x f(t)\mathrm{d}t = \arctan \mathrm{e}^x$，则 $f(x)=$(　　).

A. $\arctan \mathrm{e}^x$　　B. $\dfrac{1}{1+\mathrm{e}^x}$　　C. $\dfrac{1}{1+\mathrm{e}^{2x}}$　　D. $\dfrac{\mathrm{e}^x}{1+\mathrm{e}^{2x}}$

3. 下列广义积分收敛的是(　　).

A. $\int_0^{+\infty} \mathrm{e}^x \mathrm{d}x$　　B. $\int_1^{+\infty} \dfrac{1}{x^2}\mathrm{d}x$　　C. $\int_1^{+\infty} \dfrac{1}{\sqrt{x}}\mathrm{d}x$　　D. $\int_\mathrm{e}^{+\infty} \dfrac{1}{x\ln x}\mathrm{d}x$

4. 下列式子中不成立的是(　　).

A. $\int_0^1 x\mathrm{d}x < \int_0^1 \mathrm{e}^x \mathrm{d}x$　　B. $\int_0^1 x^2\mathrm{d}x < \int_0^1 x\mathrm{d}x$

C. $\int_0^1 \sqrt{x}\mathrm{d}x < \int_0^1 x\mathrm{d}x$　　D. $\int_1^2 x\mathrm{d}x < \int_1^2 x^3\mathrm{d}x$

5. 设某产品的边际收益函数 $R'(q)=20+0.05q$，固定成本为 100，则收益函数为 $R(q)=$(　　).

A. $20q+0.025q^2$　　B. $20q+0.025q^2+100$

C. $20q+0.05q^2$　　D. $20q+0.05q^2+100$

二、填空题

1. 函数 $f(x)$ 的所有原函数称为________.

2. 已知 $\int_0^1 f(x)\mathrm{d}x = 3$，$\int_2^1 f(x)\mathrm{d}x = -1$，则 $\int_0^2 f(x)\mathrm{d}x =$________.

3. 设 $F(x) = \int_0^{x^3} x\cos t^2 \mathrm{d}t$，则 $F'(x)=$________.

4. $\int_{-1}^1 \dfrac{x^3+1}{1+x^2}\mathrm{d}x =$________.

5. 已知区域 D 由 $y=x$、$x+y=2$ 及 x 轴所围成，则 D 的面积为________.

三、计算题

1. 计算下列不定积分.

(1) $\int x\sin x^2 \mathrm{d}x$；　　(2) $\int \dfrac{1}{x\sqrt{3-2\ln x}}\mathrm{d}x$；

(3) $\int \dfrac{x+\arccos x}{\sqrt{1-x^2}}\mathrm{d}x$；　　(4) $\int \dfrac{1}{\sqrt[3]{x}+\sqrt[6]{x}}\mathrm{d}x$；

(5) $\int \dfrac{\sqrt{x^2-4}}{x}\mathrm{d}x$；　　(6) $\int x\sin(3x-2)\mathrm{d}x$.

2. 计算下列定积分.

(1) $\int_{1}^{e} \frac{\cos(\ln x)}{x}dx$； (2) $\int_{0}^{1} \frac{1}{1+e^x}dx$；

(3) $\int_{-\frac{\pi}{2}}^{\frac{\pi}{2}} \sqrt{\cos x-\cos^3 x}\,dx$； (4) $\int_{0}^{3} \frac{1}{\sqrt{1+x}+1}dx$；

(5) $\int_{0}^{4} \cos(\sqrt{x}-1)dx$； (6) $\int_{1}^{e} x^2\ln x\,dx$.

3. 求广义积分.

(1) $\int_{\frac{2}{\pi}}^{+\infty} \frac{1}{x^2}\sin\frac{1}{x}dx$； (2) $\int_{1}^{+\infty} \frac{1}{1+x^2}dx$.

四、综合题

1. 求由曲线 $y^2=2x+1$ 与 $x-y=1$ 围成的平面图形的面积.

2. 若连续函数 $f(x)$满足 $f(x)=\sqrt{1-x^2}+\frac{1}{1+x^2}\int_{0}^{1}f(t)dt$，求 $f(x)$.

3. 已知 $\lim\limits_{x\to\infty}\left(\frac{x-a}{x+a}\right)^x=\int_{1}^{+\infty} e^{-x}dx$，求常数 a.

4. 求极限 $\lim\limits_{x\to 0}\frac{\int_{0}^{x}\tan^2 t\,dt}{x-\sin x}$.

五、证明题

1. 若 $f(x)$在 $[0,1]$ 上连续，求证：$\int_{0}^{\frac{\pi}{2}} f(\sin x)dx=\int_{0}^{\frac{\pi}{2}} f(\cos x)dx$.

2. 已知 $\int_{0}^{x}(x-t)f(t)dt=1-\cos x$，证明：$\int_{0}^{\frac{\pi}{2}} f(x)dx=1$.

第 5 章　线性代数初步

线性代数是讨论数学中线性关系经典理论的课程，是大学数学的基础理论课. 这门学科的知识已经广泛应用于科学领域和社会生产，对科学研究和社会进步起到了很大的作用. 特别是计算机技术迅猛发展的今天，研究和使用线性代数都更加容易，线性代数的地位和作用更加重要.

通过本章学习，要理解线性代数的研究方法，掌握有关矩阵代数的基本知识，提高抽象思维能力、逻辑推理能力和运算能力，以增强用定量方法处理实际问题的能力.

5.1　行列式

行列式是研究线性代数的重要工具，是从解方程组中抽象出来的，同时在其他学科中都有广泛的应用. 现在已成为近代数学和科学研究中必不可少的工具.

5.1.1　行列式的定义

引例　二元线性方程组，是含有两个未知变量、两个方程的方程组，一般形式为

$$\begin{cases} a_{11}x_1 + a_{12}x_2 = b_1 \\ a_{21}x_1 + a_{22}x_2 = b_2 \end{cases} \tag{5.1.1}$$

用消元法解出方程组的解为($a_{11}a_{22} - a_{12}a_{21} \neq 0$)：

$$\begin{cases} x_1 = \dfrac{b_1 a_{22} - a_{12}b_2}{a_{11}a_{22} - a_{12}a_{21}} \\ x_2 = \dfrac{a_{11}b_2 - b_1 a_{21}}{a_{11}a_{22} - a_{12}a_{21}} \end{cases} \tag{5.1.2}$$

式(5.1.2)中，x_1、x_2 的分母均为 $a_{11}a_{22} - a_{12}a_{21}$，恰好由方程组(5.1.1)中 x_1、x_2 的系数组成. 为了便于计算和研究，将 x_1、x_2 的系数按原位置排成两行两列，左右分别再添加一条竖线，记为

$$\begin{vmatrix} a_{11} & a_{12} \\ a_{21} & a_{22} \end{vmatrix} \tag{5.1.3}$$

式(5.1.3)等于 $a_{11}a_{22} - a_{12}a_{21}$，称为二阶行列式，即

$$\begin{vmatrix} a_{11} & a_{12} \\ a_{21} & a_{22} \end{vmatrix} = a_{11}a_{22} - a_{12}a_{21} \tag{5.1.4}$$

行列式通常用 D 表示. 对于二阶行列式，它由 4 个元素排成两行两列，记为 a_{ij} $(i,j=1,2)$，表示行列式的第 i 行第 j 列的元素，二阶行列式(5.1.4)可以简记为 $D=|a_{ij}|(i,j=1,2)$.

行列式中，从左上角到右下角的元素构成的对角线称为主对角线，从右上角到左下角的元素构成的对角线称为次对角线，二阶行列式(5.1.4)的值可表述为：主对角线上的元素相乘取正号与次对角线上的元素相乘取负号的代数和，如图 5.1 所示.

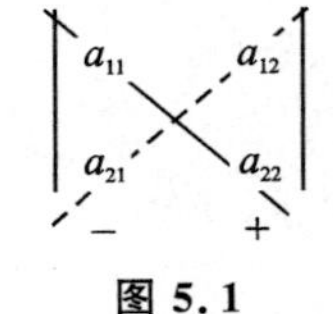

图 5.1

式(5.1.2)中 x_1 的分子可以写成二阶行列式：

$$D_1=\begin{vmatrix} b_1 & a_{12} \\ b_2 & a_{22} \end{vmatrix} \tag{5.1.5}$$

式(5.1.2)中 x_2 的分子可以写成二阶行列式：

$$D_2=\begin{vmatrix} a_{11} & b_1 \\ a_{21} & b_2 \end{vmatrix} \tag{5.1.6}$$

二元线性方程组(5.1.1)的解可以用二阶行列式表示为

$$\begin{cases} x_1=\dfrac{\begin{vmatrix} b_1 & a_{12} \\ b_2 & a_{22} \end{vmatrix}}{\begin{vmatrix} a_{11} & a_{12} \\ a_{21} & a_{22} \end{vmatrix}} \\ x_2=\dfrac{\begin{vmatrix} a_{11} & b_1 \\ a_{21} & b_2 \end{vmatrix}}{\begin{vmatrix} a_{11} & a_{12} \\ a_{21} & a_{22} \end{vmatrix}} \end{cases} \quad (a_{11}a_{22}-a_{12}a_{21}\neq 0) \tag{5.1.7}$$

为了解二元线性方程组，定义了二阶行列式，使二元线性方程组的求解变得简单，可以直接根据公式计算. 为方便求解 n 元线性方程组，需要定义 n 阶行列式，下面给出行列式的一般定义.

定义 1 由 n^2 个数排列成 n 行 n 列，左右添加两条竖线构成一个整体，用之表示一个特定的数. 当 $n=2$ 时，

$$\begin{vmatrix} a_{11} & a_{12} \\ a_{21} & a_{22} \end{vmatrix}=a_{11}a_{22}-a_{12}a_{21} \tag{5.1.8}$$

当 $n>2$ 时，

$$\begin{vmatrix} a_{11} & a_{12} & \cdots & a_{1n} \\ a_{21} & a_{22} & \cdots & a_{2n} \\ \vdots & \vdots & & \vdots \\ a_{n1} & a_{n2} & \cdots & a_{nn} \end{vmatrix}=a_{11}A_{11}+a_{12}A_{12}+\cdots+a_{1n}A_{1n} \tag{5.1.9}$$

称为 n 阶行列式.

n 阶行列式当 $n>2$ 时按照第 1 行展开，从而求得它所表示的数值. 其中 A_{ij} 等于 $(-1)^{i+j}$ 乘以原来行列式中划去第 i 行第 j 列后剩下元素构成的 $n-1$ 阶行列式，A_{ij} 称为元素 a_{ij} 对应的代数余子式。

定义 2 若

$$D=\begin{vmatrix} a_{11} & \cdots & a_{1,j-1} & a_{1j} & a_{1,j+1} & \cdots & a_{1n} \\ \vdots & & \vdots & \vdots & \vdots & & \vdots \\ a_{i-1,1} & \cdots & a_{i-1,j-1} & a_{i-1,j} & a_{i-1,j+1} & \cdots & a_{i-1,n} \\ a_{i1} & \cdots & a_{i,j-1} & a_{ij} & a_{i,j+1} & \cdots & a_{in} \\ a_{i+1,1} & \cdots & a_{i+1,j-1} & a_{i+1,j} & a_{i+1,j+1} & \cdots & a_{i+1,n} \\ \vdots & & \vdots & \vdots & \vdots & & \vdots \\ a_{n1} & \cdots & a_{n,j-1} & a_{nj} & a_{n,j+1} & \cdots & a_{nn} \end{vmatrix} \tag{5.1.10}$$

去掉 a_{ij} 元素所在第 i 行和第 j 列的所有元素，剩下的元素组成的 $n-1$ 阶行列式称为 a_{ij} 的余子式，记作 M_{ij}，即

$$M_{ij}=\begin{vmatrix} a_{11} & \cdots & a_{1,j-1} & a_{1,j+1} & \cdots & a_{1n} \\ \vdots & & \vdots & \vdots & & \vdots \\ a_{i-1,1} & \cdots & a_{i-1,j-1} & a_{i-1,j+1} & \cdots & a_{i-1,n} \\ a_{i+1,1} & \cdots & a_{i+1,j-1} & a_{i+1,j+1} & \cdots & a_{i+1,n} \\ \vdots & & \vdots & \vdots & & \vdots \\ a_{n1} & \cdots & a_{n,j-1} & a_{n,j+1} & \cdots & a_{nn} \end{vmatrix} \tag{5.1.11}$$

令

$$A_{ij}=(-1)^{i+j}M_{ij} \tag{5.1.12}$$

称 A_{ij} 为元素 a_{ij} 的对应的代数余子式.

根据行列式的定义，展开三阶行列式：

$$\begin{vmatrix} a_{11} & a_{12} & a_{13} \\ a_{21} & a_{22} & a_{23} \\ a_{31} & a_{32} & a_{33} \end{vmatrix}=a_{11}A_{11}-a_{12}A_{12}+a_{13}A_{13}=$$

$$a_{11}\begin{vmatrix} a_{22} & a_{23} \\ a_{32} & a_{33} \end{vmatrix}-a_{12}\begin{vmatrix} a_{21} & a_{23} \\ a_{31} & a_{33} \end{vmatrix}+a_{13}\begin{vmatrix} a_{21} & a_{22} \\ a_{31} & a_{32} \end{vmatrix}=$$

$$a_{11}(a_{22}a_{33}-a_{23}a_{32})-a_{12}(a_{21}a_{33}-a_{23}a_{31})+a_{13}(a_{21}a_{32}-a_{22}a_{31})=$$

$$a_{11}a_{22}a_{33}+a_{12}a_{23}a_{31}+a_{13}a_{21}a_{32}-a_{13}a_{22}a_{31}-a_{11}a_{23}a_{32}-a_{12}a_{21}a_{33} \tag{5.1.13}$$

三阶行列式也可以用画线的方法确定，如图 5.2 所示.

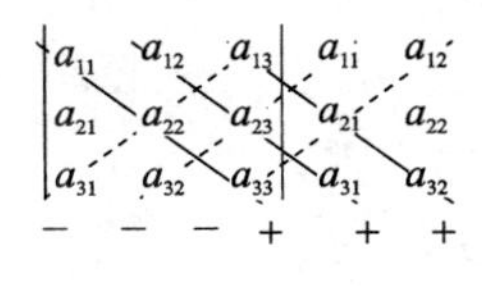

图 5.2

四阶及四阶以上的行列式不具备划线的方法，只能根据定义降阶计算或者采用后续的其他方法求解.

例 1　计算行列式

$$D=\begin{vmatrix} 1 & 2 & -1 \\ 3 & 1 & 4 \\ 1 & -1 & 2 \end{vmatrix}$$

解　根据行列式的定义，可得

$$D=\begin{vmatrix} 1 & 2 & -1 \\ 3 & 1 & 4 \\ 1 & -1 & 2 \end{vmatrix}=\begin{vmatrix} 1 & 4 \\ -1 & 2 \end{vmatrix}-2\begin{vmatrix} 3 & 4 \\ 1 & 2 \end{vmatrix}-\begin{vmatrix} 3 & 1 \\ 1 & -1 \end{vmatrix}=$$

$$6-16+4=-6$$

例 2 四阶行列式

$$D=\begin{vmatrix} 2 & 0 & 0 & 1 \\ 1 & 1 & 3 & 4 \\ -1 & 2 & 0 & -1 \\ 2 & 0 & 2 & 3 \end{vmatrix}$$

求元素 a_{11},a_{14} 的对应代数余子式,并计算行列式的值.

解 根据代数余子式的定义,可得

$$A_{11}=(-1)^{1+1}\begin{vmatrix} 1 & 3 & 4 \\ 2 & 0 & -1 \\ 0 & 2 & 3 \end{vmatrix}=-16$$

$$A_{14}=(-1)^{1+4}\begin{vmatrix} 1 & 1 & 3 \\ -1 & 2 & 0 \\ 2 & 0 & 2 \end{vmatrix}=6$$

按行列式的定义展开可得

$$\begin{aligned} D=&2\times A_{11}+0\times A_{12}+0\times A_{13}+1\times A_{14}= \\ &-32+0+0+12= \\ &-20 \end{aligned}$$

定义 3 行列式的主对角线以上的元素全部为零,

$$\begin{vmatrix} a_{11} & & & \\ a_{21} & a_{22} & & \\ \vdots & \vdots & \ddots & \\ a_{n1} & a_{n2} & \cdots & a_{nn} \end{vmatrix} \tag{5.1.14}$$

称为下三角行列式.

行列式的主对角线以下的元素全部为零,

$$\begin{vmatrix} a_{11} & a_{12} & \cdots & a_{1n} \\ & a_{22} & \cdots & a_{2n} \\ & & \ddots & \vdots \\ & & & a_{nn} \end{vmatrix} \tag{5.1.15}$$

称为上三角行列式.

行列式的主对角线上、下的元素全部为零,

$$\begin{vmatrix} a_{11} & & & \\ & a_{22} & & \\ & & \ddots & \\ & & & a_{nn} \end{vmatrix} \tag{5.1.16}$$

称为对角行列式,对角矩阵通常记作 $\mathrm{diag}(a_{11},a_{22},\cdots,a_{nn})$.

上三角行列式和下三角行列式统称为三角行列式,对角行列式既是上三角行列式又是下三角行列式.

下三角行列式(5.1.14),第一行除了第一个元素外其他的元素都为 0,按第一行展开,

可得

$$\begin{vmatrix} a_{11} & & & \\ a_{21} & a_{22} & & \\ \vdots & \vdots & \ddots & \\ a_{n1} & a_{n2} & \cdots & a_{nn} \end{vmatrix} = a_{11} \begin{vmatrix} a_{22} & & & \\ a_{32} & a_{33} & & \\ \vdots & \vdots & \ddots & \\ a_{n1} & a_{n2} & \cdots & a_{nn} \end{vmatrix} \tag{5.1.17}$$

a_{11} 的余子式仍然是下三角行列式，继续按第一行展开，依次类推，最后可得

$$\begin{vmatrix} a_{11} & & & \\ a_{21} & a_{22} & & \\ \vdots & \vdots & \ddots & \\ a_{n1} & a_{n2} & \cdots & a_{nn} \end{vmatrix} = a_{11} \cdot a_{22} \cdot \cdots \cdot a_{nn} \tag{5.1.18}$$

同理，对角行列式(5.1.16)的值为

$$\begin{vmatrix} a_{11} & & & \\ 0 & a_{22} & & \\ \vdots & \vdots & \ddots & \\ 0 & 0 & \cdots & a_{nn} \end{vmatrix} = a_{11} \cdot a_{22} \cdot \cdots \cdot a_{nn} \tag{5.1.19}$$

5.1.2　行列式的性质

n 阶行列式表示一个特定的数，按照定义可以降阶计算行列式的值. 行列式具有自身的性质，合理利用行列式的性质更容易计算行列式的值.

定义 4　将行列式 D 的行与列按顺序互换后得到的行列式，称为行列式的转置行列式，记作 D^{T}，即

$$D = \begin{vmatrix} a_{11} & a_{12} & \cdots & a_{1n} \\ a_{21} & a_{22} & \cdots & a_{2n} \\ \vdots & \vdots & & \vdots \\ a_{n1} & a_{n2} & \cdots & a_{nn} \end{vmatrix} \tag{5.1.20}$$

则

$$D^{\mathrm{T}} = \begin{vmatrix} a_{11} & a_{21} & \cdots & a_{n1} \\ a_{12} & a_{22} & \cdots & a_{n2} \\ \vdots & \vdots & & \vdots \\ a_{1n} & a_{2n} & \cdots & a_{nn} \end{vmatrix} \tag{5.1.21}$$

性质 1　将行列式转置，转置行列式与原行列式相等，即 $D^{\mathrm{T}} = D$.

例如二阶行列式

$$D = \begin{vmatrix} a_{11} & a_{12} \\ a_{21} & a_{22} \end{vmatrix} = a_{11}a_{22} = a_{12}a_{21}$$

$$D^{\mathrm{T}} = \begin{vmatrix} a_{11} & a_{21} \\ a_{12} & a_{22} \end{vmatrix} = a_{11}a_{22} = a_{12}a_{21}$$

显然二阶行列式 $D^{\mathrm{T}} = D$.

性质 1 对于任意的 n 阶行列式都是成立的，性质 1 表明了行列式的行与列的地位相同，对

行的所有操作成立，同样对列的所有操作都成立.

性质 2　交换行列式的两行(列)，行列式变号.

将行列式的第 i 行和第 j 行交换，记作 $r_i \leftrightarrow r_j$，即

$$\begin{vmatrix} a_{11} & a_{12} & \cdots & a_{1n} \\ \vdots & \vdots & & \vdots \\ a_{i1} & a_{i2} & \cdots & a_{in} \\ \vdots & \vdots & & \vdots \\ a_{j1} & a_{j2} & \cdots & a_{jn} \\ \vdots & \vdots & & \vdots \\ a_{n1} & a_{n2} & \cdots & a_{nn} \end{vmatrix} \xlongequal{r_i \leftrightarrow r_j} - \begin{vmatrix} a_{11} & a_{12} & \cdots & a_{1n} \\ \vdots & \vdots & & \vdots \\ a_{j1} & a_{j2} & \cdots & a_{jn} \\ \vdots & \vdots & & \vdots \\ a_{i1} & a_{i2} & \cdots & a_{in} \\ \vdots & \vdots & & \vdots \\ a_{n1} & a_{n2} & \cdots & a_{nn} \end{vmatrix} \tag{5.1.22}$$

交换行列式的第 i 列和第 j 列，记作 $c_i \leftrightarrow c_j$.

推论 1　如果行列式中有某一行(列)全为零，则行列式为零.

若行列式的某一行为零，将这一行与第一行互换，互换后的行列式第一行全为零，行列式的值为零. 又因为与原行列式的符号相反，所以原行列式为零.

若某一列全为零，将行列式转置，转置行列式则有一行全为零，则转置行列式值为零，再根据性质 1 转置行列式与原行列式相等，所以原行列式为零.

推论 2　如果行列式有两行(列)的元素对应相等，则行列式为零.

由于有两行(列)完全相同，将两行互换，行列式各个位置的元素仍然没有变化，显然行列式的值没有变化，但根据性质 2 行列式要变号，则 $D=-D$，所以 $D=0$.

性质 3　数 k 乘以行列式的某一行(列)，等于数乘以这个行列式.

$$\begin{vmatrix} a_{11} & a_{12} & \cdots & a_{1n} \\ \vdots & \vdots & & \vdots \\ ka_{i1} & ka_{i2} & \cdots & ka_{in} \\ \vdots & \vdots & & \vdots \\ a_{n1} & a_{n2} & \cdots & a_{nn} \end{vmatrix} = k \begin{vmatrix} a_{11} & a_{12} & \cdots & a_{1n} \\ \vdots & \vdots & & \vdots \\ a_{i1} & a_{i2} & \cdots & a_{in} \\ \vdots & \vdots & & \vdots \\ a_{n1} & a_{n2} & \cdots & a_{nn} \end{vmatrix} \tag{5.1.23}$$

性质 3 表明行列式某行(列)有公因子，公因子可以提到行列式的外面.

推论 3　行列式有两行(列)对应元素成比例，行列式为零.

行列式两行(列)对应成比例，则其中某一行(列)可以表示成另外一行(列)的 k 倍，将倍数 k 提到行列式的外面，行列式就有两行(列)完全相同，所以行列式为零.

性质 4　行列式的某一行(列)可以写成两项之和，行列式可以写成两个行列式之和.

$$\begin{vmatrix} a_{11} & a_{12} & \cdots & a_{1n} \\ \vdots & \vdots & & \vdots \\ b_{i1}+c_{i1} & b_{i2}+c_{i2} & \cdots & b_{in}+c_{in} \\ \vdots & \vdots & & \vdots \\ a_{n1} & a_{n2} & \cdots & a_{nn} \end{vmatrix} = \begin{vmatrix} a_{11} & a_{12} & \cdots & a_{1n} \\ \vdots & \vdots & & \vdots \\ b_{i1} & b_{i2} & \cdots & b_{in} \\ \vdots & \vdots & & \vdots \\ a_{n1} & a_{n2} & \cdots & a_{nn} \end{vmatrix} + \begin{vmatrix} a_{11} & a_{12} & \cdots & a_{1n} \\ \vdots & \vdots & & \vdots \\ c_{i1} & c_{i2} & \cdots & c_{in} \\ \vdots & \vdots & & \vdots \\ a_{n1} & a_{n2} & \cdots & a_{nn} \end{vmatrix} \tag{5.1.24}$$

同理，如果某一行(列)的所有元素可以写成 m 项之和，则行列式可以表示成 m 个行列式之和.

性质 5　将行列式的某一行(列)乘上一个数加到另外一行去,行列式不变.

行列式的第 j 行乘以一个数 k 加到第 i 行上去,记作 r_i+kr_j.

$$\begin{vmatrix} a_{11} & a_{12} & \cdots & a_{1n} \\ \vdots & \vdots & & \vdots \\ a_{i1} & a_{i2} & \cdots & a_{in} \\ \vdots & \vdots & & \vdots \\ a_{j1} & a_{j2} & \cdots & a_{jn} \\ \vdots & \vdots & & \vdots \\ a_{n1} & a_{n2} & \cdots & a_{nn} \end{vmatrix} \overset{r_i+kr_j}{=} \begin{vmatrix} a_{11} & a_{12} & \cdots & a_{1n} \\ \vdots & \vdots & & \vdots \\ a_{i1}+ka_{j1} & a_{i2}+ka_{j2} & \cdots & a_{in}+ka_{jn} \\ \vdots & \vdots & & \vdots \\ a_{j1} & a_{j2} & \cdots & a_{jn} \\ \vdots & \vdots & & \vdots \\ a_{n1} & a_{n2} & \cdots & a_{nn} \end{vmatrix} \tag{5.1.25}$$

行列式的第 j 列乘以一个数 k 加到第 i 列上去,记作 c_i+kc_j.

定理 1　行列式等于任意一行(列)的元素与对应的代数余子式的乘积之和,即

$$\begin{vmatrix} a_{11} & a_{12} & \cdots & a_{1n} \\ a_{21} & a_{22} & \cdots & a_{2n} \\ \vdots & \vdots & & \vdots \\ a_{n1} & a_{n2} & \cdots & a_{nn} \end{vmatrix} = a_{i1}A_{i1}+a_{i2}A_{i2}+\cdots+a_{in}A_{in} \quad (i=1,2,\cdots,n) \tag{5.1.26}$$

$$\begin{vmatrix} a_{11} & a_{12} & \cdots & a_{1n} \\ a_{21} & a_{22} & \cdots & a_{2n} \\ \vdots & \vdots & & \vdots \\ a_{n1} & a_{n2} & \cdots & a_{nn} \end{vmatrix} = a_{1j}A_{1j}+a_{2j}A_{2j}+\cdots+a_{nj}A_{nj} \quad (j=1,2,\cdots,n) \tag{5.1.27}$$

证明　将行列式的第 i 行依次与第 $i-1,i-2,\cdots,2,1$ 行互换,共互换 $i-1$ 次,得

$$D=\begin{vmatrix} a_{11} & a_{12} & \cdots & a_{1n} \\ \vdots & \vdots & & \vdots \\ a_{i1} & a_{i2} & \cdots & a_{in} \\ \vdots & \vdots & & \vdots \\ a_{n1} & a_{n2} & \cdots & a_{nn} \end{vmatrix} = (-1)^{i-1}\begin{vmatrix} a_{i1} & a_{i2} & \cdots & a_{in} \\ a_{11} & a_{12} & \cdots & a_{1n} \\ \vdots & \vdots & & \vdots \\ a_{i-1,1} & a_{i-1,2} & \cdots & a_{i-1,n} \\ a_{i+1,1} & a_{i+1,2} & \cdots & a_{i+1,n} \\ \vdots & \vdots & & \vdots \\ a_{n1} & a_{n2} & \cdots & a_{nn} \end{vmatrix}$$

容易看出,原行列式第 i 行各元素的余子式($M_{i1},M_{i2},\cdots,M_{in}$)与交换后行列式第一行各元素的余子式 ($M'_{11},M'_{12},\cdots,M'_{1n}$) 相等,则交换后第一行各元素的代数余子式为

$$A'_{1j}=(-1)^{1+j}M'_{1j}=(-1)^{1+j}M_{ij} \quad (j=1,2,\cdots,n)$$

则行列式的值可表示为

$$\begin{aligned} D&=(-1)^{i-1}(a_{i1}A'_{11}+a_{i1}A'_{12}+\cdots+a_{in}A'_{1n})= \\ &(-1)^{i-1}(a_{i1}(-1)^{1+1}M_{i1}+a_{i1}(-1)^{1+2}M_{i2}+\cdots+a_{in}(-1)^{1+n}M_{in})= \\ &a_{i1}(-1)^{i+1}M_{i1}+a_{i1}(-1)^{i+2}M_{i2}+\cdots+a_{in}(-1)^{i+n}M_{in}= \\ &a_{i1}A_{i1}+a_{i1}A_{i2}+\cdots+a_{in}A_{in} \end{aligned}$$

根据性质 1 转置行列式的值不变,易证

$$\begin{vmatrix} a_{11} & a_{12} & \cdots & a_{1n} \\ a_{21} & a_{22} & \cdots & a_{2n} \\ \vdots & \vdots & & \vdots \\ a_{n1} & a_{n2} & \cdots & a_{nn} \end{vmatrix} = a_{1j}A_{1j} + a_{2j}A_{2j} + \cdots + a_{nj}A_{nj} \quad (j=1,2,\cdots,n)$$

证毕.

定理 1 表明了行列式可以按任意一行或者任意一列展开，通常展开行列式是按照零元素最多的行(列)展开.

定理 2 行列式等于任意一行(列)的元素与其他行(列)对应元素的代数余子式的乘积之和为零，即

$$a_{i1}A_{k1} + a_{i1}A_{k2} + \cdots + a_{in}A_{kn} = 0 \quad (i \neq k) \tag{5.1.28}$$

$$a_{1j}A_{1l} + a_{2j}A_{2l} + \cdots + a_{nj}A_{nl} = 0 \quad (j \neq l) \tag{5.1.29}$$

证明 将行列式的第 k 行的元素全部用第 i 行的元素替换，得到的行列式有两行完全一样，则行列式的值为零，但第 k 行各元素的代数余子式与原行列式第 k 行元素的代数余子式完全相同，即

$$\begin{vmatrix} a_{11} & a_{12} & \cdots & a_{1n} \\ \vdots & \vdots & & \vdots \\ a_{i1} & a_{i2} & \cdots & a_{in} \\ \vdots & \vdots & & \vdots \\ a_{i1} & a_{i2} & \cdots & a_{in} \\ \vdots & \vdots & & \vdots \\ a_{n1} & a_{n2} & \cdots & a_{nn} \end{vmatrix} = a_{i1}A_{k1} + a_{i2}A_{k2} + \cdots + a_{in}A_{kn} = 0$$

同理可证

$$a_{1j}A_{1l} + a_{2j}A_{2l} + \cdots + a_{nj}A_{nl} = 0$$

证毕.

例 3 计算上三角行列式

$$D = \begin{vmatrix} a_{11} & a_{12} & \cdots & a_{1n} \\ & a_{22} & \cdots & a_{2n} \\ & & \ddots & \vdots \\ & & & a_{nn} \end{vmatrix}$$

解 将上三角行列式转置

$$D^{\mathrm{T}} = \begin{vmatrix} a_{11} & & & \\ a_{12} & a_{22} & & \\ \vdots & \vdots & \ddots & \\ a_{1n} & a_{2n} & \cdots & a_{nn} \end{vmatrix} = a_{11} \cdot a_{22} \cdot \cdots \cdot a_{nn}$$

则

$$D = \begin{vmatrix} a_{11} & a_{12} & \cdots & a_{1n} \\ & a_{22} & \cdots & a_{2n} \\ & & \ddots & \vdots \\ & & & a_{nn} \end{vmatrix} = D^{\mathrm{T}} = a_{11} \cdot a_{22} \cdot \cdots \cdot a_{nn}$$

例 3　表明上三角行列式的值仍然是主对角线元素的乘积，即

$$\begin{vmatrix} a_{11} & a_{12} & \cdots & a_{1n} \\ & a_{22} & \cdots & a_{2n} \\ & & \ddots & \vdots \\ & & & a_{nn} \end{vmatrix} = a_{11} \cdot a_{22} \cdot \cdots \cdot a_{nn} \tag{5.1.30}$$

至此，三角行列式的值都等于主对角线的元素之积，与对角先以外的元素无关.

例 4　计算行列式

$$D = \begin{vmatrix} 0 & 0 & 0 & a \\ 0 & 0 & b & 0 \\ 0 & c & 0 & 0 \\ d & 0 & 0 & 0 \end{vmatrix}$$

解　利用行列式的性质，交换 1、4 行和 2、3 行：

$$D = \begin{vmatrix} 0 & 0 & 0 & a \\ 0 & 0 & b & 0 \\ 0 & c & 0 & 0 \\ d & 0 & 0 & 0 \end{vmatrix} \xlongequal{r_1 \leftrightarrow r_4} - \begin{vmatrix} d & 0 & 0 & 0 \\ 0 & 0 & b & 0 \\ 0 & c & 0 & 0 \\ 0 & 0 & 0 & a \end{vmatrix} \xlongequal{r_2 \leftrightarrow r_3} \begin{vmatrix} d & 0 & 0 & 0 \\ 0 & c & 0 & 0 \\ 0 & 0 & b & 0 \\ 0 & 0 & 0 & a \end{vmatrix} = abcd$$

例 5　计算行列式

$$D = \begin{vmatrix} 1 & 3 & 2 \\ 101 & 199 & 102 \\ 2 & 1 & 0 \end{vmatrix}$$

解　根据行列式的性质，可得

$$D = \begin{vmatrix} 1 & 3 & 2 \\ 100+1 & 200-1 & 100+2 \\ 2 & 1 & 0 \end{vmatrix} = \begin{vmatrix} 1 & 3 & 2 \\ 100 & 200 & 100 \\ 2 & 1 & 0 \end{vmatrix} + \begin{vmatrix} 1 & 3 & 2 \\ 1 & 1 & 2 \\ 2 & 1 & 0 \end{vmatrix} =$$

$$100 \begin{vmatrix} 1 & 3 & 2 \\ 1 & 2 & 1 \\ 2 & 1 & 0 \end{vmatrix} + \begin{vmatrix} 1 & 3 & 2 \\ 1 & 1 & 2 \\ 2 & 1 & 0 \end{vmatrix} = 100 \times (-1) + 2 = -98$$

例 6　计算行列式

$$D = \begin{vmatrix} 1 & -1 & 2 & 2 \\ 2 & 3 & 1 & 5 \\ -1 & 1 & 4 & 2 \\ 3 & -3 & 6 & 2 \end{vmatrix}$$

解　根据行列式的性质，可得

$$D = \begin{vmatrix} 1 & -1 & 2 & 2 \\ 2 & 3 & 1 & 5 \\ -1 & 1 & 4 & 2 \\ 3 & -3 & 6 & 2 \end{vmatrix} \xlongequal[r_4 - 3r_1]{\substack{r_2 - 2r_1 \\ r_3 + r_1}} \begin{vmatrix} 1 & -1 & 2 & 2 \\ 0 & 5 & -3 & -1 \\ 0 & 0 & 6 & 4 \\ 0 & 0 & 0 & -4 \end{vmatrix} = 1 \times 5 \times 6 \times (-4) = -120$$

5.1.3 行列式的计算

当行列式的阶数不大时，$n<4$，我们可以根据行列式的定义或者划线计算行列式的值；但当 $n\geqslant 4$ 按降阶展开计算行列式，就显得非常烦琐、下面讲述计算行列式通常采用的化三角形法。

三角行列式的值等于主对角线上元素的乘积，与其他的元素无关，所以合理应用行列式的性质将行列式变换成三角行列式计算，这种方法称为化三角行法.

化三角形法习惯上使用行的变换，通常化成上三角行列式，一般步骤如下：

① 将 a_{11} 位置的元素变成非零，通过倍加变换使 a_{11} 位置以下的元素全部为零；

② 将 a_{22} 位置的元素变成非零，通过倍加变换使 a_{22} 位置以下的元素全部为零；

③ 依次类推，使得 $a_{ii}(i=1,2,\cdots,n-1)$ 以下的元素全部为零，变换成上三角行列式；

④ 行列式的值等于上三角行列式主对角线元素的乘积.

例 7 计算行列式

$$D=\begin{vmatrix}0&1&1&7\\1&2&0&2\\10&5&2&1\\4&1&2&4\end{vmatrix}$$

解

$$D=\begin{vmatrix}0&1&1&7\\1&2&0&2\\10&5&2&0\\4&1&2&4\end{vmatrix}\xlongequal{r_1\leftrightarrow r_2}-\begin{vmatrix}1&2&0&2\\0&1&1&7\\10&5&2&1\\4&1&2&4\end{vmatrix}\xlongequal[r_4-4r_1]{r_3-10r_1}$$

$$-\begin{vmatrix}1&2&0&2\\0&1&1&7\\0&-15&2&-19\\0&-7&2&-4\end{vmatrix}\xlongequal[r_4+7r_2]{r_3+15r_2}-\begin{vmatrix}1&2&0&2\\0&1&1&7\\0&0&17&86\\0&0&9&45\end{vmatrix}=$$

$$-9\begin{vmatrix}1&2&0&2\\0&1&1&7\\0&0&17&86\\0&0&1&5\end{vmatrix}\xlongequal{r_3\leftrightarrow r_4}-9\begin{vmatrix}1&2&0&2\\0&1&1&7\\0&0&1&5\\0&0&17&86\end{vmatrix}\xlongequal{r_4-17r_3}$$

$$-9\begin{vmatrix}1&2&0&2\\0&1&1&7\\0&0&1&5\\0&0&0&-1\end{vmatrix}=(-9)\times(-1)=9.$$

化三角形的变换过程中，需要注意：

① 行列式中最好不出现分数，a_{ii} 尽可能变换为 1.

② 善于观察行列式各行(列)的特点：若有公因子，应提到行列式外面；若有两行或两列成比例，则行列式为零，等等.

例 8　解下列方程

$$\begin{vmatrix} 1 & 1 & 1 & 1 \\ 2 & x & 2 & 2 \\ 3 & 3 & x & 3 \\ 4 & 4 & 4 & x \end{vmatrix}=0$$

解　把方程左端的行列式化成多项式求解：

$$\begin{vmatrix} 1 & 1 & 1 & 1 \\ 2 & x & 2 & 2 \\ 3 & 3 & x & 3 \\ 4 & 4 & 4 & x \end{vmatrix} \xlongequal[r_4-4r_1]{\substack{r_2-2r_1 \\ r_3-3r_1}} \begin{vmatrix} 1 & 1 & 1 & 1 \\ 0 & x-2 & 0 & 0 \\ 0 & 0 & x-3 & 0 \\ 0 & 0 & 0 & x-4 \end{vmatrix}=(x-2)(x-3)(x-4)=0$$

因此方程的解为：$x_1=2, x_2=3, x_3=4$.

解行列式方程也可以用观察法，例 8 中，当 $x=2$ 时，第 1、2 行对应成比例，则行列式为零，故 $x=2$ 是方程的解. 同样，也可以观察出 $x=3, x=4$ 是方程的解. 左端行列式最多是三次多项式，方程也最多有三个解，所以 $x_1=2, x_2=3, x_3=4$ 就是方程的全部解.

例 9　计算 n 阶行列式

$$D=\begin{vmatrix} b & a & \cdots & a & a \\ a & b & \cdots & a & a \\ \vdots & \vdots & & \vdots & \vdots \\ a & a & \cdots & b & a \\ a & a & \cdots & a & b \end{vmatrix}$$

解　行列式各行的元素之和都是 $(n-1)a+b$，故把第 2 至 n 列全部加到第 1 列上，即

$$D \xlongequal{\substack{c_1+c_2 \\ c_1+c_3 \\ \vdots \\ c_1+c_n}} \begin{vmatrix} (n-1)a+b & a & \cdots & a & a \\ (n-1)a+b & b & \cdots & a & a \\ \vdots & \vdots & & \vdots & \vdots \\ (n-1)a+b & a & \cdots & b & a \\ (n-1)a+b & a & \cdots & a & b \end{vmatrix} \xlongequal{\substack{r_2-r_1 \\ r_3-r_1 \\ \vdots \\ r_n-r_1}}$$

$$\begin{vmatrix} (n-1)a+b & a & \cdots & a & a \\ 0 & b-a & \cdots & 0 & 0 \\ \vdots & \vdots & & \vdots & \vdots \\ 0 & 0 & \cdots & b-a & 0 \\ 0 & 0 & \cdots & 0 & b-a \end{vmatrix}=$$

$$[(n-1)a+b](b-a)^{n-1}$$

例 10　计算范得蒙行列式：

$$D=\begin{vmatrix} 1 & 1 & 1 & \cdots & 1 \\ a_1 & a_2 & a_3 & \cdots & a_n \\ a_1^2 & a_2^2 & a_3^2 & \cdots & a_n^2 \\ \vdots & \vdots & \vdots & & \vdots \\ a_1^{n-1} & a_2^{n-1} & a_3^{n-1} & \cdots & a_n^{n-1} \end{vmatrix}$$

解 依次将第 $k(k=n-1,n-2,\cdots,3,2)$ 行乘以 $-a_1$ 加到第 $k+1$ 行上去,可得

$$D=\begin{vmatrix} 1 & 1 & 1 & \cdots & 1 \\ 0 & a_2-a_1 & a_3-a_1 & \cdots & a_n-a_1 \\ 0 & a_2^2-a_1a_2 & a_3^2-a_1a_3 & \cdots & a_n^2-a_1a_n \\ \vdots & \vdots & \vdots & & \vdots \\ 0 & a_2^{n-1}-a_1a_2^{n-2} & a_3^{n-1}-a_1a_3^{n-2} & \cdots & a_n^{n-1}-a_1a_n^{n-2} \end{vmatrix}$$

将第 $l(l=2,3,\cdots,n)$ 列的公因子 (a_j-a_1) 提到行列式外面,再按第一列展开,可得

$$D=(a_2-a_1)(a_3-a_1)\cdot\cdots\cdot(a_n-a_1)\begin{vmatrix} 1 & 1 & \cdots & 1 \\ a_2 & a_3 & \cdots & a_n \\ \vdots & \vdots & & \vdots \\ a_2^{n-2} & a_3^{n-2} & \cdots & a_n^{n-2} \end{vmatrix}$$

展开后的行列式是 $n-1$ 阶范得蒙行列式,按相同的方法继续降阶,可得

$$\begin{aligned} D=&[(a_2-a_1)(a_3-a_1)\cdot\cdots\cdot(a_n-a_1)]\cdot \\ &[(a_3-a_2)(a_4-a_2)\cdot\cdots\cdot(a_n-a_2)]\cdot\cdots\cdot(a_n-a_{n-1})= \\ &\prod_{1\leqslant j<i\leqslant n}(a_i-a_j) \end{aligned}$$

5.1.4 克莱姆法则

行列式是在解方程组中抽象出来的,行列式的应用之一就是解 n 元 n 个方程的线性方程组. 克莱姆法则给出了用行列式解线性方程组的求解公式.

n 元线性方程组(n 个方程)的一般形式为

$$\begin{cases} a_{11}x_1+a_{12}x_2+\cdots+a_{1n}x_n=b_1 \\ a_{21}x_1+a_{22}x_2+\cdots+a_{2n}x_n=b_2 \\ \qquad\qquad\vdots \\ a_{n1}x_1+a_{n2}x_2+\cdots+a_{nn}x_n=b_n \end{cases} \tag{5.1.31}$$

将未知元的系数 $a_{ij}(i,j=1,2,\cdots,n)$ 组成 n 阶行列式

$$D=\begin{vmatrix} a_{11} & a_{12} & \cdots & a_{1n} \\ a_{21} & a_{22} & \cdots & a_{2n} \\ \vdots & \vdots & & \vdots \\ a_{n1} & a_{n2} & \cdots & a_{nn} \end{vmatrix} \tag{5.1.32}$$

称为方程组(5.1.31)的系数行列式.

将 $b_1,b_2,\cdots,b_n$ 对应替代式(5.1.32)第 j 列的元素 $a_{1j},a_{2j},\cdots,a_{nj}$,组成的行列式记为

$$D_j=\begin{vmatrix} a_{11} & \cdots & a_{1,j-1} & b_1 & a_{1,j+1} & \cdots & a_{1n} \\ a_{21} & \cdots & a_{2,j-1} & b_2 & a_{2,j+1} & \cdots & a_{2n} \\ \vdots & & \vdots & \vdots & \vdots & & \vdots \\ a_{n1} & \cdots & a_{n,j-1} & b_n & a_{n,j+1} & \cdots & a_{nn} \end{vmatrix} \tag{5.1.33}$$

定理 3(克莱姆法则) n 元线性方程组(5.1.31)当系数行列式 $D\neq0$ 时,方程组有唯一解,且

$$x_j=\frac{D_j}{D}\quad (j=1,2,\cdots,n) \tag{5.1.34}$$

证明　(1) 存在性.

将公式(5.1.34)代入方程组(5.1.31),第 i 个方程的左边为

$$\text{左边}=\sum_{j=1}^{n}a_{ij}\frac{D_j}{D}=\frac{1}{D}\sum_{j=1}^{n}a_{ij}D_j$$

由于 $D_j=b_1A_{1j}+b_2A_{2j}+\cdots+b_nA_{nj}=\sum_{k=1}^{n}b_kA_{kj}$,则

$$\text{左边}=\sum_{j=1}^{n}a_{ij}\frac{D_j}{D}=\frac{1}{D}\sum_{j=1}^{n}a_{ij}D_j=\frac{1}{D}\sum_{j=1}^{n}a_{ij}\left(\sum_{k=1}^{n}b_kA_{kj}\right)=\frac{1}{D}\sum_{j=1}^{n}\sum_{k=1}^{n}a_{ij}b_kA_{kj}=$$

$$\frac{1}{D}\sum_{k=1}^{n}\left(\sum_{j=1}^{n}a_{ij}A_{kj}\right)b_k=\frac{1}{D}Db_i=b_i=\text{右边}$$

所以公式(5.1.34)是方程组(5.1.31)的解.

(2) 唯一性.

设$(x_1,x_2,\cdots,x_n)$是方程组(5.1.29)的解,则

$$Dx_j=\begin{vmatrix} a_{11} & \cdots & a_{1,j-1} & a_{1j}x_j & a_{1,j+1} & \cdots & a_{1n}\\ a_{21} & \cdots & a_{2,j-1} & a_{2j}x_j & a_{2,j+1} & \cdots & a_{2n}\\ \vdots & & \vdots & \vdots & \vdots & & \vdots\\ a_{n1} & \cdots & a_{n,j-1} & a_{nj}x_j & a_{n,j+1} & \cdots & a_{nn} \end{vmatrix}=$$

$$\begin{vmatrix} a_{11} & \cdots & a_{1,j-1} & a_{11}x_1+a_{12}x_2+\cdots+a_{1n}x_n & a_{1,j+1} & \cdots & a_{1n}\\ a_{21} & \cdots & a_{2,j-1} & a_{21}x_1+a_{22}x_2+\cdots+a_{2n}x_n & a_{2,j+1} & \cdots & a_{2n}\\ \vdots & & \vdots & \vdots & \vdots & & \vdots\\ a_{n1} & \cdots & a_{n,j-1} & a_{n1}x_1+a_{n2}x_2+\cdots+a_{nn}x_n & a_{n,j+1} & \cdots & a_{nn} \end{vmatrix}=$$

$$\begin{vmatrix} a_{11} & \cdots & a_{1,j-1} & b_1 & a_{1,j+1} & \cdots & a_{1n}\\ a_{21} & \cdots & a_{2,j-1} & b_2 & a_{2,j+1} & \cdots & a_{2n}\\ \vdots & & \vdots & \vdots & \vdots & & \vdots\\ a_{n1} & \cdots & a_{n,j-1} & b_n & a_{n,j+1} & \cdots & a_{nn} \end{vmatrix}=D_j$$

因为 $D\neq 0$ 故 $x_j=\frac{D_j}{D}(D\neq 0,j=1,2,\cdots,n)$,则 x_j 是唯一的.

所以,若 $D\neq 0$,则方程组有唯一解 $x_j=\frac{D_j}{D}(j=1,2,\cdots,n)$. 证毕.

例 11　用克莱姆法则解线性方程组

$$\begin{cases} 2x_1+x_2-2x_3+3x_4=3\\ x_1-2x_2+x_3+x_4=0\\ x_1+x_2-x_3+2x_4=2\\ x_1+x_2+x_3+3x_4=3 \end{cases}$$

解　系数行列式

$$D=\begin{vmatrix}2 & 1 & -2 & 3\\1 & -2 & 1 & 1\\1 & 1 & -1 & 2\\1 & 1 & 1 & 3\end{vmatrix}=2\neq 0$$

方程可以应用克莱姆法则，由于

$$D_1=\begin{vmatrix}3 & 1 & -2 & 3\\0 & -2 & 1 & 1\\2 & 1 & -1 & 2\\3 & 1 & 1 & 3\end{vmatrix}=3,\quad D_2=\begin{vmatrix}2 & 3 & -2 & 3\\1 & 0 & 1 & 1\\1 & 2 & -1 & 2\\1 & 3 & 1 & 3\end{vmatrix}=2$$

$$D_3=\begin{vmatrix}2 & 1 & 3 & 3\\1 & -2 & 0 & 1\\1 & 1 & 2 & 2\\1 & 1 & 3 & 3\end{vmatrix}=1,\quad D_4=\begin{vmatrix}2 & 1 & -2 & 3\\1 & -2 & 1 & 0\\1 & 1 & -1 & 2\\1 & 1 & 1 & 3\end{vmatrix}=0$$

所以，方程组有唯一解，即

$$x_1=\frac{D_1}{D}=\frac{3}{2},\quad x_2=\frac{D_2}{D}=1$$

$$x_3=\frac{D_3}{D}=\frac{1}{2},\quad x_4=\frac{D_4}{D}=0$$

克莱姆法则只在系数行列式 $D\neq 0$ 的情况下适用，若 $D=0$，则方程组可能有解也可能无解，我们将在后面继续学习讨论.

定义 5 n 元线性方程组的右端常数全为零，即

$$\begin{cases}a_{11}x_1+a_{12}x_2+\cdots+a_{1n}x_n=0\\a_{21}x_1+a_{22}x_2+\cdots+a_{2n}x_n=0\\\quad\quad\vdots\\a_{n1}x_1+a_{n2}x_2+\cdots+a_{nn}x_n=0\end{cases}\tag{5.1.35}$$

称为 n 元线性齐次方程组. 方程组(5.1.31)称为非齐次线性方程组.

齐次线性方程组(5.1.30)一定有解 $x_1=x_2=\cdots x_n=0$，称为零解，那么齐次线性方程组还有没有其他的解呢？

定理 4 若齐次线性方程组(5.1.30)的系数行列式 $D\neq 0$，则只有零解.

证明 因为 $D\neq 0$，所以适用克莱姆法则，由于

$$D_j=0\quad(j=1,2,\cdots,n)$$

则存在唯一解，$x_j=\dfrac{D_j}{D}=0(j=1,2,\cdots,n)$.

所以方程组只有零解.

推论 若齐次线性方程组(5.1.30)的系数行列式 $D=0$，则有非零解.

例 12 当 λ 为何值时，下列方程组有非零解

$$\begin{cases}\lambda x_1+x_2+x_3=0\\x_1+\lambda x_2-x_3=0\\2x_1-x_2+x_3=0\end{cases}$$

解　系数行列式

$$D=\begin{vmatrix}\lambda & 1 & 1\\ 1 & \lambda & -1\\ 2 & -1 & 1\end{vmatrix}=(\lambda-2)^2$$

当 $D=0$ 有非零解，即 $\lambda=2$.

所以，当 $\lambda=2$ 方程有非零解.

习题 5.1

1. 计算下列行列式.

(1) $\begin{vmatrix}1 & -1\\ 2 & 2\end{vmatrix}$；　(2) $\begin{vmatrix}a & a^2\\ b & ab\end{vmatrix}$；　(3) $\begin{vmatrix}1 & 2 & 3\\ 3 & 1 & 2\\ 2 & 3 & 1\end{vmatrix}$；　(4) $\begin{vmatrix}1 & 0 & 5\\ 2 & 3 & 0\\ 4 & 2 & 0\end{vmatrix}$.

2. 计算下列行列式.

(1) $\begin{vmatrix}0 & 0 & 1 & 2\\ 0 & 1 & 2 & 1\\ 1 & 2 & 1 & 0\\ 2 & 1 & 0 & 0\end{vmatrix}$；　(2) $\begin{vmatrix}5 & -3 & 0 & 1\\ 0 & -2 & -1 & 0\\ 1 & 0 & 4 & 7\\ 0 & 0 & 2 & 0\end{vmatrix}$.

3. 计算下列行列式.

(1) $\begin{vmatrix}1 & 3 & 2\\ 100 & 297 & 201\\ 2 & 1 & 1\end{vmatrix}$；　(2) $\begin{vmatrix}4 & 0 & 3\\ -1 & 1 & -2\\ 2 & -2 & 4\end{vmatrix}$；

(3) $\begin{vmatrix}1 & 2 & 3 & 4\\ 2 & 3 & 4 & 1\\ 3 & 4 & 2 & 1\\ 4 & 1 & 2 & 3\end{vmatrix}$；　(4) $\begin{vmatrix}3 & 2 & 2 & 2\\ 2 & 3 & 2 & 2\\ 2 & 2 & 3 & 2\\ 2 & 2 & 2 & 3\end{vmatrix}$；

(5) $\begin{vmatrix}0 & 0 & 0 & 0 & a\\ 0 & 0 & 0 & b & 0\\ 0 & 0 & c & 0 & 0\\ 0 & d & 0 & 0 & 0\\ e & 0 & 0 & 0 & 0\end{vmatrix}$；　(6) $\begin{vmatrix}1 & 0 & 0 & 0 & 0\\ 0 & 1 & 0 & 1 & 0\\ 0 & 0 & 1 & 0 & 0\\ 0 & 1 & 0 & 2 & 0\\ 0 & 0 & 0 & 0 & 1\end{vmatrix}$.

4. 解下列方程组.

(1) $\begin{cases}2x_1+1x_2=1\\ 3x_1+2x_2=3\end{cases}$；　(2) $\begin{cases}x_1+2x_2+x_3=7\\ 3x_1+x_2-x_3=4.\\ x_1-2x_2+x_3=3\end{cases}$

5. 思考题：如何计算行列式？

5.2 矩　阵

5.2.1 矩阵的概念

在实际问题中，常常会处理很多数据，矩阵就是处理数据抽象出来的数学概念.

引例 某贸易公司全年调运产品的数量如表 5.1 所列.

表 5.1 产品调运统计表

件

产品名 \ 地区	B_1	B_2	B_3	B_4
A_1	100	80	95	70
A_2	50	55	60	70
A_3	30	30	35	25

表 5.1 中第 1 行第 1 列的数据为 100，表示 A_1 产品调运到 B_1 地区的数量为 100 件. 其他位置的数据都是相同的含义，第 m 行 n 列的数据表示第 A_m 产品调运到 B_n 地区的数量.

在社会生活和科学研究中，都大量地用到了数据表格，矩阵就是处理大量的数据产生的数学概念.

定义 1 由 $m\times n$ 个数 a_{ij} $(i=1,2,\cdots,m;j=1,2,\cdots,n)$ 按一定的次序排成 m 行 n 列的矩形数表

$$\boldsymbol{A}=\begin{pmatrix} a_{11} & a_{12} & \cdots & a_{1n} \\ a_{21} & a_{22} & \cdots & a_{2n} \\ \vdots & \vdots & & \vdots \\ a_{m1} & a_{m2} & \cdots & a_{mn} \end{pmatrix} \tag{5.2.1}$$

称为 m 行 n 列矩阵.

通常用大写字母 $\boldsymbol{A}$，$\boldsymbol{B}$，$\boldsymbol{C}$，…表示矩阵，用 a_{ij} 表示矩阵第 i 行第 j 列的元素，矩阵可以简记为 $\boldsymbol{A}=(a_{ij})$，有时为了表示矩阵有行数和列数，也记为 $A_{m\times n}=(a_{ij})_{m\times n}$.

例 1 将表 5.1 的数据写成矩阵，并说明矩阵中元素的意义.

解 根据数据表的实际排列写成矩阵如下：

$$\boldsymbol{A}=\begin{bmatrix} 100 & 80 & 95 & 70 \\ 50 & 55 & 60 & 70 \\ 30 & 30 & 35 & 25 \end{bmatrix}$$

元素 a_{ij} 表示 A_i 产品调运到 B_j 地区的数量为 a_{ij} 件.

下面介绍一些特殊的矩阵.

定义 2(零矩阵) 矩阵的元素全为 0 的矩阵称为零矩阵，记作 $\boldsymbol{O}$.

定义 3(行矩阵) 只有一行的矩阵

$$\boldsymbol{\alpha}=(a_1 \quad a_2 \quad \cdots \quad a_n) \tag{5.2.2}$$

称为行矩阵，也称为行向量.

定义4(列矩阵)　只有一列的矩阵

$$\boldsymbol{\beta}=\begin{pmatrix} b_1 \\ b_2 \\ \vdots \\ b_m \end{pmatrix} \tag{5.2.3}$$

称为列矩阵,也称为列向量.

定义5(n 阶方阵)　行数和列数相同的矩阵

$$\boldsymbol{A}=\begin{bmatrix} a_{11} & \cdots & a_{1n} \\ \vdots & & \vdots \\ a_{nn} & \cdots & a_{nn} \end{bmatrix} \tag{5.2.4}$$

称为 n 阶方阵,通常记作 A_n.

方阵左上角到右下角的元素 $a_{11},a_{22},\cdots,a_{nn}$ 构成一条对角线,称为主对角线,a_{ii} 称为第 i 个主对角线元素.

定义6(对角矩阵)　主对角线上以外的元素全为0的方阵

$$\boldsymbol{A}=\begin{pmatrix} d_1 & 0 & \cdots & 0 \\ 0 & d_2 & \cdots & 0 \\ \vdots & \vdots & & \vdots \\ 0 & 0 & \cdots & d_n \end{pmatrix} \tag{5.2.5}$$

称为对角矩阵.

定义7(数量矩阵)　主对角线上的元素全为 a 的对角矩阵

$$\boldsymbol{A}=\begin{pmatrix} a & 0 & \cdots & 0 \\ 0 & a & \cdots & 0 \\ \vdots & \vdots & & \vdots \\ 0 & 0 & \cdots & a \end{pmatrix} \tag{5.2.6}$$

称为数量矩阵.

定义8(单位矩阵)　主对角线上的元素全为1的对角矩阵

$$\boldsymbol{I}=\begin{pmatrix} 1 & 0 & \cdots & 0 \\ 0 & 1 & \cdots & 0 \\ \vdots & \vdots & & \vdots \\ 0 & 0 & \cdots & 1 \end{pmatrix} \tag{5.2.7}$$

称为单位矩阵,记作 $\boldsymbol{I}$ 或者 $\boldsymbol{E}$.

5.2.2　矩阵的运算

1. 矩阵相等

定义9　设矩阵 $\boldsymbol{A}=(a_{ij})$,$\boldsymbol{B}=(b_{ij})$ 都是 $m\times n$ 矩阵,如果

$$a_{ij}=b_{ij}\quad (i=1,2,\cdots,m;j=1,2,\cdots,n)$$

则称矩阵 $\boldsymbol{A}$ 和矩阵 $\boldsymbol{B}$ 相等,记作 $\boldsymbol{A}=\boldsymbol{B}$.

行数和列数相同的矩阵称为同型矩阵.两个矩阵相等,当且仅当它们是同型矩阵且每一个

元素都对应相等.

2. 矩阵加法与减法

引例 甲乙两公司一月份销售产品的数量如表 5.2 所列,二月份销售产品的数量如表 5.3 所列,问两个月一共销售产品的数量为多少?

表 5.2 一月份销售表

	产品 A	产品 B	产品 C
甲	100	80	95
乙	50	55	60

表 5.3 二月份销售表

	产品 A	产品 B	产品 C
甲	90	90	85
乙	55	65	70

记一月份销售产品的矩阵为 $\boldsymbol{A}$,二月份销售产品的矩阵为 $\boldsymbol{B}$,即

$$\boldsymbol{A}=\begin{pmatrix}100 & 80 & 95\\50 & 55 & 60\end{pmatrix},\quad \boldsymbol{B}=\begin{pmatrix}90 & 90 & 85\\55 & 65 & 70\end{pmatrix}$$

统计两个月一共销售产品的数据,显然把 $\boldsymbol{A},\boldsymbol{B}$ 矩阵中对应的元素相加即可,结果仍然是具有相同行数和列数的矩阵,记两个月一共销售产品为 $\boldsymbol{C}$,则

$$\boldsymbol{C}=\begin{pmatrix}100+90 & 80+90 & 95+85\\50+55 & 55+65 & 60+70\end{pmatrix}=\begin{pmatrix}190 & 170 & 180\\105 & 120 & 130\end{pmatrix}$$

由此定义矩阵的加法.

定义 10 若矩阵 $\boldsymbol{A}=(a_{ij})$,$\boldsymbol{B}=(b_{ij})$都是 $m\times n$ 矩阵, $\boldsymbol{A}$ 与 $\boldsymbol{B}$ 的和仍然是 $m\times n$ 矩阵,记 $\boldsymbol{C}=\boldsymbol{A}+\boldsymbol{B}$,且

$$\boldsymbol{C}=(c_{ij})_{m\times n}=(a_{ij}+b_{ij})_{m\times n}=\begin{bmatrix}a_{11}+b_{11} & a_{12}+b_{12} & \cdots & a_{1n}+b_{1n}\\a_{21}+b_{21} & a_{22}+b_{22} & \cdots & a_{2n}+b_{2n}\\\vdots & \vdots & & \vdots\\a_{m1}+b_{m1} & a_{m2}+b_{m2} & \cdots & a_{mn}+b_{mn}\end{bmatrix}\tag{5.2.8}$$

设矩阵 $\boldsymbol{A}=(a_{ij})$,记 $-\boldsymbol{A}=(-a_{ij})$,称 $-\boldsymbol{A}$ 为矩阵 $\boldsymbol{A}$ 的负矩阵.

矩阵的减法为 $\boldsymbol{A}-\boldsymbol{B}=\boldsymbol{A}+(-\boldsymbol{B})=(a_{ij}-b_{ij})_{m\times n}$.

只有两个矩阵是同型矩阵时,才能进行矩阵的加减运算. 两个同型矩阵的和差, 即为两个矩阵对应位置元素进行和差得到的矩阵.

矩阵的加法满足以下规律(假设 $\boldsymbol{A},\boldsymbol{B},\boldsymbol{C}$ 都是同型矩阵):

① $\boldsymbol{A}+\boldsymbol{B}=\boldsymbol{B}+\boldsymbol{A}$;

② $(\boldsymbol{A}+\boldsymbol{B})+\boldsymbol{C}=\boldsymbol{A}+(\boldsymbol{B}+\boldsymbol{C})$;

③ $\boldsymbol{A}+\boldsymbol{O}=\boldsymbol{A}$;

④ $\boldsymbol{A}+(-\boldsymbol{A})=\boldsymbol{O}$.

3. 矩阵的数乘

定义 11 设矩阵 $\boldsymbol{A}=(a_{ij})$是 $m\times n$ 矩阵, k 为一个数, $\boldsymbol{A}$ 和 λ 的乘积仍然是 $m\times n$ 矩阵,

记作 kA 或 Ak，且

$$kA = Ak = (ka_{ij}) = \begin{pmatrix} ka_{11} & ka_{12} & \cdots & ka_{1n} \\ ka_{21} & ka_{22} & \cdots & ka_{2n} \\ \vdots & \vdots & & \vdots \\ ka_{m1} & ka_{m2} & \cdots & ka_{mn} \end{pmatrix} \tag{5.2.9}$$

矩阵的数乘满足以下运算律（$\boldsymbol{A}$，$\boldsymbol{B}$ 都是同型矩阵，k，l 为常数）：

① $(kl)\boldsymbol{A} = k(l\boldsymbol{A})$；

② $(k+l)\boldsymbol{A} = k\boldsymbol{A} + l\boldsymbol{A}$；

③ $k(\boldsymbol{A}+\boldsymbol{B}) = k\boldsymbol{A} + k\boldsymbol{B}$.

例 2　设 $\boldsymbol{A} = \begin{pmatrix} 2 & -1 & 3 \\ 1 & 3 & -2 \end{pmatrix}$，$\boldsymbol{B} = \begin{pmatrix} -1 & 1 & 3 \\ 2 & -2 & 1 \end{pmatrix}$，求 $\boldsymbol{A}+2\boldsymbol{B}$，$2\boldsymbol{A}-\boldsymbol{B}$.

解

$$\boldsymbol{A}+2\boldsymbol{B} = \begin{pmatrix} 2 & -1 & 3 \\ 1 & 3 & -2 \end{pmatrix} + \begin{pmatrix} -2 & 2 & 6 \\ 4 & -4 & 2 \end{pmatrix} = \begin{pmatrix} 0 & 1 & 9 \\ 5 & -1 & 0 \end{pmatrix}$$

$$2\boldsymbol{A}-\boldsymbol{B} = \begin{pmatrix} 4 & -2 & 6 \\ 2 & 6 & -4 \end{pmatrix} - \begin{pmatrix} -1 & 1 & 3 \\ 2 & -2 & 1 \end{pmatrix} = \begin{pmatrix} 5 & -3 & 3 \\ 0 & 8 & -5 \end{pmatrix}$$

4. 矩阵的乘法

引例　某高校运动会中 A、B 两个班的比赛结果如表 5.4 所列，第一名到第三名颁发奖金和团体评分标准如表 5.5 所列，现在需要计算各班获得的奖金总数和团体总分.

表 5.4　校运动会比赛结果

	第一名	第二名	第三名
A 班	3	1	2
B 班	1	4	2

表 5.5　校运动会奖金和团体评分标准

	奖　金	评　分
第一名	300	5
第二名	200	3
第三名	150	1

记比赛结果矩阵为 $\boldsymbol{A}$，评分标准结果矩阵为 $\boldsymbol{B}$，则

$$\boldsymbol{A} = \begin{pmatrix} 3 & 1 & 2 \\ 1 & 4 & 2 \end{pmatrix}, \quad \boldsymbol{B} = \begin{bmatrix} 300 & 5 \\ 200 & 3 \\ 150 & 1 \end{bmatrix}$$

容易统计两班的奖金数和团体总分，记为矩阵 $\boldsymbol{C}$，则

$$\boldsymbol{C} = \begin{matrix} \text{A 班} \\ \text{B 班} \end{matrix} \overset{\qquad\qquad \text{奖金} \qquad\qquad\qquad\qquad \text{总分}}{\begin{pmatrix} 3\times300+1\times200+2\times150 & 3\times5+1\times3+2\times1 \\ 1\times300+4\times200+2\times150 & 1\times5+4\times3+2\times1 \end{pmatrix}}$$

记上述统计表为矩阵 $\boldsymbol{C}$，并且定义为矩阵 $\boldsymbol{A}$ 和矩阵 $\boldsymbol{B}$ 的乘积，即

$$\begin{pmatrix} 3\times 300+1\times 200+2\times 150 & 3\times 5+1\times 3+2\times 1 \\ 1\times 300+4\times 200+2\times 150 & 1\times 5+4\times 3+2\times 1 \end{pmatrix}=\begin{pmatrix} 3 & 1 & 2 \\ 1 & 4 & 2 \end{pmatrix}\times\begin{bmatrix} 300 & 5 \\ 200 & 3 \\ 150 & 1 \end{bmatrix}$$

由此定义矩阵的乘法.

定义 12 设矩阵 $\boldsymbol{A}=(a_{ij})$ 是 $m\times s$ 矩阵，$\boldsymbol{B}=(b_{ij})$ 是 $s\times n$ 矩阵，$\boldsymbol{A}$ 乘以 $\boldsymbol{B}$ 的乘积是 $m\times n$ 矩阵，记 $\boldsymbol{C}=\boldsymbol{AB}$，且

$$c_{ij}=a_{i1}b_{1j}+a_{i2}b_{2j}+\cdots+a_{is}b_{sj}=\sum_{k=1}^{s}a_{is}b_{sj} \tag{5.2.10}$$

矩阵的乘法，务必注意：

① 只有左边矩阵的列数等于右边矩阵的行数，矩阵才能相乘；

② $\boldsymbol{A}$ 乘以 $\boldsymbol{B}$ 的乘积的矩阵，以左边矩阵的行数为行，以右边矩阵的列数为列. 乘积的 (i,j) 元素是左边矩阵的第 i 行和右边矩阵的第 j 列对应元素的乘积之和.

例 3 设矩阵

$$\boldsymbol{A}=\begin{pmatrix} 1 & 2 & 0 \\ 2 & 1 & 3 \end{pmatrix},\quad \boldsymbol{B}=\begin{bmatrix} 2 & 3 \\ 1 & -2 \\ 3 & 1 \end{bmatrix}$$

求 $\boldsymbol{AB}$ 和 $\boldsymbol{BA}$.

解

$$\boldsymbol{AB}=\begin{pmatrix} 1 & 2 & 0 \\ 2 & 1 & 3 \end{pmatrix}\begin{bmatrix} 2 & 3 \\ 1 & -2 \\ 3 & 1 \end{bmatrix}=\begin{pmatrix} 4 & -1 \\ 14 & 7 \end{pmatrix}$$

$$\boldsymbol{BA}=\begin{bmatrix} 2 & 3 \\ 1 & -2 \\ 3 & 1 \end{bmatrix}\begin{pmatrix} 1 & 2 & 0 \\ 2 & 1 & 3 \end{pmatrix}=\begin{bmatrix} 8 & 7 & 9 \\ -3 & 0 & -6 \\ 5 & 7 & 3 \end{bmatrix}$$

例 4 设矩阵

$$\boldsymbol{A}=\begin{pmatrix} 1 & -2 \\ -1 & 2 \end{pmatrix},\quad \boldsymbol{B}=\begin{pmatrix} 2 & 4 \\ 1 & 2 \end{pmatrix}$$

求 $\boldsymbol{AB}$.

解

$$\boldsymbol{AB}=\begin{pmatrix} 1 & -2 \\ -1 & 2 \end{pmatrix}\begin{pmatrix} 2 & 4 \\ 1 & 2 \end{pmatrix}=\begin{pmatrix} 0 & 0 \\ 0 & 0 \end{pmatrix}$$

例 5 设矩阵

$$\boldsymbol{A}=\begin{pmatrix} -1 & 2 \\ 2 & -4 \end{pmatrix},\quad \boldsymbol{B}=\begin{pmatrix} -2 & 2 \\ -1 & 1 \end{pmatrix},\quad \boldsymbol{C}=\begin{pmatrix} 4 & -6 \\ 2 & 3 \end{pmatrix}$$

求 $\boldsymbol{AB}$ 和 $\boldsymbol{AC}$.

解

$$\boldsymbol{AB}=\begin{pmatrix} -1 & 2 \\ 2 & -4 \end{pmatrix}\begin{pmatrix} -2 & 2 \\ -1 & 1 \end{pmatrix}=\begin{pmatrix} 0 & 0 \\ 0 & 0 \end{pmatrix}$$

$$\boldsymbol{AC}=\begin{pmatrix} -1 & 2 \\ 2 & -4 \end{pmatrix}\begin{pmatrix} 4 & -6 \\ 2 & 3 \end{pmatrix}=\begin{pmatrix} 0 & 0 \\ 0 & 0 \end{pmatrix}$$

例 6 设矩阵

$$I=\begin{bmatrix}1&0&0\\0&1&0\\0&0&1\end{bmatrix},\quad A=\begin{bmatrix}2&-2&3\\3&1&5\\-4&2&1\end{bmatrix}$$

求 $\boldsymbol{IA}$ 和 $\boldsymbol{AI}$.

解

$$IA=\begin{bmatrix}1&0&0\\0&1&0\\0&0&1\end{bmatrix}\begin{bmatrix}2&-2&3\\3&1&5\\-4&2&1\end{bmatrix}=\begin{bmatrix}2&-2&3\\3&1&5\\-4&2&1\end{bmatrix}$$

$$AI=\begin{bmatrix}2&-2&3\\3&1&5\\-4&2&1\end{bmatrix}\begin{bmatrix}1&0&0\\0&1&0\\0&0&1\end{bmatrix}=\begin{bmatrix}2&-2&3\\3&1&5\\-4&2&1\end{bmatrix}$$

由例3可见，矩阵乘法一般不满足交换律，即 $\boldsymbol{AB}\neq\boldsymbol{BA}$.

由例4可见，若 $\boldsymbol{AB}=\boldsymbol{O}$，不一定存在 $\boldsymbol{A}=\boldsymbol{O}$ 或 $\boldsymbol{B}=\boldsymbol{O}$.

由例5可见，若 $\boldsymbol{AB}=\boldsymbol{AC}$，不一定存在 $\boldsymbol{B}=\boldsymbol{C}$.

矩阵的乘法满足以下运算律：

① $(\boldsymbol{AB})\boldsymbol{C}=\boldsymbol{A}(\boldsymbol{BC})$；

② $\boldsymbol{A}(\boldsymbol{B}+\boldsymbol{C})=\boldsymbol{AB}+\boldsymbol{AC}$，$(\boldsymbol{A}+\boldsymbol{B})\boldsymbol{C}=\boldsymbol{AC}+\boldsymbol{BC}$；

③ $k(\boldsymbol{AB})=(k\boldsymbol{A})\boldsymbol{B}=\boldsymbol{A}(k\boldsymbol{B})$；

④ $\boldsymbol{IA}=\boldsymbol{AI}=\boldsymbol{A}$.

5. 矩阵的转置

定义13 设矩阵 $\boldsymbol{A}=(a_{ij})$ 是 $m\times n$ 矩阵，将元素的行列位置互换，形成的 $n\times m$ 矩阵称为转置矩阵，记作 $\boldsymbol{A}^{\mathrm{T}}$.

设

$$A=\begin{pmatrix}a_{11}&a_{12}&\cdots&a_{1n}\\a_{21}&a_{22}&\cdots&a_{2n}\\\vdots&\vdots&&\vdots\\a_{m1}&a_{m2}&\cdots&a_{mn}\end{pmatrix}\tag{5.2.11}$$

则

$$A^{\mathrm{T}}=\begin{pmatrix}a_{11}&a_{21}&\cdots&a_{m1}\\a_{12}&a_{22}&\cdots&a_{m2}\\\vdots&\vdots&&\vdots\\a_{1n}&a_{2n}&\cdots&a_{mn}\end{pmatrix}\tag{5.2.12}$$

由上述定义可以看出，转置矩阵的 (i,j) 元素实际上是原矩阵的 (j,i) 元素，转置矩阵的第 i 行实际上是原矩阵的第 i 列，通常求转置矩阵是按行转列。

矩阵的转置满足以下一些规律：

① $(\boldsymbol{A}^{\mathrm{T}})^{\mathrm{T}}=\boldsymbol{A}$；

② $(\boldsymbol{A}+\boldsymbol{B})^{\mathrm{T}}=\boldsymbol{A}^{\mathrm{T}}+\boldsymbol{B}^{\mathrm{T}}$；

③ $(k\boldsymbol{A})^{\mathrm{T}}=k\boldsymbol{A}^{\mathrm{T}}$；

④ $(\boldsymbol{AB})^{\mathrm{T}}=\boldsymbol{B}^{\mathrm{T}}\boldsymbol{A}^{\mathrm{T}}$.

例 7 设 $\boldsymbol{x}=(1\quad 2\quad 3)$,$\boldsymbol{y}=(-1\quad 0\quad 2)$,求 $\boldsymbol{x}\boldsymbol{y}^{\mathrm{T}}$ 和 $\boldsymbol{x}^{\mathrm{T}}\boldsymbol{y}$.

解

$$\boldsymbol{x}\boldsymbol{y}^{\mathrm{T}}=(1\quad 2\quad 3)\begin{bmatrix}-1\\0\\2\end{bmatrix}=5$$

$$\boldsymbol{x}^{\mathrm{T}}\boldsymbol{y}=\begin{bmatrix}1\\2\\3\end{bmatrix}(-1\quad 0\quad 2)=\begin{bmatrix}-1&0&2\\-2&0&4\\-3&0&6\end{bmatrix}$$

定义 14 若 $\boldsymbol{A}^{\mathrm{T}}=\boldsymbol{A}$,则称矩阵 $\boldsymbol{A}$ 为对称矩阵,对称矩阵满足 $a_{ij}=a_{ji}$.

定义 15 若 $\boldsymbol{A}^{\mathrm{T}}=-\boldsymbol{A}$,则称矩阵 $\boldsymbol{A}$ 为反对称矩阵,反对称矩阵满足 $a_{ij}=-a_{ji}$,特别的 $a_{ii}=0$.

例 8 证明:$\boldsymbol{A}^{\mathrm{T}}\boldsymbol{A}$ 是对称矩阵.

证明 因为 $(\boldsymbol{A}^{\mathrm{T}}\boldsymbol{A})^{\mathrm{T}}=\boldsymbol{A}^{\mathrm{T}}(\mathrm{A}^{T})^{\mathrm{T}}=\boldsymbol{A}^{\mathrm{T}}\boldsymbol{A}$,所以 $\boldsymbol{A}^{\mathrm{T}}\boldsymbol{A}$ 为对称矩阵.

5.2.3 矩阵的应用

学习了矩阵的概念和运算后,许多实际问题都可以通过建立相应的矩阵并利用矩阵的运算处理,使问题能方便有效地解决,以下通过一些例子说明矩阵的应用.

例 9 某人每天吃了三种食物 A_1、A_2、A_3 各 150 g、250 g、100 g,这三种食物的成分含量如表 5.6 所列.

表 5.6 三种食物的成分含量

%

	D_1	D_2	D_3
脂肪	20	15	18
糖	15	30	25
蛋白质	10	7	40

请问这个人摄取了多少脂肪、糖、蛋白质?

解 三种食物的成分含量矩阵为

$$\boldsymbol{A}=\begin{bmatrix}20\%&15\%&18\%\\15\%&30\%&25\%\\10\%&7\%&40\%\end{bmatrix}$$

吃掉食物的数量矩阵为

$$\boldsymbol{B}=\begin{bmatrix}150\\250\\100\end{bmatrix}$$

摄取了脂肪、糖、蛋白质的含量为

$$\boldsymbol{C}=\boldsymbol{AB}=\begin{bmatrix}20\%&15\%&18\%\\15\%&30\%&25\%\\10\%&7\%&40\%\end{bmatrix}\begin{bmatrix}150\\250\\100\end{bmatrix}=\begin{bmatrix}85.5\\122.5\\72.5\end{bmatrix}$$

则这个人摄入了脂肪 85.5 g、122.5 g 糖、72.5 g 蛋白质.

例 10　甲乙两连锁店销售商品 A,B,C 的数量如表 5.7 所列,每一件商品的销售价格和利润如表 5.8 所列,求两连锁店销售商品的总收入和总利润.

表 5.7　销售数量表

件

	A	B	C
甲	75	48	15
乙	62	90	40

表 5.8　价格和利润表

元/件

	价　格	利　润
A	20	5
B	15	7
C	80	27

解　建立销售数量矩阵

$$\boldsymbol{A}=\begin{pmatrix}75 & 48 & 15\\ 62 & 90 & 40\end{pmatrix}$$

建立价格和利润矩阵

$$\boldsymbol{B}=\begin{bmatrix}20 & 5\\ 15 & 7\\ 80 & 27\end{bmatrix}$$

甲乙两连锁店的总收入和总利润为

$$\boldsymbol{C}=\begin{pmatrix}75 & 48 & 15\\ 62 & 90 & 40\end{pmatrix}\begin{bmatrix}20 & 5\\ 15 & 7\\ 80 & 27\end{bmatrix}=\begin{pmatrix}3\ 420 & 1\ 116\\ 5\ 790 & 2\ 020\end{pmatrix}$$

则甲连锁点总收入为 3 420 元,总利润为 1 116 元,乙连锁店总收入为 5 790 元,总利润 2 020 元.

例 11　自然保护区有某种动物 10 000 只,其中有 2 000 只已经患病。每年健康的有 20%会患病,患病的有 50%会治愈 ,两年后这种动物健康和患病的各有多少?

解　健康的动物来源于两部分,健康的 80%和患病的 50%,患病的也来源于两部分,健康的 20%和患病的 50%,建立矩阵(称为状态转移矩阵)如下:

$$\boldsymbol{A}=\begin{pmatrix}0.8 & 0.5\\ 0.2 & 0.5\end{pmatrix}$$

现在健康的有 8 000 只,患病的有 2 000 只,建立矩阵如下:

$$\boldsymbol{b}=\begin{pmatrix}8\ 000\\ 2\ 000\end{pmatrix}$$

第一年后动物的状况为

$$\boldsymbol{Ab}=\begin{pmatrix}0.8 & 0.5\\ 0.2 & 0.5\end{pmatrix}\begin{pmatrix}8\ 000\\ 2\ 000\end{pmatrix}=\begin{pmatrix}7\ 400\\ 2\ 600\end{pmatrix}$$

第二年后动物的状况为

$$A(Ab)=\begin{pmatrix}0.8 & 0.5\\0.2 & 0.5\end{pmatrix}\begin{pmatrix}7\ 400\\2\ 600\end{pmatrix}=\begin{pmatrix}7\ 220\\2\ 780\end{pmatrix}$$

则两年后有 7 220 只健康的和 2 780 只患病的.

习题 5.2

1. 已知 $A=\begin{pmatrix}1 & 0\\0 & 1\end{pmatrix}$，$B=\begin{pmatrix}x & y\\2 & -1\end{pmatrix}$，$C=\begin{pmatrix}y & 2x\\2 & 2\end{pmatrix}$，且 $A=B-C$，求 x，y.

2. 已知 $A=\begin{bmatrix}1 & 3\\2 & -1\\2 & 1\end{bmatrix}$，$B=\begin{pmatrix}2 & 1 & 3\\5 & 2 & 1\end{pmatrix}$，求(1)$A^{T}-2B$，(2)$2A-B^{T}$.

3. 计算下列矩阵的乘积：

(1) $\begin{bmatrix}2\\-2\\3\end{bmatrix}(1\quad -2)$；

(2) $\begin{pmatrix}3 & -2\\4 & 1\end{pmatrix}\begin{pmatrix}1 & 1\\0 & 1\end{pmatrix}$；

(3) $\begin{pmatrix}2 & 1 & 2\\2 & 3 & 6\end{pmatrix}\begin{bmatrix}1 & 0 & 2 & 1\\0 & 1 & 3 & 2\\-1 & 1 & 1 & 0\end{bmatrix}$；

(4) $\begin{bmatrix}1 & 1 & 1\\1 & 2 & 1\\0 & 0 & 2\end{bmatrix}^{2}$.

4. 某企业集团三个公司均可生产甲、乙、丙三种产品，它们的单位成本如表 5.9 所列.

表 5.9　甲、乙、丙三种产品的单位成本

元/千克

	产品甲	产品乙	产品丙
一公司	4	3	2
二公司	2	2	4
三公司	3	3	1

现需要生产甲产品 100 kg、乙产品 120 kg、丙产品 80 kg. 问安排哪个公司生产成本最小？

5. 思考题：矩阵的乘法和数的乘法在规律上有哪些区别？

5.3　矩阵的初等行变换

5.3.1　初等行变换的定义

定义 1　对矩阵实施下列三种变换：

① 交换矩阵两行；

② 非零的数乘以某一行的所有元素；

③ 某一行乘以一个数加到另外一行上去，

称为初等行变换.

变换①称为交换，若交换矩阵的第 i，j 行，则记作 $r_i\leftrightarrow r_j$；变换②称为倍乘，若矩阵的第 i 行乘以非数 k，则记作 kr_i；变换③称为倍加，若矩阵的第 i 行乘以数 k 加到第 j 行上去，则记作

r_j+kr_i.

如果将定义 1 中的行改为列,称为矩阵的初等列变换. 初等行变换和初等列变换统称为初等变换,通常应用初等行变换.

矩阵 $\boldsymbol{A}$ 经过一系列初等变换为矩阵 $\boldsymbol{B}$,矩阵 $\boldsymbol{A}$ 和矩阵 $\boldsymbol{B}$ 一般不相等,记作 $\boldsymbol{A}\to\boldsymbol{B}$,并称 $\boldsymbol{A}$ 和 $\boldsymbol{B}$ 为等价矩阵.

5.3.2 初等矩阵

定义 2 单位矩阵经过一次初等变换得到的矩阵,称为初等矩阵.

初等行变换有三种情况,初等矩阵也就对应了三种类型,即

① 交换单位矩阵的第 i,j 列,记作 $\boldsymbol{I}(i,j)$;

② 单位矩阵的第 i 行乘以数 k,记作 $\boldsymbol{I}(i(k))$;

③ 单位矩阵的第 j 行乘以数 k 加到第 i 行上去,记作 $\boldsymbol{I}(i,j(k))$.

例 1 对于 4 阶单位矩阵,请写出初等矩阵 $\boldsymbol{I}(1,3)$、$\boldsymbol{I}(2(2))$、$\boldsymbol{I}(1,4(-1))$.

解

$$\boldsymbol{I}(1,3)=\begin{bmatrix}0&0&1&0\\0&1&0&0\\1&0&0&0\\0&0&0&1\end{bmatrix}$$

$$\boldsymbol{I}(2(2))=\begin{bmatrix}1&0&0&0\\0&2&0&0\\0&0&1&0\\0&0&0&1\end{bmatrix}$$

$$\boldsymbol{I}(1,4(-1))=\begin{bmatrix}1&0&0&-1\\0&1&0&0\\0&0&1&0\\0&0&0&1\end{bmatrix}$$

例 2 三阶初等矩阵 $\boldsymbol{I}(1,3)$、$\boldsymbol{I}(2(2))$、$\boldsymbol{I}(1,2(-1))$,以及矩阵

$$\boldsymbol{A}=\begin{bmatrix}a_{11}&a_{12}&a_{13}&a_{14}\\a_{21}&a_{22}&a_{23}&a_{24}\\a_{31}&a_{32}&a_{33}&a_{34}\end{bmatrix}$$

求 $\boldsymbol{I}(1,3)\boldsymbol{A}$,$\boldsymbol{I}(2(2))\boldsymbol{A}$,$\boldsymbol{I}(1,2(-1))\boldsymbol{A}$.

解

$$\boldsymbol{I}(1,3)\boldsymbol{A}=\begin{bmatrix}0&0&1\\0&1&0\\1&0&0\end{bmatrix}\begin{bmatrix}a_{11}&a_{12}&a_{13}&a_{14}\\a_{21}&a_{22}&a_{23}&a_{24}\\a_{31}&a_{32}&a_{33}&a_{34}\end{bmatrix}=\begin{bmatrix}a_{31}&a_{32}&a_{33}&a_{34}\\a_{21}&a_{22}&a_{23}&a_{24}\\a_{11}&a_{12}&a_{13}&a_{14}\end{bmatrix}$$

$$\boldsymbol{I}(2(2))\boldsymbol{A}=\begin{bmatrix}1&0&0\\0&2&0\\0&0&1\end{bmatrix}\begin{bmatrix}a_{11}&a_{12}&a_{13}&a_{14}\\a_{21}&a_{22}&a_{23}&a_{24}\\a_{31}&a_{32}&a_{33}&a_{34}\end{bmatrix}=\begin{bmatrix}a_{11}&a_{12}&a_{13}&a_{14}\\2a_{21}&2a_{22}&2a_{23}&2a_{24}\\a_{31}&a_{32}&a_{33}&a_{34}\end{bmatrix}$$

$$\boldsymbol{I}(1,2(-1))\boldsymbol{A}=\begin{bmatrix}1&-1&0\\0&1&0\\0&0&1\end{bmatrix}\begin{bmatrix}a_{11}&a_{12}&a_{13}&a_{14}\\a_{21}&a_{22}&a_{23}&a_{24}\\a_{31}&a_{32}&a_{33}&a_{34}\end{bmatrix}=$$

$$\begin{bmatrix} a_{11}-a_{21} & a_{12}-a_{22} & a_{13}-a_{23} & a_{14}-a_{24} \\ a_{21} & a_{22} & a_{23} & a_{24} \\ a_{31} & a_{32} & a_{33} & a_{34} \end{bmatrix}$$

从例 2 可以看出,若矩阵进行初等行变换相当于在矩阵左边乘以一个对应的初等矩阵.

5.3.3 阶梯矩阵与行简化阶梯矩阵

定义 3 若矩阵的零行全部在下方,并且每行首个非零元素的列标依次增加的矩阵,称为阶梯矩阵.

下列矩阵都是阶梯矩阵

$$\begin{pmatrix} a_{11} & a_{12} & a_{13} & a_{14} \\ 0 & a_{22} & a_{23} & a_{24} \\ 0 & 0 & a_{31} & a_{32} \\ 0 & 0 & 0 & a_{44} \end{pmatrix}, \begin{pmatrix} a_{11} & a_{12} & a_{13} & a_{14} \\ 0 & a_{22} & a_{23} & a_{24} \\ 0 & 0 & a_{33} & a_{32} \\ 0 & 0 & 0 & 0 \end{pmatrix}$$

$$\begin{pmatrix} a_{11} & a_{12} & a_{13} & a_{14} \\ 0 & a_{22} & a_{23} & a_{24} \\ 0 & 0 & 0 & a_{34} \\ 0 & 0 & 0 & 0 \end{pmatrix}, \begin{pmatrix} a_{11} & a_{12} & a_{13} & a_{14} \\ 0 & 0 & 0 & 0 \\ 0 & 0 & 0 & 0 \\ 0 & 0 & 0 & 0 \end{pmatrix}$$

任何一个矩阵都可以进行初等行变换化为阶梯矩阵.

例 3 将下列矩阵化为阶梯矩阵

$$\begin{pmatrix} 2 & 1 & 3 & 1 & 1 \\ 1 & 2 & 1 & 0 & 3 \\ 3 & 3 & 4 & 1 & 4 \\ 2 & 1 & 1 & 2 & 1 \end{pmatrix}$$

解

$$\begin{pmatrix} 2 & 1 & 3 & 1 & 1 \\ 1 & 2 & 1 & 0 & 3 \\ 3 & 3 & 4 & 1 & 4 \\ 2 & 1 & 1 & 2 & 1 \end{pmatrix} \xrightarrow{r_1 \leftrightarrow r_2} \begin{pmatrix} 1 & 2 & 1 & 0 & 3 \\ 2 & 1 & 3 & 1 & 1 \\ 3 & 3 & 4 & 1 & 4 \\ 2 & 1 & 1 & 2 & 1 \end{pmatrix} \xrightarrow[r_4-2r_1]{\substack{r_2-2r_1 \\ r_3-3r_1}} \begin{pmatrix} 1 & 2 & 1 & 0 & 3 \\ 0 & -3 & 1 & 1 & -5 \\ 0 & -3 & 1 & 1 & -5 \\ 0 & -3 & -1 & 2 & -5 \end{pmatrix} \xrightarrow{\substack{r_3-r_2 \\ r_4-r_2}}$$

$$\begin{pmatrix} 1 & 2 & 1 & 0 & 3 \\ 0 & -3 & 1 & 1 & -5 \\ 0 & 0 & 0 & 0 & 0 \\ 0 & 0 & -2 & 1 & 0 \end{pmatrix} \xrightarrow{r_4 \leftrightarrow r_3} \begin{pmatrix} 1 & 2 & 1 & 0 & 3 \\ 0 & -3 & 1 & 1 & -5 \\ 0 & 0 & -2 & 1 & 0 \\ 0 & 0 & 0 & 0 & 0 \end{pmatrix}$$

定义 4 若矩阵为阶梯矩阵,每行首个非零元素等于 1 且上下的元素全为零,则称为行简化阶梯矩阵.

下列矩阵都是行简化阶梯矩阵

$$\begin{pmatrix} 1 & 0 & 0 & 0 \\ 0 & 1 & 0 & 0 \\ 0 & 0 & 1 & 0 \\ 0 & 0 & 0 & 1 \end{pmatrix}, \begin{pmatrix} 1 & 0 & a_{13} & 0 \\ 0 & 1 & a_{23} & 0 \\ 0 & 0 & 0 & 1 \\ 0 & 0 & 0 & 0 \end{pmatrix}, \begin{pmatrix} 1 & 0 & 0 & a_{14} \\ 0 & 1 & 0 & a_{24} \\ 0 & 0 & 1 & a_{34} \\ 0 & 0 & 0 & 0 \end{pmatrix}$$

同理,任何一个矩阵都可以经过初等行变换化为行简化阶梯矩阵.

例 4　将下列矩阵化为行简化阶梯矩阵

$$\begin{pmatrix} 1 & 2 & 1 & 0 & 3 \\ 0 & -3 & 1 & 1 & -5 \\ 0 & 0 & -2 & 1 & 0 \\ 0 & 0 & 0 & 0 & 0 \end{pmatrix}$$

解

$$\begin{pmatrix} 1 & 2 & 1 & 0 & 3 \\ 0 & -3 & 1 & 1 & -5 \\ 0 & 0 & -2 & 1 & 0 \\ 0 & 0 & 0 & 0 & 0 \end{pmatrix} \xrightarrow[-\frac{1}{2}r_3]{-\frac{1}{3}r_2} \begin{pmatrix} 1 & 2 & 1 & 0 & 3 \\ 0 & 1 & -\frac{1}{3} & -\frac{1}{3} & \frac{5}{3} \\ 0 & 0 & 1 & -\frac{1}{2} & 0 \\ 0 & 0 & 0 & 0 & 0 \end{pmatrix} \xrightarrow{r_1-2r_2}$$

$$\begin{pmatrix} 1 & 0 & \frac{5}{3} & \frac{2}{3} & -\frac{1}{3} \\ 0 & 1 & -\frac{1}{3} & -\frac{1}{3} & \frac{5}{3} \\ 0 & 0 & 1 & -\frac{1}{2} & 0 \\ 0 & 0 & 0 & 0 & 0 \end{pmatrix} \xrightarrow[r_2+\frac{1}{3}r_3]{r_1-\frac{5}{3}r_3} \begin{pmatrix} 1 & 0 & 0 & -\frac{1}{6} & -\frac{1}{3} \\ 0 & 1 & 0 & -\frac{1}{2} & \frac{5}{3} \\ 0 & 0 & 1 & -\frac{1}{2} & 0 \\ 0 & 0 & 0 & 0 & 0 \end{pmatrix}$$

将矩阵化为阶梯矩阵和简化阶梯矩阵是在线性代数中的必备技能,矩阵的很多运算都需要用到这种等价变化.

习题 5.3

1. 下列矩阵是否是阶梯矩阵.

(1) $\begin{bmatrix} 2 & 5 & 1 & 8 \\ 0 & 1 & 8 & 1 \\ 0 & 0 & 1 & 0 \end{bmatrix}$;　(2) $\begin{pmatrix} 4 & 4 & 1 & 6 \\ 0 & 2 & 3 & 5 \\ 0 & 1 & 1 & 0 \\ 0 & 0 & 0 & 8 \end{pmatrix}$;

(3) $\begin{bmatrix} 2 & 0 & 6 & 4 & 8 \\ 0 & 0 & 2 & 1 & 3 \\ 0 & 1 & 0 & 6 & 0 \end{bmatrix}$;　(4) $\begin{bmatrix} 1 & 0 & 1 & 4 & 8 \\ 0 & 0 & 3 & 1 & 3 \\ 0 & 0 & 0 & 6 & 9 \end{bmatrix}$.

2. 将下列矩阵化为行简化阶梯矩阵.

(1) $\begin{bmatrix} 3 & -1 & 0 & -1 & 1 \\ -2 & 1 & 1 & 0 & 2 \\ 2 & -1 & 4 & 5 & 3 \end{bmatrix}$;　(2) $\begin{bmatrix} 1 & -1 & 2 & 3 \\ -2 & 2 & -3 & 6 \\ -1 & 1 & 4 & 0 \end{bmatrix}$;

(3) $\begin{pmatrix} 1 & 0 & 0 & 1 \\ 1 & 2 & 0 & -1 \\ 3 & -1 & 0 & 4 \\ 2 & 2 & 1 & 0 \end{pmatrix}$;　(4) $\begin{bmatrix} 1 & -2 & 1 & 1 \\ -1 & 1 & -1 & 3 \\ 2 & 1 & 2 & 4 \\ 3 & -1 & 3 & 5 \end{bmatrix}$.

3. 思考题:行列式的初等变换与矩阵初等变换有何区别?

5.4 矩阵的秩

5.4.1 矩阵秩的定义

定义 1 在矩阵中,任取 k 行 k 列的交叉元素按原顺序排列成 k 阶行列式(称为 k 阶子式),最大阶子式不为零的阶,称为矩阵的秩.

矩阵的秩记作 $\mathrm{r}(\boldsymbol{A})$.

例 1 矩阵

$$\boldsymbol{A}=\begin{bmatrix}1&2&3&2\\0&0&0&0\\10&20&30&10\end{bmatrix}$$

求矩阵的秩.

解 矩阵 $\boldsymbol{A}$ 存在二阶阶子式

$$\begin{vmatrix}3&2\\30&10\end{vmatrix}=-30$$

而大于二阶的所有三阶子式全为零,所以矩阵的秩为 $\mathrm{r}(\boldsymbol{A})=2$.

例 2 阶梯矩阵

$$\boldsymbol{A}=\begin{pmatrix}3&4&0&1&3\\0&2&1&4&2\\0&0&0&1&2\\0&0&0&0&0\end{pmatrix}$$

求矩阵的秩.

解 矩阵 $\boldsymbol{A}$ 存在三阶子式

$$\begin{vmatrix}3&4&1\\0&2&4\\0&0&1\end{vmatrix}=6$$

而大于三阶的所有四阶子式全为零,故矩阵的秩为 $\mathrm{r}(\boldsymbol{A})=3$.

例 2 表明,阶梯矩阵中找最大不为零的 k 阶子式是很容易的,取每行首个非零元素所在的列构成. 阶梯矩阵的秩更可简单地看成非零行的行数,例 2 中有 3 行非零行,故矩阵的秩为 3.

定理 1 若矩阵的秩为 r,充分必要条件为存在一个 r 阶子式不为零,而所有的 $r+1$ 阶子式全为零.

证明 必要性. 若矩阵的秩为 r,则存在一个 r 阶子式不为零,所有大于 r 阶的子式全为零,故 $r+1$ 阶子式全为零.

充分性. 若存在一个 r 阶子式不为零,而 $r+1$ 阶子式全为零,则 $r+2$ 阶子式的所有代数余子式都等于零. $r+2$ 阶子式按某一行展开为 $r+2$ 个元素与对应的代数余子式的乘积,则所有的 $r+2$ 也为零.

同理,一切大于 r 阶的子式全为零. 故最大阶不为零子式为 r 阶,即矩阵的秩为 r. 证毕.

按照定理 1 去求矩阵的秩,需要计算很多的行列式,当矩阵的行和列非常大时,子式是非常多的，普通矩阵用这种方法求矩阵的秩显得特别困难.

5.4.2 用初等行变换求矩阵的秩

定理 2 矩阵经过初等行变换后，矩阵的秩不变.

证明 若矩阵的秩为 r，则存在一个 r 阶子式不为零，所有的 $r+1$ 阶子式全为零：

① 若交换矩阵的第 i,j 行，则只改变了一些子式的符号，而不会改变子式的值，仍然存在一个 r 阶子式不为零，所有的 $r+1$ 阶子式全为零.

② 若 i 行乘以非零的数 λ，则所有改变的子式只乘以这个数 λ，仍然存在一个 r 阶子式不为零，所有的 $r+1$ 阶子式全为零.

③ 若 i 行乘以一个数 λ 加到第 j 行上去，则所有改变的子式可以分成两个相同阶的行列式相加，原不为零的 r 阶子式位置的元素构成的 r 阶子式可能变成零，若变为零则存在另外一个 r 阶子式不为零. 所有改变的 $r+1$ 阶子式都可以分成原 $r+1$ 阶子式的和，故 $r+1$ 阶子式全为零.

综上所述，矩阵经过初等行变换后，矩阵的秩不变. 证毕.

由于阶梯矩阵的秩等于非零行的行数，根据定理 2，求矩阵的秩的一般变换为阶梯矩阵求秩.

例 3 矩阵

$$\boldsymbol{A}=\begin{bmatrix}1 & 1 & 3 & 2\\ -2 & 1 & 0 & -1\\ -1 & 2 & 3 & 1\end{bmatrix}$$

求矩阵的秩.

解 $\boldsymbol{A}=\begin{bmatrix}1 & 1 & 3 & 2\\ -2 & 1 & 0 & -1\\ -1 & 2 & 3 & 1\end{bmatrix}\xrightarrow[r_3+r_1]{r_2+2r_1}\begin{bmatrix}1 & 1 & 3 & 2\\ 0 & 3 & 3 & 3\\ 0 & 3 & 3 & 3\end{bmatrix}\xrightarrow{r_3-r_2}\begin{bmatrix}1 & 1 & 3 & 2\\ 0 & 3 & 3 & 3\\ 0 & 0 & 0 & 0\end{bmatrix}$

故矩阵的秩 $\mathrm{r}(\boldsymbol{A})=2$.

习题 5.4

1. 求下列矩阵的秩.

(1) $\begin{bmatrix}2 & 1 & 3\\ 3 & 2 & 6\\ 1 & 1 & 2\end{bmatrix}$；　(2) $\begin{bmatrix}2 & 3 & 1 & 4 & 2\\ 1 & 1 & 2 & 2 & 1\\ 1 & 2 & -1 & 2 & 1\end{bmatrix}$；

(3) $\begin{pmatrix}1 & -2 & 3 & -4 & 1\\ 0 & 1 & -1 & 1 & -1\\ 1 & 3 & 0 & -3 & 0\\ 2 & 1 & 3 & -7 & 1\end{pmatrix}$；　(4) $\begin{pmatrix}1 & 1 & 4\\ 1 & 2 & 2\\ 1 & 1 & 2\\ 1 & 1 & 9\end{pmatrix}$.

2. 思考题：若矩阵的秩为 r，请问有没有 r 阶子式为零？

5.5 逆矩阵

5.5.1 逆矩阵的定义

定义1 对于 n 阶矩阵 $\boldsymbol{A}$，存在 n 阶矩阵 $\boldsymbol{B}$，使得 $\boldsymbol{AB}=\boldsymbol{BA}=\boldsymbol{I}$，则矩阵 $\boldsymbol{A}$ 可逆，称矩阵 $\boldsymbol{B}$ 是矩阵 $\boldsymbol{A}$ 的逆矩阵，记作 $\boldsymbol{A}^{-1}=\boldsymbol{B}$.

定理1 若矩阵 $\boldsymbol{A}$ 存在逆矩阵，则逆矩阵是唯一的.

证明 假若矩阵 $\boldsymbol{A}$ 存在两个逆矩阵 $\boldsymbol{B},\boldsymbol{C}$，则

$$\boldsymbol{AB}=\boldsymbol{BA}=\boldsymbol{I},\quad \boldsymbol{AC}=\boldsymbol{CA}=\boldsymbol{I}$$

由

$$\boldsymbol{B}=\boldsymbol{BI}=\boldsymbol{B}(\boldsymbol{AC})=(\boldsymbol{BA})\boldsymbol{C}=\boldsymbol{IC}=\boldsymbol{C}$$

得 $\boldsymbol{B},\boldsymbol{C}$ 是同一个矩阵，则逆矩阵是唯一的. 证毕.

逆矩阵具有以下性质：

性质1 如果矩阵 $\boldsymbol{A}$ 可逆，则 $\boldsymbol{A}^{-1}$ 也可逆，且 $(\boldsymbol{A}^{-1})^{-1}=\boldsymbol{A}$.

性质2 如果矩阵 $\boldsymbol{A}$ 可逆，则 $k\boldsymbol{A}$ 也可逆，且 $(k\boldsymbol{A})^{-1}=\frac{1}{k}\boldsymbol{A}^{-1}$.

性质3 如果 n 阶矩阵 $\boldsymbol{A},\boldsymbol{B}$ 可逆，则 $\boldsymbol{AB}$ 也可逆，且 $(\boldsymbol{AB})^{-1}=\boldsymbol{B}^{-1}\boldsymbol{A}^{-1}$.

性质4 如果矩阵 $\boldsymbol{A}$ 可逆，则 $\boldsymbol{A}^{\mathrm{T}}$ 也可逆，且 $(\boldsymbol{A}^{\mathrm{T}})^{-1}=(\boldsymbol{A}^{-1})^{\mathrm{T}}$.

5.5.2 可逆矩阵的判定

定义2 设 A_{ij} 为方阵 $\boldsymbol{A}$ 的行列式 $|\boldsymbol{A}|$ 中元素 a_{ij} 对应的代数余子式，矩阵

$$\boldsymbol{A}^{*}=\begin{pmatrix} A_{11} & A_{21} & \cdots & A_{n1} \\ A_{12} & A_{22} & \cdots & A_{n2} \\ \vdots & \vdots & & \vdots \\ A_{1n} & A_{2n} & \cdots & A_{nn} \end{pmatrix} \tag{5.5.1}$$

称为矩阵 $\boldsymbol{A}$ 的伴随矩阵.

定理2 若方阵 $\boldsymbol{A}$ 对应的行列式 $|\boldsymbol{A}|\neq 0$，则 $\boldsymbol{A}$ 可逆，且

$$\boldsymbol{A}^{-1}=\frac{1}{|\boldsymbol{A}|}\boldsymbol{A}^{*} \tag{5.5.2}$$

证明 由行列式的按行(列)展开易得

$$\boldsymbol{AA}^{*}=\boldsymbol{A}^{*}\boldsymbol{A}=\begin{pmatrix} |\boldsymbol{A}| & 0 & \cdots & 0 \\ 0 & |\boldsymbol{A}| & \cdots & 0 \\ \vdots & \vdots & & \vdots \\ 0 & 0 & \cdots & |\boldsymbol{A}| \end{pmatrix}=|\boldsymbol{A}|\boldsymbol{I}$$

因为 $|\boldsymbol{A}|\neq 0$，则

$$\boldsymbol{A}\left(\frac{1}{|\boldsymbol{A}|}\boldsymbol{A}^{*}\right)=\left(\frac{1}{|\boldsymbol{A}|}\boldsymbol{A}^{*}\right)\boldsymbol{A}=\boldsymbol{I}$$

即 $\boldsymbol{A}^{-1}=\frac{1}{|\boldsymbol{A}|}\boldsymbol{A}^{*}$. 证毕.

例 1　矩阵

$$A=\begin{bmatrix}1&0&2\\2&2&1\\1&1&1\end{bmatrix}$$

求 A^{-1}.

解　因为

$$|A|=\begin{vmatrix}1&0&2\\2&2&1\\1&1&1\end{vmatrix}=1\neq 0$$

所以矩阵 A 可逆.

$$A_{11}=\begin{vmatrix}2&1\\1&1\end{vmatrix}=1,\quad A_{12}=-\begin{vmatrix}2&1\\1&1\end{vmatrix}=-1,\quad A_{13}=\begin{vmatrix}2&2\\1&1\end{vmatrix}=0$$

$$A_{21}=-\begin{vmatrix}0&2\\1&1\end{vmatrix}=2,\quad A_{22}=\begin{vmatrix}1&2\\1&1\end{vmatrix}=-1,\quad A_{23}=-\begin{vmatrix}1&0\\1&1\end{vmatrix}=-1$$

$$A_{31}=\begin{vmatrix}0&2\\2&1\end{vmatrix}=-4,\quad A_{32}=-\begin{vmatrix}1&2\\2&1\end{vmatrix}=3,\quad A_{33}=\begin{vmatrix}1&0\\2&2\end{vmatrix}=2$$

所以

$$A^{-1}=\frac{1}{|A|}A^{*}=\begin{bmatrix}1&2&-4\\-1&-1&3\\0&-1&2\end{bmatrix}$$

当方阵的阶非常大时，计算方阵的行列式和求伴随矩阵都要计算大量的行列式，所以求逆矩阵通常不用伴随矩阵的方法.

5.5.3　用初等行变换求逆矩阵

定理 3　若矩阵 A 多次初等行变换化为单位矩阵 I，则矩阵 A 可逆，且单位矩阵 I 经过相同的初等行变换即为 A^{-1}.

证明　矩阵进行初等行变换，相当于左乘初等矩阵，设矩阵 A 经过 k 次初等变换后化为 I，每次变换记为左乘初等矩阵 $P_i\ (i=1,2,\cdots,k)$，即

$$P_kP_{k-1}\cdots P_2P_1A=I$$

显然 $(P_kP_{k-1}\cdots P_2P_1)$ 为可逆矩阵，上式两端分别左乘 $(P_kP_{k-1}\cdots P_2P_1)^{-1}$，分别右乘 $(P_kP_{k-1}\cdots P_2P_1)$，则

$$AP_kP_{k-1}\cdots P_2P_1=I$$

即 $(P_kP_{k-1}\cdots P_2P_1)$ 为矩阵 A 的逆矩阵，矩阵 A 可逆.

两端右乘 A^{-1}，得

$$P_kP_{k-1}\cdots P_2P_1AA^{-1}=IA^{-1}$$

则 $P_kP_{k-1}\cdots P_2P_1I=A^{-1}$. 证毕.

定理 3 给出了我们求逆矩阵的一般方法，将矩阵 A 和单位矩阵 I 拼接在一起，形成一个 $n\times 2n$ 的矩阵，对拼接矩阵进行初等行变换，若能将矩阵 A 化为单位矩阵 I，单位矩阵 I 则自动化为 A^{-1}，即

$$(\boldsymbol{A} \vdots \boldsymbol{I}) \xrightarrow{\text{初等行变换}} (\boldsymbol{I} \vdots \boldsymbol{A}^{-1})$$

例 2 矩阵

$$\boldsymbol{A}=\begin{bmatrix} 2 & 2 & 3 \\ 1 & -1 & 0 \\ -1 & 2 & 1 \end{bmatrix}$$

求 $\boldsymbol{A}^{-1}$.

解 将矩阵 $\boldsymbol{A}$ 和单位矩阵 $\boldsymbol{I}$ 拼接成

$$(\boldsymbol{A} \vdots \boldsymbol{I})=\begin{bmatrix} 2 & 2 & 3 & 1 & 0 & 0 \\ 1 & -1 & 0 & 0 & 1 & 0 \\ -1 & 2 & 1 & 0 & 0 & 1 \end{bmatrix} \xrightarrow[r_3+r_2]{r_1-2r_2} \begin{bmatrix} 0 & 4 & 3 & 1 & -2 & 0 \\ 1 & -1 & 0 & 0 & 1 & 0 \\ 0 & 1 & 1 & 0 & 1 & 1 \end{bmatrix} \xrightarrow{r_1 \leftrightarrow r_2}$$

$$\begin{bmatrix} 1 & -1 & 0 & 0 & 1 & 0 \\ 0 & 4 & 3 & 1 & -2 & 0 \\ 0 & 1 & 1 & 0 & 1 & 1 \end{bmatrix} \xrightarrow[r_2-4r_3]{r_1+r_3} \begin{bmatrix} 1 & 0 & 1 & 0 & 2 & 1 \\ 0 & 0 & -1 & 1 & -6 & -4 \\ 0 & 1 & 1 & 0 & 1 & 1 \end{bmatrix} \xrightarrow{r_2 \leftrightarrow r_3}$$

$$\begin{bmatrix} 1 & 0 & 1 & 0 & 2 & 1 \\ 0 & 1 & 1 & 0 & 1 & 1 \\ 0 & 0 & -1 & 1 & -6 & -4 \end{bmatrix} \xrightarrow[r_2+r_3]{r_1+r_3} \begin{bmatrix} 1 & 0 & 0 & 1 & 4 & -3 \\ 0 & 1 & 0 & 1 & -5 & -3 \\ 0 & 0 & -1 & 1 & -6 & -4 \end{bmatrix} \xrightarrow{-r_3}$$

$$\begin{bmatrix} 1 & 0 & 0 & 1 & 4 & -3 \\ 0 & 1 & 0 & 1 & -5 & -3 \\ 0 & 0 & 1 & -1 & 6 & 4 \end{bmatrix}$$

所以 $\boldsymbol{A}^{-1}=\begin{bmatrix} 1 & 4 & -3 \\ 1 & -5 & -3 \\ -1 & 6 & 4 \end{bmatrix}$.

在用矩阵的初等行变换求逆矩阵要注意:进行初等行变换过程中,若矩阵 $\boldsymbol{A}$ 出现了零行,则矩阵 $\boldsymbol{A}$ 不可逆.

例 3 解矩阵方程 $\boldsymbol{XA}=\boldsymbol{B}$,其中

$$\boldsymbol{A}=\begin{pmatrix} 3 & -1 \\ -2 & 1 \end{pmatrix}, \quad \boldsymbol{B}=\begin{pmatrix} 2 & 3 \\ 1 & -2 \end{pmatrix}$$

解 方程两边右乘 $\boldsymbol{A}^{-1}$,则

$$\boldsymbol{XAA}^{-1}=\boldsymbol{BA}^{-1}$$

即 $\boldsymbol{X}=\boldsymbol{BA}^{-1}$.

因为 $\boldsymbol{A}^{-1}=\dfrac{1}{|\boldsymbol{A}|}\begin{pmatrix} 1 & 1 \\ 2 & 3 \end{pmatrix}=\begin{pmatrix} 1 & 1 \\ 2 & 3 \end{pmatrix}$,则

$$\boldsymbol{X}=\begin{pmatrix} 2 & 3 \\ 1 & -2 \end{pmatrix}\begin{pmatrix} 1 & 1 \\ 2 & 3 \end{pmatrix}=\begin{pmatrix} 8 & 11 \\ -3 & -5 \end{pmatrix}$$

例 4 解方程组 $\boldsymbol{AX}=\boldsymbol{b}$,其中

$$\boldsymbol{A}=\begin{pmatrix} 1 & 1 & 1 & 1 \\ 1 & 2 & -1 & 1 \\ 2 & 2 & 3 & 1 \\ 3 & 3 & 2 & 3 \end{pmatrix}, \quad \boldsymbol{X}=\begin{pmatrix} x_1 \\ x_2 \\ x_3 \\ x_4 \end{pmatrix}, \quad \boldsymbol{b}=\begin{pmatrix} 5 \\ -2 \\ -2 \\ 4 \end{pmatrix}$$

解 因为

$$(\boldsymbol{A} \vdots \boldsymbol{I})=\begin{pmatrix}1&1&1&1&1&0&0&0\\1&2&-1&1&0&1&0&0\\2&2&3&1&0&0&1&0\\3&3&2&3&0&0&0&1\end{pmatrix}\xrightarrow[r_4-3r_1]{\substack{r_2-r_1\\r_3-2r_1}}\begin{pmatrix}1&1&1&1&1&0&0&0\\0&1&-2&0&-1&1&0&0\\0&0&1&-1&-2&0&1&0\\0&0&-1&0&-3&0&0&1\end{pmatrix}\xrightarrow{r_1-r_2}$$

$$\begin{pmatrix}1&1&1&1&1&0&0&0\\0&1&-2&0&-1&1&0&0\\0&0&1&-1&-2&0&1&0\\0&0&-1&0&-3&0&0&1\end{pmatrix}\xrightarrow{r_1-r_2}$$

$$\begin{pmatrix}1&0&3&1&2&-1&0&0\\0&1&-2&0&-1&1&0&0\\0&0&1&-1&-2&0&1&0\\0&0&-1&0&-3&0&0&1\end{pmatrix}\xrightarrow[r_4+r_3]{\substack{r_1-3r_3\\r_2+2r_3}}$$

$$\begin{pmatrix}1&0&0&4&8&-1&-3&0\\0&1&0&-2&-5&1&2&0\\0&0&1&-1&-2&0&1&0\\0&0&0&-1&-5&0&1&1\end{pmatrix}\xrightarrow{-r_4}$$

$$\begin{pmatrix}1&0&0&4&8&-1&-3&0\\0&1&0&-2&-5&1&2&0\\0&0&1&-1&-2&0&1&0\\0&0&0&1&5&0&-1&-1\end{pmatrix}\xrightarrow[r_3+r_4]{\substack{r_1-4r_4\\r_2+2r_4}}$$

$$\begin{pmatrix}1&0&0&0&-12&-1&1&4\\0&1&0&0&5&1&0&2\\0&0&1&0&3&0&0&-1\\0&0&0&1&5&0&-1&-1\end{pmatrix}$$

即 $\boldsymbol{A}^{-1}=\begin{pmatrix}-12&-1&1&4\\5&1&0&2\\3&0&0&-1\\5&0&-1&-1\end{pmatrix}$.

$\boldsymbol{X}=\boldsymbol{A}^{-1}\boldsymbol{b}$,即

$$\begin{pmatrix}x_1\\x_2\\x_3\\x_4\end{pmatrix}=\begin{pmatrix}-12&-1&1&4\\5&1&0&2\\3&0&0&-1\\5&0&-1&-1\end{pmatrix}\begin{pmatrix}5\\-2\\-2\\4\end{pmatrix}=\begin{pmatrix}-44\\15\\11\\23\end{pmatrix}$$

习题 5.5

1. 已知矩阵

$$\boldsymbol{A}=\begin{bmatrix}2&1&0\\1&2&1\\1&1&1\end{bmatrix}$$

求(1) $|\boldsymbol{A}|$;(2) $\boldsymbol{A}^*$;(3) $\boldsymbol{A}^{-1}$.

2. 求下列矩阵的逆矩阵.

(1) $\begin{pmatrix}2&6\\1&4\end{pmatrix}$;　　(2) $\begin{bmatrix}1&0&0\\0&-2&0\\0&0&3\end{bmatrix}$;

(3) $\begin{bmatrix}1&2&6\\0&-1&-4\\0&0&2\end{bmatrix}$;　　(4) $\begin{bmatrix}2&1&-1\\0&2&1\\4&2&-3\end{bmatrix}$.

3. 解下列矩阵方程.

(1) $\begin{bmatrix}3&-1&0\\-2&1&1\\2&-1&4\end{bmatrix}\boldsymbol{X}=\begin{bmatrix}-1&1&0\\0&2&1\\-5&3&1\end{bmatrix}$;

(2) $\begin{pmatrix}2&5\\-1&-2\end{pmatrix}\boldsymbol{X}\begin{pmatrix}2&2\\3&4\end{pmatrix}=\begin{pmatrix}1&-2\\-3&4\end{pmatrix}$.

4. 思考题:若方阵 $\boldsymbol{A}$ 满足等式 $\boldsymbol{A}^2-\boldsymbol{A}+2\boldsymbol{I}=\boldsymbol{O}$,则 $\boldsymbol{A}$ 是否可逆?

5.6 线性方程组

5.6.1 线性方程组概述

线性方程组的一般形式为

$$\begin{cases}a_{11}x_1+a_{12}x_2+\cdots+a_{1n}x_n=b_1\\a_{21}x_1+a_{22}x_2+\cdots+a_{2n}x_n=b_2\\\qquad\vdots\\a_{m1}x_1+a_{m2}x_2+\cdots+a_{mn}x_n=b_m\end{cases}\tag{5.6.1}$$

记矩阵

$$\boldsymbol{A}=\begin{pmatrix}a_{11}&a_{12}&\cdots&a_{1n}\\a_{21}&a_{22}&\cdots&a_{2n}\\\vdots&\vdots&&\vdots\\a_{m1}&a_{m2}&\cdots&a_{mn}\end{pmatrix}\tag{5.6.2}$$

称为方程组(5.6.1)的系数矩阵.

记向量

$$\boldsymbol{x}=\begin{pmatrix}x_1\\x_2\\\vdots\\x_n\end{pmatrix}\tag{5.6.3}$$

称为方程组(5.6.1)的未知数向量.

记向量

$$\boldsymbol{b}=\begin{pmatrix}b_1\\b_2\\\vdots\\b_m\end{pmatrix}\tag{5.6.4}$$

称为方程组(5.6.1)的常数项向量.

方程写成矩阵的形式为

$$\boldsymbol{Ax}=\boldsymbol{b}\tag{5.6.5}$$

若方程右端常数项全为零,即 $\boldsymbol{b}=\boldsymbol{O}$,则称 $\boldsymbol{Ax}=\boldsymbol{O}$ 为齐次线性方程组,若 $\boldsymbol{b}\neq\boldsymbol{O}$ 则称 $\boldsymbol{Ax}=\boldsymbol{b}$ 为非齐次线性方程组.

对于有 m 个方程 n 个未知数的线性方程组称为 $m\times n$ 线性方程组,m 一般情况不等于 n.

满足方程组(5.6.5)的向量 $\boldsymbol{x}$ 为方程组的解,也称为解向量.

线性方程组由系数矩阵 $\boldsymbol{A}$ 和常数项向量 $\boldsymbol{b}$ 唯一确定,把系数矩阵 $\boldsymbol{A}$ 和常数项向量 $\boldsymbol{b}$ 拼接成矩阵 $(\boldsymbol{A}\vdots\boldsymbol{b})$,称为增广矩阵,即

$$(\boldsymbol{A}\vdots\boldsymbol{b})=\begin{pmatrix}a_{11}&a_{12}&\cdots&a_{1n}&b_1\\a_{21}&a_{22}&\cdots&a_{2n}&b_2\\\vdots&\vdots&&\vdots&\vdots\\a_{m1}&a_{m2}&\cdots&a_{mn}&b_m\end{pmatrix}\tag{5.6.6}$$

消元解法是解线性方程组基础适用的方法,经过消元后的方程组和原方程组是同解的,事实上就是对增广矩阵进行初等行变换.

定理 1　用初等行变换将线性方程组的增广矩阵 $(\boldsymbol{A}\vdots\boldsymbol{b})$ 化成 $(\boldsymbol{U}\vdots\boldsymbol{d})$,则 $\boldsymbol{Ax}=\boldsymbol{b}$ 和 $\boldsymbol{Cx}=\boldsymbol{d}$ 同解.

证明　矩阵进行初等行变换,相当于左乘初等矩阵 $\boldsymbol{P}$,则

$$\boldsymbol{P}(\boldsymbol{A}\vdots\boldsymbol{b})=(\boldsymbol{U}\vdots\boldsymbol{d})$$

即 $\boldsymbol{PA}=\boldsymbol{U}$,$\boldsymbol{Pb}=\boldsymbol{d}$.

若 $\boldsymbol{x}$ 为 $(\boldsymbol{A}\vdots\boldsymbol{b})$ 的解,即 $\boldsymbol{Ax}=\boldsymbol{b}$,则

$$\boldsymbol{Pb}=\boldsymbol{P}(\boldsymbol{Ax})=(\boldsymbol{PA})\boldsymbol{x}=\boldsymbol{Ux}$$

又 $\boldsymbol{Pb}=\boldsymbol{d}$,即 $\boldsymbol{Ux}=\boldsymbol{d}$.

所以,方程组 $\boldsymbol{Ax}=\boldsymbol{b}$ 和 $\boldsymbol{Cx}=\boldsymbol{d}$ 同解. 证毕.

例 1　解线性方程组

$$\begin{cases}2x_1+2x_2-x_3=6\\x_1-2x_2+4x_3=3\\x_1+2x_2+x_3=9\end{cases}$$

解　将方程组的增广矩阵为行简化阶梯矩阵,即

$$(\boldsymbol{A}\vdots\boldsymbol{b})=\begin{bmatrix}2&2&-1&6\\1&-2&4&3\\1&2&1&9\end{bmatrix}\xrightarrow{r_2\leftrightarrow r_1}\begin{bmatrix}1&-2&4&3\\2&2&-1&6\\1&2&1&9\end{bmatrix}\xrightarrow[r_3-r_1]{r_2-2r_1}$$

$$\begin{bmatrix}1&-2&4&3\\0&6&-9&0\\0&4&-3&6\end{bmatrix}\xrightarrow{\frac{1}{6}r_2}\begin{bmatrix}1&-2&4&3\\0&1&-\frac{3}{2}&0\\0&4&-3&6\end{bmatrix}\xrightarrow[r_3-4r_2]{r_1+2r_2}$$

$$\begin{bmatrix}1&0&1&3\\0&1&-\frac{3}{2}&0\\0&0&3&6\end{bmatrix}\xrightarrow{\frac{1}{3}r_3}\begin{bmatrix}1&0&1&3\\0&1&-\frac{3}{2}&0\\0&0&1&2\end{bmatrix}\xrightarrow[r_2+\frac{3}{2}r_3]{r_1-r_3}$$

$$\begin{bmatrix}1&0&0&1\\0&1&0&3\\0&0&1&2\end{bmatrix}$$

行简化阶梯矩阵表示的方程组为

$$\begin{cases}x_1 & & &=1\\ & x_2 & &=3\\ & & x_3 &=2\end{cases}$$

则方程组的解为 $x_1=1,x_2=3,x_3=2$.

例 1 表明了可以用初等行变换求解线性方程组，一般步骤如下：

① 写出方程组的增广矩阵；

② 用初等行变换将增广矩阵化为行简化阶梯矩阵；

③ 由行简化阶梯矩阵得出方程组的解.

5.6.2 齐次线性方程组

齐次线性方程组的方程右端常数项为零，即

$$\begin{cases}a_{11}x_1+a_{12}x_2+\cdots+a_{1n}x_n=0\\a_{21}x_1+a_{22}x_2+\cdots+a_{2n}x_n=0\\\qquad\vdots\\a_{m1}x_1+a_{m2}x_2+\cdots+a_{mn}x_n=0\end{cases}\tag{5.6.7}$$

写成矩阵形式为 $\boldsymbol{Ax}=\boldsymbol{O}$，齐次线性方程组一定有解，当 $\boldsymbol{x}=\boldsymbol{O}$ 时，即 $x_1=x_2=\cdots x_n=0$ 一定是方程组(5.6.7)的解，称为零解. 齐次线性方程组可能还有其他的解，需要对方程组等价变换为具有阶梯形式的方程组，方程组的所有解都可以判定.

例 2 解齐次线性方程组

$$\begin{cases}x_1+2x_2+3x_3=0\\2x_1-x_2-x_3=0\\x_1-3x_2-3x_3=0\end{cases}$$

解 齐次线性方程组的增广矩阵为$(\boldsymbol{A}\vdots\boldsymbol{O})$，由于常数项为零，进行初等行变换始终都是零，故对于齐次线性方程组的求解，直接用系数矩阵 $\boldsymbol{A}$.

$$\boldsymbol{A}=\begin{bmatrix}1&2&3\\2&-1&-1\\1&-3&-3\end{bmatrix}\xrightarrow[r_3-r_1]{r_2-2r_1}\begin{bmatrix}1&2&3\\0&-5&-7\\0&-5&-6\end{bmatrix}\xrightarrow{r_3-r_2}\begin{bmatrix}1&2&3\\0&-5&-7\\0&0&1\end{bmatrix}\xrightarrow{-\frac{1}{5}r_2}$$

$$\begin{bmatrix}1&2&3\\0&1&\frac{7}{5}\\0&0&1\end{bmatrix}\xrightarrow{r_1-2r_2}\begin{bmatrix}1&0&\frac{1}{5}\\0&1&\frac{7}{5}\\0&0&1\end{bmatrix}\xrightarrow[r_2-\frac{7}{5}r_3]{r_1-\frac{1}{5}r_3}\begin{bmatrix}1&0&0\\0&1&0\\0&0&1\end{bmatrix}$$

原方程组等价于方程组

$$\begin{cases}x_1 & & &=0\\ & x_2 & &=0\\ & & x_3 &=0\end{cases}$$

则方程组只有零解 $\boldsymbol{x}=\boldsymbol{O}$.

例 3　解齐次线性方程组

$$\begin{cases}x_1+x_2-2x_3-x_4=0\\x_1+3x_2+x_3-2x_4=0\\2x_1+4x_2-x_3-3x_4=0\\3x_1+5x_2-3x_3-4x_4=0\end{cases}$$

解　系数矩阵

$$\boldsymbol{A}=\begin{pmatrix}1&1&-2&-1\\1&3&1&-2\\2&4&-1&-3\\3&5&-3&-4\end{pmatrix}\xrightarrow[\substack{r_3-2r_1\\r_4-3r_1}]{r_2-r_1}\begin{pmatrix}1&1&-2&-1\\0&2&3&-1\\0&2&3&-1\\0&2&3&-1\end{pmatrix}\xrightarrow[r_4-r_2]{r_3-r_2}\begin{pmatrix}1&1&-2&-1\\0&2&3&-1\\0&0&0&0\\0&0&0&0\end{pmatrix}\xrightarrow{\frac{1}{2}r_2}$$

$$\begin{pmatrix}1&1&-2&-1\\0&1&\frac{3}{2}&-\frac{1}{2}\\0&0&0&0\\0&0&0&0\end{pmatrix}\xrightarrow{r_1-r_2}\begin{pmatrix}1&0&-\frac{7}{2}&-\frac{1}{2}\\0&1&\frac{3}{2}&-\frac{1}{2}\\0&0&0&0\\0&0&0&0\end{pmatrix}$$

行简化阶梯矩阵的第 3、4 行全是零，等价于方程 $0x_1+0x_2+0x_3+0x_4=0$，即 $0=0$，称为多余方程，可以去掉，则原方程组等价于方程组

$$\begin{cases}x_1-\frac{7}{2}x_3-\frac{1}{2}x_4=0\\x_2+\frac{3}{2}x_3-\frac{1}{2}x_4=0\end{cases}$$

方程组中 x_3,x_4 称为自由变量，x_1,x_2 受 x_3,x_4 的制约，若令 $x_3=c_1,x_4=c_2$，则可得方程组的解为

$$\begin{cases}x_1=\frac{7}{2}c_1+\frac{1}{2}c_2\\x_2=-\frac{3}{2}c_1+\frac{1}{2}c_2\\x_3=c_1\\x_4=c_2\end{cases}$$

将方程组的解写成向量形式

$$\boldsymbol{x}=\begin{pmatrix}\frac{7}{2}c_1 & +\frac{1}{2}c_2\\ -\frac{3}{2}c_1 & +\frac{1}{2}c_2\\ c_1 & \\ & c_2\end{pmatrix}=c_1\begin{pmatrix}\frac{7}{2}\\ -\frac{3}{2}\\ 1\\ 0\end{pmatrix}+c_2\begin{pmatrix}\frac{1}{2}\\ \frac{1}{2}\\ 0\\ 1\end{pmatrix},\quad c_1,c_2\text{ 为任意常数}$$

由 5.6 节的例 2 和例 3 可以看出,齐次线性方程组可能只有零解也可能有非零解,这取决于是否有自由变量,反映在系数矩阵的秩和变量的个数.

定理 2 n 元齐次线性方程组 $\boldsymbol{AX}=\boldsymbol{0}$,若 $\mathrm{r}(\boldsymbol{A})=n$,则方程组只有零解,若 $\mathrm{r}(\boldsymbol{A})<n$,则方程组有非零解.

推论 1 若 $m\times n$ 齐次线性方程组 $\boldsymbol{AX}=\boldsymbol{0}$ 中,方程的个数小于未知数的个数,即 $m<n$,则方程组一定有非零解.

例 4 当 k 为何值时,齐次线性方程组有非零解

$$\begin{cases}x_1 & +x_2 & +2x_3 & =0\\ x_1 & +kx_2 & +x_3 & =0\\ x_1 & +x_2 & +kx_3 & =0\end{cases}$$

解 系数矩阵

$$\boldsymbol{A}=\begin{bmatrix}1 & 1 & 1\\ 1 & k & 1\\ 1 & 1 & k\end{bmatrix}\xrightarrow[r_3-r_1]{r_2-r_1}\begin{bmatrix}1 & 1 & 2\\ 0 & k-1 & 0\\ 0 & 0 & k-2\end{bmatrix}$$

当 $k-1=0$ 或 $k-2=0$,即 $k=1$ 或 $k=2$ 时,易得 $\mathrm{r}(\boldsymbol{A})<3$,则方程组有非零解.

5.6.3 非齐次线性方程组

非齐次线性方程组的右端常数项不全为零,即

$$\begin{cases}a_{11}x_1+a_{12}x_2+\cdots+a_{1n}x_n=b_1\\ a_{21}x_1+a_{22}x_2+\cdots+a_{2n}x_n=b_2\\ \qquad\vdots\\ a_{m1}x_1+a_{m2}x_2+\cdots+a_{mn}x_n=b_m\end{cases}\tag{5.6.8}$$

按照消元解法,将非齐次线性方程组的增广矩阵化成等价的行简化阶梯矩阵,由等价方程组得出方程组的解.

例 5 解下列非齐次线性方程组

$$\begin{cases}x_1+2x_2-3x_3=1\\ 2x_1-x_2+2x_3=2\\ 3x_1+x_2-x_3=4\end{cases}$$

解 将非齐次线性方程组的增广矩阵化为阶梯矩阵

$$(\boldsymbol{A}\vdots\boldsymbol{b})=\begin{bmatrix}1 & 2 & -3 & 1\\ 2 & -1 & 2 & 2\\ 3 & 1 & -1 & 4\end{bmatrix}\xrightarrow[r_3-3r_1]{r_2-2r_1}\begin{bmatrix}1 & 2 & -3 & 1\\ 0 & -5 & 8 & 0\\ 0 & -5 & 8 & 1\end{bmatrix}\xrightarrow{r_3-r_2}$$

$$\begin{bmatrix} 1 & 2 & -3 & 1 \\ 0 & -5 & 8 & 0 \\ 0 & 0 & 0 & 1 \end{bmatrix}$$

阶梯矩阵中第 3 行等价于方程 $0x_1+0x_2+0x_3=1$，即 $0=1$，这种方程称为矛盾方程，有矛盾方程的方程组无解，所以原方程无解.

例 6　解下列非齐次线性方程组

$$\begin{cases} x_1+x_2-2x_3-x_4=1 \\ x_1-x_2+x_3-x_4=2 \\ x_1-3x_2+4x_3-x_4=3 \end{cases}$$

解　非齐次线性方程组的增广矩阵为

$$(\boldsymbol{A} \vdots \boldsymbol{b})=\begin{bmatrix} 1 & 1 & -2 & -1 & 1 \\ 1 & -1 & 1 & -1 & 2 \\ 1 & -3 & 4 & -1 & 3 \end{bmatrix} \xrightarrow[r_3-r_1]{r_2-r_1} \begin{bmatrix} 1 & 1 & -2 & -1 & 1 \\ 0 & -2 & 3 & 0 & 1 \\ 0 & -4 & 6 & 0 & 2 \end{bmatrix} \xrightarrow{-\frac{1}{2}r_2}$$

$$\begin{pmatrix} 1 & 1 & -2 & -1 & 1 \\ 0 & 1 & \frac{3}{2} & 0 & -\frac{1}{2} \\ 0 & -4 & 6 & 0 & 2 \end{pmatrix} \xrightarrow[r_3+4r_2]{r_1-r_2} \begin{pmatrix} 1 & 0 & -\frac{7}{2} & -1 & \frac{3}{2} \\ 0 & 1 & -1 & 0 & -\frac{1}{2} \\ 0 & 0 & 0 & 0 & 0 \end{pmatrix}$$

上述变换中产生零行，称为多余方程，原方程组等价于

$$\begin{cases} x_1 \quad -\frac{7}{2}x_3 -x_4 =\frac{3}{2} \\ \quad x_2 \quad -x_3 \quad =\frac{1}{2} \end{cases}$$

设 $x_3=c_1, x_4=c_2$，可得方程组的解为

$$\boldsymbol{x}=\begin{pmatrix} \frac{3}{2} + \frac{3}{2}c_1 + c_2 \\ \frac{1}{2} - c_1 \\ c_1 \\ c_2 \end{pmatrix}=\begin{pmatrix} \frac{3}{2} \\ \frac{1}{2} \\ 0 \\ 0 \end{pmatrix}+c_1\begin{pmatrix} \frac{3}{2} \\ -1 \\ 1 \\ 0 \end{pmatrix}+c_2\begin{pmatrix} 1 \\ 0 \\ 0 \\ 1 \end{pmatrix},\quad c_1, c_2 \text{ 为任意常数}$$

例 6 的解中 x_3, x_4 为自由变量，因此非齐次线性方程组的解为多解.

非齐次线性方程组可能有解，也可能无解，可以用矩阵的秩与未知数的个数判断.

定理 3　对于 n 元非齐次线性方程组 $\boldsymbol{AX}=\boldsymbol{b}$，如果 $\mathrm{r}(\boldsymbol{A} \vdots \boldsymbol{b})=\mathrm{r}(\boldsymbol{A})$，则方程组有解，否则无解.

定理 4　若 n 元非齐次线性方程组 $\boldsymbol{AX}=\boldsymbol{b}$ 有解，如果 $\mathrm{r}(\boldsymbol{A})=n$，则方程组有唯一解，如果 $\mathrm{r}(\boldsymbol{A})<n$，则方程组有多解.

例 7　当 a, b 为何值时，方程组

$$\begin{cases} x_1+x_2+2x_3=-1 \\ x_1+2x_2+3x_3=1 \\ 2x_1+2x_2+ax_3=b \end{cases}$$

方程组无解、有唯一解、有多解？

解 方程组的增广矩阵

$$(\boldsymbol{A} \vdots \boldsymbol{b})=\begin{bmatrix}1 & 1 & 2 & -1\\1 & 2 & 3 & 1\\2 & 2 & a & b\end{bmatrix}\xrightarrow[r_3-2r_1]{r_2-r_1}\begin{bmatrix}1 & 1 & 2 & -1\\0 & 1 & 1 & 2\\0 & 0 & a-4 & b+2\end{bmatrix}$$

当 $a-4=0,b+2\neq0$，即 $a=4,b\neq-2$ 时，有 $\mathrm{r}(\boldsymbol{A} \vdots \boldsymbol{b})\neq\mathrm{r}(\boldsymbol{A})$ 此时方程组无解；

当 $a-4\neq0$，即 $a\neq4$ 时，有 $\mathrm{r}(\boldsymbol{A} \vdots \boldsymbol{b})=\mathrm{r}(\boldsymbol{A})=3$，此时方程组有唯一解；

当 $a-4=0,b+2=0$，即 $a=4,b=-2$ 时，有 $\mathrm{r}(\boldsymbol{A} \vdots \boldsymbol{b})=\mathrm{r}(\boldsymbol{A})<3$，此时方程组有多解.

5.6.4 线性方程组的应用实例

例 8 某公司投资 100 万元到 A、B、C 项目，且 A 项目的年收益率为 25%，B 项目的年收益率为 15%，C 项目的年收益率为 5%，其中 A、B 项目风险相同，C 项目的风险最小. 现计划一年后获利 10 万元，问怎样投资才能保证在风险最小，并能完成获利目标？

解 假设投资 A、B、C 项目分别 x_1、x_2、x_3 万元，能完成获利目标，则

$$\begin{cases}x_1+x_2+x_3=100\\0.25x_1+0.15x_2+0.05x_3=20\end{cases}$$

将线性方程组的增广矩阵化成简化阶梯矩阵

$$(\boldsymbol{A} \vdots \boldsymbol{b})=\begin{pmatrix}1 & 1 & 1 & 100\\0.25 & 0.15 & 0.05 & 20\end{pmatrix}\xrightarrow{100r_2}\begin{pmatrix}1 & 1 & 1 & 100\\25 & 15 & 5 & 2\,000\end{pmatrix}\xrightarrow{r_2-25r_1}$$

$$\begin{pmatrix}1 & 1 & 1 & 100\\0 & -10 & -20 & -500\end{pmatrix}\xrightarrow{-0.1r_2}\begin{pmatrix}1 & 1 & 1 & 100\\0 & 1 & 2 & 50\end{pmatrix}\xrightarrow{r_1-r_2}$$

$$\begin{pmatrix}1 & 0 & -1 & 50\\0 & 1 & 2 & 50\end{pmatrix}$$

则同解方程组为

$$\begin{cases}x_1-x_3=50\\x_2+2x_3=50\end{cases}$$

设 $x_3=c$ 万元，方程组的解为

$$\begin{cases}x_1=50+c\\x_2=50-2c\\x_3=c\end{cases}$$

由于资金不能为负数，所以 $0\leqslant c\leqslant25$ 万元，即能达到获利目标，尽可能多投资 C 项目风险最小，故取 $x_3=25$，则 $x_1=75$，$x_2=0$.

故投资 A 项目 75 万元、C 项目 25 万元，风险最小且能获利 10 万元.

例 9 某工厂现使用了 4 种型号相同成分不同的化学药水（Ⅰ型，Ⅱ型，Ⅲ型，Ⅳ型），各种化学药水的成分含量如表 5.10 所列，现在由于Ⅳ型化学药水缺货，请设计一个方案，是否能选用其他几种药水配置成Ⅳ型药水.

表 5.10　化学药水成分表

g/L

	Ⅰ型	Ⅱ型	Ⅲ型	Ⅳ型
成分 A	1	2	1	4
成分 B	2	2	1	5
成分 C	3	4	1	7
成分 D	2	4	2	8

解　记Ⅰ、Ⅱ、Ⅲ、Ⅳ型药水成分向量为 $\boldsymbol{\alpha}_1$、$\boldsymbol{\alpha}_2$、$\boldsymbol{\alpha}_3$、$\boldsymbol{\alpha}_4$，即

$$\boldsymbol{\alpha}_1=\begin{pmatrix}1\\2\\3\\2\end{pmatrix},\quad \boldsymbol{\alpha}_2=\begin{pmatrix}2\\2\\4\\4\end{pmatrix},\quad \boldsymbol{\alpha}_3=\begin{pmatrix}1\\1\\1\\2\end{pmatrix},\quad \boldsymbol{\alpha}_4=\begin{pmatrix}4\\5\\7\\8\end{pmatrix}$$

假设Ⅳ型药水可以通过取Ⅰ型 x_1 份、Ⅱ型 x_2 份和Ⅲ型 x_3 份配置，则 $\boldsymbol{\alpha}_4=x_1\boldsymbol{\alpha}_1+x_2\boldsymbol{\alpha}_2+x_3\boldsymbol{\alpha}_3$，可以构成线性方程组

$$\begin{cases}x_1+2x_2+x_3=4\\2x_1+2x_2+x_3=5\\3x_1+4x_2+x_3=7\\2x_1+4x_2+2x_3=8\end{cases}$$

将增广矩阵化为行简化阶梯矩阵，即

$$\begin{pmatrix}1&2&1&4\\2&2&1&5\\3&4&1&7\\2&4&2&8\end{pmatrix}\xrightarrow{\text{化为行简化阶梯矩阵}}\begin{pmatrix}1&0&0&1\\0&1&0&0.5\\0&0&1&2\\0&0&0&0\end{pmatrix}$$

方程组的解为 $x_1=1,x_2=0.5,x_3=2$，即只需要用Ⅰ型 1 份、Ⅱ型 0.5 份和Ⅲ型 2 份即可配置Ⅳ型药水.

习题 5.6

1. 解下列齐次线性方程组.

(1) $\begin{cases}2x_1+x_2+2x_3+2x_4-2x_5=0\\x_1-2x_2+2x_3-3x_4+3x_5=0\\4x_1-3x_2+6x_3-4x_4+4x_5=0\\3x_1-x_2+2x_3-x_4+x_5=0\end{cases}$；　(2) $\begin{cases}x_1-x_2+4x_3-2x_4=0\\x_1-x_2-x_3+2x_4=0\\3x_1+x_2+7x_3-2x_4=0\\x_1-3x_2-12x_3+6x_4=0\end{cases}$.

2. 解下列非其次线性方程组.

(1) $\begin{cases}x_1+2x_2+3x_3+x_4=3\\2x_1+3x_2+3x_3+3x_4=-1\\3x_1+5x_2+6x_3+4x_4=2\end{cases}$；　(2) $\begin{cases}2x_1+3x_2+x_3=1\\x_1-2x_2+4x_3=11\\3x_1+8x_2-2x_3=-9\\4x_1-x_2+9x_3=23\end{cases}$.

3. 某工厂下设三个车间，分别组装三种产品，三种产品消耗的配件如表 5.11 所列.

表 5.11　三种产品消耗的配件

配件 \ 产品	P_1	P_2	P_3
A	1	2	2
B	2	1	3
C	2	1	2

现有 A 配件 10 万个，B 配件 14 万个，C 配件 11 万个，问怎样安排车间生产才能使配件用完？

4. 思考题：线性方程组有哪些求解方法.

本章小结

本章主要讲述了线性代数的基础知识，分为行列式和矩阵两大内容，内容如下：

1. 行列式

① 2、3 阶行列式的计算(划线法).

② n 阶段行列式的计算，按任意行(列)展开或者化三角形法.

③ 行列式的性质：

性质 1　行列式与它的转置行列式相等，即 $D=D^{\mathrm{T}}$.

性质 2　交换行列式的两行(列)，行列式变号.

性质 3　用数 k 乘行列式的某一行(列)，等于用数 k 乘此行列式.

性质 4　若行列式的某一行(列)的元素都是两数之和，则可以分成两行列式之和，即 $D=D_1+D_2$.

性质 5　将行列式的某一行(列)的所有元素都乘以数 k 后加到另一行(列)对应位置的元素上，行列式不变.

④ 克莱姆法则求解线性方程组.

2. 矩　阵

① 矩阵、零矩阵、行矩阵、列矩阵、方阵、上(下)三角矩阵、对角矩阵、数量矩阵、单位矩阵、阶梯矩阵、行简化阶梯矩阵、逆矩阵的概念.

② 矩阵的相等、加法、数乘、乘法和转置运算.

③ 矩阵的初等行变换，变换成行简化阶梯矩阵.

④ 用初等行变换求矩阵的秩、逆矩阵.

⑤ 解线性方程组.

本章中还介绍了一些利用矩阵解决实际问题的例子，涉及经济、生物、日常生活、生产等各个领域，目的在于通过学习线性代数是能够将知识用于实践.

数学文化五——行列式的发展史

在行列式的发展史上，第一个对行列式理论做出连贯的逻辑的阐述，即把行列式理论与线性方程组求解相分离的人，是法国数学家范德蒙（A－T. Vandermonde，1735—1796）。范德蒙自幼在父亲的指导下学习音乐，但对数学有浓厚的兴趣，后来终于成为法兰西科学院院士。特别地，他给出了用二阶子式和它们的余子式来展开行列式的法则。就对行列式本身这一点来说，他是这门理论的奠基人。1772 年，拉普拉斯在一篇论文中证明了范德蒙提出的一些规则，推广了他的展开行列式的方法。

继范德蒙之后，在行列式的理论方面，又一位做出突出贡献的就是另一位法国大数学家柯西。1815 年，柯西在一篇论文中给出了行列式的第一个系统的、几乎是近代的处理。其中主要结果之一是行列式的乘法定理。另外，他第一个把行列式的元素排成方阵，采用双足标记法；引进了行列式特征方程的术语；给出了相似行列式概念；改进了拉普拉斯的行列式展开定理并给出了一个证明等。矩阵是数学中的一个重要的基本概念，是代数学的一个主要研究对象，也是数学研究和应用的一个重要工具。"矩阵"这个词是由西尔维斯特首先使用的，他是为了将数字的矩形阵列区别于行列式而发明了这个术语。而实际上，矩阵这个课题在诞生之前就已经发展得很好了。从行列式的大量工作中明显地表现出来，不管行列式的值是否与问题有关，方阵本身都可以用于多种问题的研究，矩阵的许多基本性质也是在行列式的发展中建立起来的。在逻辑上，矩阵的概念应先于行列式的概念，然而在历史上次序正好相反。英国数学家凯莱（A. Cayley，1821—1895）一般被公认为矩阵论的创立者，因为他首先把矩阵作为一个独立的数学概念提出来，并首先发表了关于这个题目的一系列文章。凯莱同研究线性变换下的不变量相结合，首先引进矩阵以简化记号。1858 年，他发表了关于这一课题的第一篇论文《矩阵论的研究报告》，系统地阐述了关于矩阵的理论。文中，他定义了矩阵的相等、矩阵的运算法则、矩阵的转置以及矩阵的逆等一系列基本概念，指出了矩阵加法的可交换性与可结合性。另外，凯莱还给出了方阵的特征方程和特征根（特征值）以及有关矩阵的一些基本结果。凯莱出生于一个古老而有才能的英国家庭，剑桥大学三一学院大学毕业后留校讲授数学，三年后他转行从事律师职业，工作卓有成效，并利用业余时间研究数学，发表了大量的数学论文。

同步练习题五

同步练习题 A

一、选择题

1. 已知 $\begin{vmatrix} a_{11} & a_{12} & a_{13} \\ a_{21} & a_{22} & a_{23} \\ a_{31} & a_{32} & a_{33} \end{vmatrix}=3$，那么 $\begin{vmatrix} 2a_{11} & 2a_{12} & 2a_{13} \\ a_{21} & a_{22} & a_{23} \\ -2a_{31} & -2a_{32} & -2a_{33} \end{vmatrix}=$（　　）.

A. -24　　B. -12　　C. -6　　D. 12

2. 设矩阵 $\begin{pmatrix} a+b & 4 \\ 0 & d \end{pmatrix}=\begin{pmatrix} 2 & a-b \\ c & 3 \end{pmatrix}$，则（　　）.

A. $a=3,b=-1,c=1,d=3$　　B. $a=-1,b=3,c=1,d=3$

C. $a=3,b=-1,c=0,d=3$　　D. $a=-1,b=3,c=0,d=3$

3. 设 3 阶方阵 $\boldsymbol{A}$ 的秩为 2,则与 $\boldsymbol{A}$ 等价的矩阵为(　　).

A. $\begin{bmatrix}1&1&1\\0&0&0\\0&0&0\end{bmatrix}$　B. $\begin{bmatrix}1&1&1\\0&1&1\\0&0&0\end{bmatrix}$　C. $\begin{bmatrix}1&1&1\\2&2&2\\0&0&0\end{bmatrix}$　D. $\begin{bmatrix}1&1&1\\2&2&2\\3&3&3\end{bmatrix}$

4. 若 4 阶方阵的秩为 3,则(　　).

A. $\boldsymbol{A}$ 为可逆阵　　B. 齐次方程组 $\boldsymbol{AX}=\boldsymbol{0}$ 有非零解

C. 齐次方程组 $\boldsymbol{AX}=\boldsymbol{0}$ 只有零解　　D. 非齐次方程组 $\boldsymbol{AX}=\boldsymbol{b}$ 必有解

5. 设 $\boldsymbol{A},\boldsymbol{B},\boldsymbol{C}$ 为同阶方阵,下面矩阵的运算中不成立的是(　　).

A. $(\boldsymbol{A}+\boldsymbol{B})^{\mathrm{T}}=\boldsymbol{A}^{\mathrm{T}}+\boldsymbol{B}^{\mathrm{T}}$　　B. $|\boldsymbol{AB}|=|\boldsymbol{A}||\boldsymbol{B}|$

C. $\boldsymbol{A}(\boldsymbol{B}+\boldsymbol{C})=\boldsymbol{BA}+\boldsymbol{CA}$　　D. $(\boldsymbol{AB})^{\mathrm{T}}=\boldsymbol{B}^{\mathrm{T}}\boldsymbol{A}^{\mathrm{T}}$

6. 设 α_1,α_2 是 $\boldsymbol{AX}=\boldsymbol{b}$ 的解,η 是对应齐次方程 $\boldsymbol{AX}=\boldsymbol{0}$ 的解,则(　　).

A. $\eta+\alpha_1$ 是 $\boldsymbol{AX}=\boldsymbol{0}$ 的解　　B. $\eta+(\alpha_1-\alpha_2)$是 $\boldsymbol{AX}=\boldsymbol{0}$ 的解

C. $\alpha_1+\alpha_2$ 是 $\boldsymbol{AX}=\boldsymbol{b}$ 的解　　D. $\alpha_1-\alpha_2$ 是 $\boldsymbol{AX}=\boldsymbol{b}$ 的解

二、填空题

1. 行列式 $\begin{vmatrix}a_1b_1&a_1b_2&a_1b_3\\a_2b_1&a_2b_2&a_2b_3\\a_3b_1&a_3b_2&a_3b_3\end{vmatrix}=$________.

2. 设矩阵 $\boldsymbol{A}=\begin{pmatrix}1&2\\3&4\end{pmatrix},\boldsymbol{P}=\begin{pmatrix}1&1\\0&1\end{pmatrix}$,则 $\boldsymbol{AP}^{\mathrm{T}}=$________.

3. 设 $\boldsymbol{A}=(1\quad 3\quad -1),\boldsymbol{B}=(2\quad 1)$,则 $\boldsymbol{A}^{\mathrm{T}}\boldsymbol{B}=$________.

4. 若 $\begin{vmatrix}2&1&0\\1&3&1\\k&2&1\end{vmatrix}=0$,则 $k=$________.

5. 设 $\boldsymbol{A}$ 为 n 阶方阵,$|\boldsymbol{A}|\neq 0,\lambda\neq 0$ 为常数,则 $|\lambda\boldsymbol{A}|=$________.

6. 设矩阵 $\boldsymbol{A}=\begin{bmatrix}0&0&1\\0&1&1\\1&1&1\end{bmatrix}$,则 $\boldsymbol{A}^{-1}=$________.

三、计算题

1. 计算行列式.

(1) $\begin{vmatrix}a&b&c\\0&b&0\\a&c&b\end{vmatrix}$;　　(2) $\begin{vmatrix}2&-5&2\\3&1&3\\-2&5&1\end{vmatrix}$.

2. 已知 $\boldsymbol{A}=\begin{bmatrix}1&2&2\\2&1&2\\1&2&3\end{bmatrix},\boldsymbol{B}=\begin{bmatrix}2&1&0\\1&1&2\\-1&2&1\end{bmatrix}$,求

(1) $\boldsymbol{AB}-\boldsymbol{BA}$;　(2) $3\boldsymbol{A}-\boldsymbol{B}^{\mathrm{T}}$;　(3) $\boldsymbol{A}^2-\boldsymbol{B}^2$;　(4) $(\boldsymbol{A}-\boldsymbol{B})(\boldsymbol{A}+\boldsymbol{B})$.

3. 求下列矩阵的逆矩阵.

(1) $\begin{pmatrix} a & b \\ c & d \end{pmatrix}$　$(ad-bc\neq 0)$；　　(2) $\begin{bmatrix} 1 & 2 & 3 \\ 0 & 1 & 2 \\ 0 & 0 & 1 \end{bmatrix}$.

4. 求下列矩阵的秩.

(1) $\begin{bmatrix} 1 & -2 & 3 \\ -1 & 2 & -3 \\ 1 & -2 & 3 \end{bmatrix}$；　　(2) $\begin{pmatrix} 1 & 3 & 2 \\ 2 & 4 & 3 \\ 3 & 7 & 5 \\ 1 & 1 & 1 \end{pmatrix}$.

5. 解下列线性方程组.

(1) $\begin{cases} 2x_1-x_2+3x_3=3 \\ 3x_1+x_2-5x_3=0 \\ 4x_1-x_2+x_3=3 \end{cases}$；　　(2) $\begin{cases} x_1+2x_2+3x_3=3 \\ 3x_1+5x_2+7x_3=10 \\ 2x_1+3x_2+4x_3=7 \end{cases}$；

(3) $\begin{cases} 2x_1-4x_2+5x_3+8x_4=1 \\ 4x_1-8x_2+11x_3+18x_4=3 \\ 2x_1-4x_2+6x_3+10x_4=2 \end{cases}$；　　(4) $\begin{cases} 2x_1-3x_2+x_3+5x_4=6 \\ -3x_1+x_2+2x_3-4x_4=5 \\ 5x_1-4x_2-x_3+9x_4=1 \end{cases}$.

四、应用题

1. 某工厂要组装 A,B,C,D 四种设备,每种设备生产过程中的消耗如表 5.12 所列.

表 5.12　四种设备的消耗表

	水/吨	电/度	人工/人
A	3	500	2
B	1	1 800	3
C	2	800	4
D	2	1 200	2

现水 3 元/吨,电 1.20 元/度,人工 40 元/人,请计算各个设备的生产消耗?

2. 甲、乙、丙三家商贸公司均出售Ⅰ、Ⅱ、Ⅲ、Ⅳ四种服装,统计表如表 5.13 和表 5.14 所列.

表 5.13　年产量表

万件

	Ⅰ	Ⅱ	Ⅲ	Ⅳ
公司一	25	29	18	30
公司二	23	30	21	31
公司三	20	27	19	32

表 5.14　价格和利润表

	价格/元	利润/元
Ⅰ	8	2
Ⅱ	6	1
Ⅲ	10	3
Ⅳ	9	2

求各个公司的总收入和总利润.

同步练习题 B

一、单项选择题

1. 设行列式 $D=\begin{vmatrix} a_{11} & a_{12} & a_{13} \\ a_{21} & a_{22} & a_{23} \\ a_{31} & a_{32} & a_{33} \end{vmatrix}=3, D_1=\begin{vmatrix} a_{11} & 5a_{11}+2a_{12} & a_{13} \\ a_{21} & 5a_{21}+2a_{22} & a_{23} \\ a_{31} & 5a_{31}+2a_{32} & a_{33} \end{vmatrix}$,则 D_1 的值为(　　).

A. -15　　B. -6　　C. 6　　D. 15

2. 若方程组 $\begin{cases} x_1+x_2=0 \\ kx_1-x_2=0 \end{cases}$ 有非零解,则 $k=$(　　).

A. -1　　B. 0　　C. 1　　D. 2

3. 设 $\boldsymbol{A}$ 为 n 阶方阵,$n\geqslant 2$,则 $|-5\boldsymbol{A}|=$(　　).

A. $(-5)^n|\boldsymbol{A}|$　　B. $-5|\boldsymbol{A}|$　　C. $5|\boldsymbol{A}|$　　D. $5^n|\boldsymbol{A}|$

4. 若矩阵 $\boldsymbol{A}$ 可逆,则下列等式成立的是(　　).

A. $\boldsymbol{A}=\frac{1}{|\boldsymbol{A}|}\boldsymbol{A}^*$　　B. $|\boldsymbol{A}|=0$　　C. $(\boldsymbol{A}^2)^{-1}=(\boldsymbol{A}^{-1})^2$　　D. $(3\boldsymbol{A})^{-1}=3\boldsymbol{A}^{-1}$

5. 若 $\boldsymbol{A}=\begin{pmatrix} 3 & 1 & -2 \\ 1 & 5 & 2 \end{pmatrix}$,$\boldsymbol{B}=\begin{bmatrix} 4 & 1 \\ -2 & 3 \\ 2 & 1 \end{bmatrix}$,$\boldsymbol{C}=\begin{pmatrix} 0 & 2 & -1 \\ 3 & -1 & 2 \end{pmatrix}$,则下列矩阵运算的结果为 3×2 矩阵的是(　　).

A. $\boldsymbol{ABC}$　　B. $\boldsymbol{AC}^{\mathrm{T}}\boldsymbol{B}^{\mathrm{T}}$　　C. $\boldsymbol{CBA}$　　D. $\boldsymbol{C}^{\mathrm{T}}\boldsymbol{B}^{\mathrm{T}}\boldsymbol{A}^{\mathrm{T}}$

6. 设 $\boldsymbol{A}=\begin{pmatrix} 1 & 2 \\ 3 & 4 \end{pmatrix}$,则 $|\boldsymbol{A}|^*=$(　　).

A. -4　　B. -2　　C. 2　　D. 4

二、填空题

1. 设 $\boldsymbol{A}$ 为 3 阶方阵且 $|\boldsymbol{A}|=3$,则 $|2\boldsymbol{A}|=$________.

2. 已知 $\boldsymbol{\alpha}=(1,2,3)$,则 $|\boldsymbol{\alpha}^{\mathrm{T}}\boldsymbol{\alpha}|=$________.

3. 设 $\boldsymbol{A}=\begin{bmatrix} 1 & 2 & 0 \\ 0 & 3 & 0 \\ 0 & 0 & 2 \end{bmatrix}$,则 $\boldsymbol{A}^*=$________.

4. 设 $\boldsymbol{A}$ 为 4×5 的矩阵,且 $\mathrm{r}(\boldsymbol{A})=2$,则齐次方程 $\boldsymbol{Ax}=\boldsymbol{0}$ 的基础解系所含向量的个数是________.

5. 行列式 $D=\begin{vmatrix}1&-3&4&0\\4&0&3&5\\2&0&2&-2\\7&6&-2&2\end{vmatrix}=$________.

6. 方程 $x_1+x_2-x_3=1$ 的通解是________.

三、计算题

1. 若 $\begin{vmatrix}2a&1&0\\8&3a&2\\a&0&1\end{vmatrix}<0$,求 a 的取值范围.

2. 计算下列行列式.

(1) $\begin{vmatrix}a_{11}&a_{12}&a_{13}&a_{14}&a_{15}\\a_{21}&a_{22}&a_{23}&a_{24}&a_{25}\\a_{31}&a_{32}&0&0&0\\a_{41}&a_{42}&0&0&0\\a_{51}&a_{52}&0&0&0\end{vmatrix}$;　(2) $\begin{vmatrix}0&0&a_{13}&0&a_{15}\\0&0&a_{23}&a_{24}&a_{25}\\a_{31}&a_{32}&a_{33}&0&0\\0&a_{42}&a_{43}&0&0\\0&0&a_{53}&0&0\end{vmatrix}$;

(3) $\begin{vmatrix}a&&&&&b\\&\ddots&&&\iddots&\\&&a&b&&\\&&b&a&&\\&\iddots&&&\ddots&\\b&&&&&a\end{vmatrix}_{2n}$;　(4) $\begin{vmatrix}a_1&b&\cdots&b&b\\b&a_2&\cdots&b&b\\\vdots&\vdots&&\vdots&\vdots\\b&b&\cdots&a_{n-1}&b\\b&b&\cdots&b&a_n\end{vmatrix}$.

3. 证明:对于任意 n 阶段矩阵 $\boldsymbol{A}$,

(1) $\boldsymbol{A}+\boldsymbol{A}^{\mathrm{T}}$ 是对称矩阵;

(2) $\boldsymbol{A}-\boldsymbol{A}^{\mathrm{T}}$ 是反对称矩阵.

4. 已知矩阵

$$\boldsymbol{A}=\begin{bmatrix}1&2&-1\\0&5&-3\\-1&2&4\end{bmatrix}$$

求:(1) $\boldsymbol{A}^*$;(2) 验证 $\boldsymbol{A}\boldsymbol{A}^*=\boldsymbol{A}\boldsymbol{A}^*=|\boldsymbol{A}|\boldsymbol{I}$.

5. 求下列矩阵的逆矩阵.

(1) $\begin{pmatrix}2&5&0&0\\1&3&0&0\\0&0&4&3\\0&0&3&2\end{pmatrix}$;　(2) $\begin{pmatrix}1&2&3&4\\2&3&1&2\\1&1&1&-1\\1&0&-2&-6\end{pmatrix}$.

6. 求下列矩阵的秩.

(1) $\begin{pmatrix}2&-5&3&2\\1&-3&1&2\\-2&6&2&4\\3&-9&3&6\end{pmatrix}$;　(2) $\begin{pmatrix}1&2&1&2&1\\2&2&1&1&0\\3&4&2&3&1\\1&0&0&-1&-1\end{pmatrix}$.

7. 解下列线性方程组.

(1) $\begin{cases}2x_1+8x_2+3x_3+4x_4+3x_5=4\\1x_1+4x_2+2x_3+3x_4+x_5=5\\3x_1+12x_2+6x_3+9x_4+3x_5=15\\4x_1+16x_2+8x_3+12x_4+4x_5=20\end{cases}$；

(2) $\begin{cases}x_1-2x_2+3x_3=6\\2x_1+x_2-3x_3=11\\-x_1+2x_2+2x_3=-4\\3x_1-3x_2-2x_3=-1\end{cases}$；

(3) $\begin{cases}2x_1-2x_2+x_3+7x_4=0\\3x_1-x_2+5x_3+3x_4=0\\5x_1-3x_2+6x_3+9x_4=0\\x_1+x_2+2x_3-4x_4=0\end{cases}$；

(4) $\begin{cases}x_1-2x_2+x_3+3x_4+x_5=0\\3x_1+x_2+5x_3-x_4+2x_5=0\\4x_1-x_2+6x_3+2x_4+3x_5=0\\2x_1-3x_2+4x_3-4x_4+x_5=0\end{cases}$.

8. 判别下列方程组解的情况.

(1) $\begin{cases}2x_1+x_2+x_3=2\\x_1+3x_2+x_3=5\\x_1+x_2+5x_3=-7\\2x_1+3x_2-3x_3=14\end{cases}$；

(2) $\begin{cases}2x_1+x_2-x_3+x_4=1\\3x_1-2x_2+2x_3-3x_4=2\\5x_1+x_2-x_3+2x_4=-1\\2x_1-x_2+x_3-3x_4=4\end{cases}$.

四、应用题

1. 有三种化肥的含量如表 5.15 所列.

表 5.15　三种化肥的含量

	钾	磷	氮
化肥一/%	20	30	50
化肥二/%	20	40	40
化肥三/%	30	30	40

现在需要 100 kg 含钾 25%、含磷 32%、含 43%的混合肥，问各取三种化肥多少 kg？

2. 经过市场调查，不同年龄阶段的消费者在购买商品时首先看中的因素如表 5.16 所列.

表 5.16　不同年龄段消费者购买商品的首选因素

	质　量	价　格	包　装	服　务
年轻人/%	40	25	30	5
中年人/%	30	40	10	20
老年人/%	30	60	5	5

现计划在某地区建立大型购物中心，对这一地区居民人口做了如下调查，年轻人占 35%，中年人占 40%，老年人 35%，请问购物中心出售的货物应首先考虑哪个因素？

第 6 章　概率论初步

现实世界中，大多数现象属于随机现象，概率论就是研究随机现象，并进行统计推断的一门学科，本章主要介绍随机事件、古典概率、离散型随机变量分布律与分布函数、连续型随机变量密度函数与分布函数以及随机变量的数字特征，对概率论有一个初步的认识，能够用概率论分析简单的经济问题.

6.1　随机事件与概率

6.1.1　随机事件及其相互关系

1. 随机试验与随机事件

观察下列三个试验：①抛一枚硬币，观察正面 H，反面 T 出现的情况；②在某小学 300 名学生中随机抽取 3 人参加射击比赛；③射击比赛 100 次命中的次数.

以上三个试验都有下列共同的特点：

① 可以在相同的条件下重复进行；

② 每次试验的可能结果不止一个，并且能事先明确试验的所有可能结果；

③ 进行一次试验之前不能确定哪一个结果会出现.

具有以上三个特点的试验，称为随机试验，简称试验，通常用大写的字母 E 表示. 随机试验 E 的所有可能结果组成的集合，称为 E 的样本空间，记为 Ω，E 中的每一个可能结果，称为样本点，记为 e_i，样本空间 Ω 的若干个样本点组成的集合称为该随机试验的一个随机事件，简称为事件，一般用大写字母 A,B,C 等表示.

由一个样本点 e_i 组成的单点集，称为基本事件. 样本空间 Ω 所包含所有的样本点，它是 Ω 自身的子集，在每次试验中它总是发生的，称为必然事件. 空集$\varnothing$不包含任何样本点，它也作为样本空间的子集，它在每次试验中都不发生，称为不可能事件.

2. 事件的关系及运算

(1) 事件的包含

当事件 A 发生时必然导致事件 B 发生，则称 A 包含于 B 或 B 包含 A，记为 $A\subset B$ 或 $B\supset A$，即 $A\subset B\Leftrightarrow\{$若 $\omega\in A$，则 $\omega\in B\}$，可用文氏(Venn)图表示如图 6.1 所示.

反之，$B\supset A\Leftrightarrow$若 B 不发生，则必然 A 也不会发生.

显然，对任意事件 A 有：①$A\subset A$；②$\varnothing\subset A\subset\Omega$；③若 $A\subset B$，$B\subset C$，则 $A\subset C$.

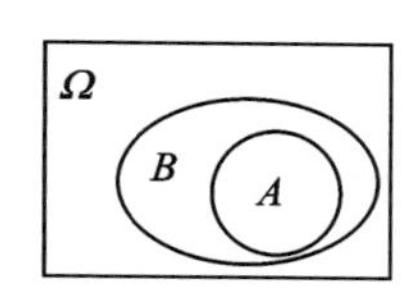

图 6.1

(2) 事件的相等

若事件 A 的发生能导致 B 的发生，且 B 的发生也能导致 A 的发生，则称 A 与 B 相等，记为 $A=B$，即 A 与 B 有相同的样本点.

显然有 $A=B \Leftrightarrow A \subset B$ 且 $B \subset A$.

(3) 事件的互斥(互不相容)

若事件 A 与 B 不能同时发生,则称 A 与 B 互斥,记为 $AB=\varnothing$,如图 6.2 所示.

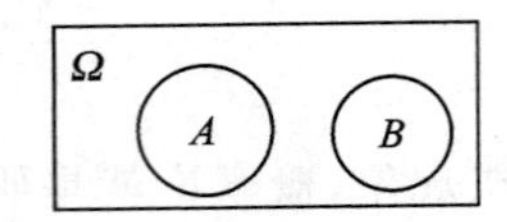

图 6.2

显然有:①基本事件是互斥的;②$\varnothing$与任意事件互斥.

(4) 事件的和(并)

两个事件 A、B 中至少有一个发生的事件,称为事件 A 与事件 B 的并(或和),记为 $A \cup B$(或 $A+B$),即 $A \cup B=\{\omega / \omega \in A$ 或 $\omega \in B\}$,如图 6.3 所示.

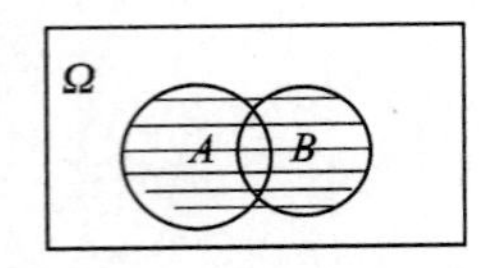

图 6.3

显然有:①$A \cup A=A$;②$A \subset A \cup B$,$B \subset A \cup B$;③若 $A \subset B$,则 $A \cup B=B$. 特别地,$A \cup \Omega=\Omega$,$A \cup \varnothing=A$.

(5) 事件的积(交)

两个事件 A 与 B 同时发生的事件,称为事件 A 与事件 B 的积(或交),记为 $A \cap B$(或 AB),即 $A \cap B=\{\omega \mid \omega \in A$ 且 $\omega \in B\}$,如图 6.4 所示.

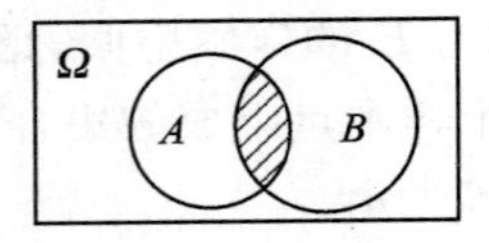

图 6.4

显然有:①$A \cap B \subset A$,$A \cap B \subset B$;②若 $A \subset B$,则 $A \cap B=A$,特别地 $A\Omega=A$;③若 A 与 B 互斥,则 $AB=\varnothing$,特别地 $A\varnothing=\varnothing$.

(6) 事件的差

事件 A 发生而事件 B 不发生的事件,称为事件 A 与事件 B 的差,记为 $A-B$,即 $A-B \Leftrightarrow \{\omega \in A$ 而 $\omega \notin B\}$,如图 6.5 所示.

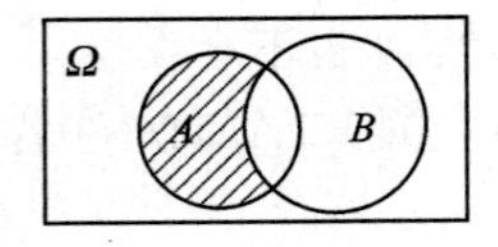

图 6.5

显然有:①不要求 $A \supset B$,才有 $A-B$,若 $A \subset B$,则 $A-B=\varnothing$;②若 A 与 B 互斥,则 $A-B=A$,$B-A=B$;③$A-B=A-AB$(证明:利用 $A-B \subset A-AB$ 且 $A-AB \subset A-B$);

④$A-(B-C)\neq A-B+C$(左边为 A 的子事件,而右边不是).

(7) 事件的逆(对立事件)

若事件 A 与事件 B 满足 $A\cup B=\varnothing$ 且 $AB=\varnothing$,则称 B 为 A 的逆,记为 $B=\overline{A}$,即 $\overline{A}=\{\omega/\omega\notin A,\omega\in\Omega\}$,如图 6.6 所示.

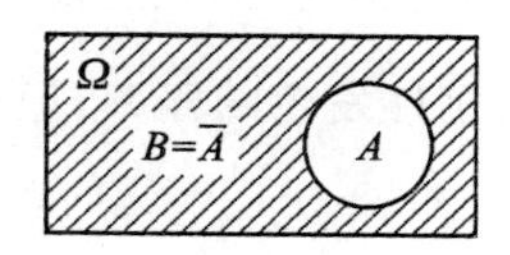

图 6.6

显然有:①$A\cup\overline{A}=\Omega$,$A\cap\overline{A}=\varnothing$;②$A-B=A\overline{B}$(证明:$A-B=A-AB=A(\Omega-B)=A\overline{B}$).

例 1　设 A,B,C 为任意三个事件,试用 A,B,C 的运算关系表示下列各事件:

(1) 三个事件中至少一个发生;

(2) 没有一个事件发生;

(3) 恰有一个事件发生;

(4) 至多有两个事件发生(考虑其对立事件);

(5) 至少有两个事件发生.

解　(1) $A\cup B\cup C$;

(2) $\overline{A}\,\overline{B}\,\overline{C}=\overline{A\cup B\cup C}$;

(3) $A\overline{B}\,\overline{C}\cup\overline{A}\,B\overline{C}\cup\overline{A}\,\overline{B}\,C$;

(4) $(A\overline{B}\,C\cup AB\overline{C}\cup\overline{A}\,BC)\cup(\overline{A}\,\overline{B}\,C\cup\overline{A}\,B\overline{C}\cup A\overline{B}\,\overline{C})\cup(\overline{A}\,\overline{B}\,\overline{C})=\overline{ABC}=\overline{A}\cup\overline{B}\cup\overline{C}$;

(5) $AB\overline{C}\cup A\overline{B}\,C\cup\overline{A}\,BC\cup ABC=AB\cup BC\cup CA$.

例 2　已知 $A\cap B=\varnothing$,$A\cup B=\Omega$(全集),化简下列各式.

(1) $(A+B)\cap B$;　　(2) $(A-B)\cup B$;　　(3) $(A+B)\cap B$.

解　(1) $(A+B)\cap B=A\cap B+B\cap B=B$;

(2) $(A-B)\cup B=A\cup B-B\cup B=A$;

(3) $(A+B)\cap\overline{B}=A\cap\overline{B}+B\cap\overline{B}=A$.

6.1.2　概　率

1. 事件的频率(统计概率)

人们经过长期试验发现,随机试验结果的不确定性只是对一次试验或几次试验而言,当大量重复进行同一试验时,它的结果具有某种稳定性,比如在抛硬币试验中,其试验结果如表 6.1 所列.

表 6.1　抛硬币试验结果

实验员	抛掷次数 n	正面向上次数 m	正面向上频率 $\frac{m}{n}$
德・摩根	2 048	1 061	0.518 1
浦丰	4 040	2 048	0.506 9
皮尔逊	12 000	6 019	0.501 6
皮尔逊	24 000	12 012	0.500 5

由表6.1可发现，当试验次数越来越多时，正面向上的频率越来越稳定地接近于0.5，由此我们可以得到时间频率的定义：

定义1 在n次相同条件下的重复试验中，设事件A发生的次数为m，当n很大时，如果频率$\frac{m}{n}$总是在某一个确定的常数p附近摆动，而且呈现一种稳定性，数值p的大小反映了事件A发生的可能性大小，我们称p为事件发生的概率，记作$P(A)$.

2. 古典概率

一个随机试验若满足：

① 样本空间中只有有限个样本点(有限性)；

② 样本点的发生是等可能的(等可能性)，

则称该随机试验为等可能概型.它在概率论发展初期曾是主要的研究对象，所以也称为古典概型.

设古典型随机试验的样本空间$\Omega=\{e_1,e_2,\cdots,e_n\}$，若事件$A$中含有$k(k\leqslant n)$个样本点，则称$\frac{k}{n}$为$A$发生的概率，记为

$$P(A)=\frac{k}{n}=\frac{A\text{包含的基本事件数}}{S\text{中基本事件的总数}}$$

古典概率具有以下性质：

① 对任意事件A，$0\leqslant P(A)\leqslant 1$；

② $P(\Omega)=0$，$P(\Omega)=1$.

例3 掷一枚骰子，求所掷数字是2的概率.

解 设事件A为“掷骰子数为2”的概率，则$P(A)=\frac{1}{6}$.

例4 某高校科技协会有30名同学，其中男生20人，女生10人，现从中选取4人代表学校参加比赛，那么代表队中至少有2名女同学的概率是多少？

解 设事件A为“代表队中至少有2名女同学”，则

$$P(A)=\frac{C_{20}^2C_{10}^2+C_{20}^1C_{10}^3+C_{10}^4}{C_{30}^4}=\frac{2\ 800}{27\ 405}\approx 0.102$$

例5 从0,1,2,…,9中，随机抽取3个数字组成一个三位数，试求该数中不含有1,3,5的概率？

解 设事件A为“不含有1,3,5的概率”，则

$$P(A)=\frac{6\times 6\times 5}{9\times 9\times 8}=\frac{180}{648}\approx 0.278$$

6.1.3 加法公式、条件概率与乘法公式

1. 加法公式

例6 甲、乙两名篮球运动员做投篮练习，甲投篮的命中率为0.8，乙投篮的命中率为0.9，甲、乙两人都成功的概率为0.72，问至少有一人成功的概率？

解 设事件A为“甲成功”，事件B为“乙成功”，则“甲、乙两人都成功”为AB，“至少有一人成功”为$A+B$.由题意有

$$P(A)=0.8,\quad P(B)=0.9,\quad P(AB)=0.72$$

$$P(A+B)=P(A)+P(B)-P(AB)=0.8+0.9-0.72=0.98$$

一般地，对任意的事件 A、B，其概率的加法公式为

$$P(A+B)=P(A)+P(B)-P(AB)$$

特别地，当事件 A、B 互斥时，$P(A+B)=P(A)+P(B)$.

根据概率的性质，概率的加法公式可以推广至有限个随机事件和的概率，如 A、B、C 三个随机事件和的概率的加法公式为

$$P(A+B+C)=P(A)+P(B)+P(C)-P(AB)-P(BC)-P(AC)-P(ABC)$$

2. 条件概率

设 A，B 是两个随机事件，且 $P(B)>0$，称

$$P(A|B)=\frac{P(AB)}{P(B)}$$

为在事件 B 发生条件下事件 A 发生的条件概率.

同理，事件 A 发生条件下事件 B 发生的条件概率为

$$P(B|A)=\frac{P(AB)}{P(A)}$$

例 7　设某厂某批次产品 100 件产品中有 5 件次品，现进行无放回地从中取出两件，求在第一次取到次品的条件下，第二次取到的也是次品的概率.

解　令 A_i 表示“第 i 次取到次品”，$i=1,2$，则要求的概率为

$$P(A_2/A_1)=P(A_1A_2)/P(A_1)=\left(\frac{5}{100}\right)\left(\frac{4}{99}\right)\Big/\frac{5}{100}=\frac{4}{99}$$

3. 乘法公式

由条件概率的定义可得

$$P(A|B)=P(AB)/P(B)\Rightarrow P(AB)=P(B)P(A|B)\quad (P(B)>0)$$

$$P(B|A)=P(AB)/P(A)\Rightarrow P(AB)=P(A)P(B|A)\quad (P(A)>0)$$

此公式称为概率的乘法公式.

例 8　袋中有 20 只白球，30 只黑球，从中任意取一球，不放回，再取第二次，求第二次取到白球的概率.

解　设 $B=\{$第二次取到白球$\}$，则要求 $P(B)$.

令 $A=\{$第一次取到白球$\}$，则 $\overline{A}=\{$第一次取到黑球$\}$，所以

$$P(B)=P(BA\cup B\overline{A})=P(BA)+P(B\overline{A})=P(A)P(B|A)+P(\overline{A})P(B|\overline{A})$$

$$P(B)=\frac{20}{50}\,\frac{20-1}{50-1}+\frac{30}{50}\,\frac{20}{50-1}=0.4$$

4. 全概率和贝叶斯公式

设 $A_1,A_2,\cdots,A_n$ 是 S 的一个完备事件组，且 $A_1,A_2,\cdots,A_n$ 是两两互斥事件，$P(A_i)>0$ $(i=1,2,\cdots,n)$ 则对任一事件 B 有 $P(B)=\sum\limits_{i=1}^{n}P(A_i)P(B|A_i)$，此公式为全概率公式.

例 9　某工厂有三个车间生产同一种产品，第一车间的次品率为 3%，第二车间的次品率为 5%，第三车间的次品率为 2%，某批次的产品中各车间的产品数量分别为 3 000、4 000、5 000 件，现从中该批次的产品中任取一产品，求该产品是次品的概率.

解 设 $B=\{$取到次品$\}$，$A_i=\{$取到第 i 个车间的产品$\}$，$i=1,2,3$，则有 $A_1\cup A_2\cup A_3=S$，且 $A_1\cap A_2=\varnothing$，$A_1\cap A_3=\varnothing$，$A_2\cap A_3=\varnothing$.

利用全概率公式得

$$P(B)=\sum_{i=1}^{3}P(A_i)P(B|A_i)=P(A_1)P(B|A_1)+P(A_2)P(B|A_2)+P(A_3)P(B|A_3)=$$

$$\frac{3\ 000}{12\ 000}\times 3\%+\frac{4\ 000}{12\ 000}\times 5\%+\frac{5\ 000}{12\ 000}\times 2\%=3.25\%$$

设 $A_1,A_2,\cdots,A_n$ 是 S 的一个完备事件组，且 $A_1,A_2,\cdots,A_n$ 是两两互斥事件，$P(A_i)>0$ $(i=1,2,\cdots,n)$，若对任一事件 B，$P(B)>0$，则有

$$P(A_i|B)=\frac{P(A_i)P(B|A_i)}{\sum\limits_{i=1}^{n}P(A_i)P(B|A_i)},\quad i=1,2,\cdots,n$$

此公式为贝叶斯公式.

例 10 对例 9 中，已知取出的次品，则可能是三个车间的概率分别是多少？

解 由题意可得

$$P(A_1|B)=\frac{P(A_1)P(B|A_1)}{P(B)}=\frac{\frac{3\ 000}{12\ 000}\times 3\%}{3.25\%}\approx 23.08\%$$

$$P(A_2|B)=\frac{P(A_2)P(B|A_2)}{P(B)}=\frac{\frac{4\ 000}{12\ 000}\times 5\%}{3.25\%}\approx 51.28\%$$

$$P(A_3|B)=\frac{P(A_3)P(B|A_3)}{P(B)}=\frac{\frac{5\ 000}{12\ 000}\times 2\%}{3.25\%}\approx 25.64\%$$

例 11 对以往数据分析结果表明，当机器调整良好时，产品的合格率为 90%，而当机器发生某一故障时，其合格率为 30%. 每天早上机器开动时，机器调整良好的概率为 75%. 试求已知某日早上第一件产品是合格品时，机器调整良好的概率是多少？

解 设 $A=\{$产品合格$\}$，$B=\{$机器调整得良好$\}$. 已知

$$P(A|B)=0.9,\quad P(A|\overline{B})=0.3,\quad P(B)=0.75,\quad P(\overline{B})=0.25$$

由贝叶斯公式

$$P(B|A)=\frac{P(A|B)P(B)}{P(A|B)P(B)+P(A|\overline{B})P(\overline{B})}=$$

$$\frac{0.9\times 0.75}{0.9\times 0.75+0.3\times 0.25}=0.9$$

习题 6.1

1. 指出下列事件中，哪些是必然事件，哪些是不可能事件，哪些是随机事件.

(1) $A=\{$太阳从东方升起$\}$；

(2) $B=\{$在 56 人的班级中随机抽取 1 名同学参加演讲比赛$\}$；

(3) $C=\{$随机掷一枚麻将骰子，掷出 7 点$\}$；

(4) $D=\{$在游泳队随机抽取 1 男 1 女参加游泳比赛$\}$.

2. 设事件 A、B 满足 $AB=\varnothing$,则称事件 A 与 B 为(　　).

A. 对立事件　　B. 逆事件　　C. 互不相容　　D. 相互独立

3. 已知某班级有男生 25 人,女生 15 人,现随机抽取 2 人参加歌唱比赛,则抽到为 1 男 1 女的概率为(　　).

A. $\frac{1}{20}$　　B. $\frac{75}{156}$　　C. $\frac{3}{156}$　　D. $\frac{5}{156}$

6.2　随机变量及其分布

6.2.1　随机变量及其分布函数

1. 随机变量

从随机事件及其概率中可以看到随机试验的结果与数值发生关联,或者说,很多随机事件都可以用数量进行描述. 如:某一段时间内电话用户对电话站的呼唤次数;抽查产品质量时出现的废品个数;车床加工零件尺寸与规定尺寸的偏差;掷骰子出现的点数等,这些时间结果都可以用数量进行标识. 为此引进随机变量的概念.

定义 1　设 E 是随机试验,样本空间为 Ω,如果对于每一个结果(样本点)$\omega\subseteq\Omega$,有一个实数 $X(\omega)$与之对应,这样就得到一个定义在 Ω 上的实值函数 $X=X(\omega)$,称为随机变量. 随机变量通常用 $X,Y,Z,\cdots$或 $X_1,X_2,\cdots$来表示.

对于随机变量 X,通常分为两类,一类是 X 所能取的值能一一列举出来,这类变量就称为离散型随机变量,例如上述某电话总机在 $[0,T]$上收到呼叫次数就是一个离散型随机变量;另一类是 X 所能取的值不能一一列举出来,而是充满某一实数区间,这类变量就称为连续型随机变量,例如,上述公共汽车的乘客候车的时间就是一个连续型随机变量.

2. 分布函数

设 X 为随机变量,称函数

$$F(x)=p\{X\leqslant x\},\quad x\in(-\infty,+\infty)$$

为 X 的分布函数.

分布函数具有如下性质:

性质 1　$0\leqslant F(x)\leqslant 1$.

性质 2　$F(x)$是 x 的单调不减函数.

性质 3　$F(-\infty)=\lim\limits_{x\to-\infty}F(x)=0,F(+\infty)=\lim\limits_{x\to+\infty}F(x)=1$.

对任意 $a<b$,则 $P(a<x\leqslant b)=F(b)-F(a)$,因此,当分布函数已知时随机变量落在该区间的概率就可以确定了.

6.2.2　离散型随机变量及其分布

引例　随机抛掷两枚质地均匀的硬币,如果用随机变量 X 表示出现正面的枚数,那么 X 的可能取值为 0,1,2,相应概率分别为$\frac{1}{4},\frac{1}{2},\frac{1}{4}$,即可表示为

X	0	1	2
P	$\frac{1}{4}$	$\frac{1}{2}$	$\frac{1}{4}$

上述表格为离散型随机变量的分布律.

定义 2 设随机变量 X 的所有可能取值为 $x_1, x_2, \cdots, x_k, \cdots$,且

$$P(X=x_k)=p_k \quad (k=1,2,\cdots,k,\cdots)$$

则称 X 为离散型随机变量,并称 $P(X=x_k)=p_k(k=1,2,\cdots,k,\cdots)$为 X 的概率分布或分布律.

分布律也可用下面的形式来表示:

X	x_1	x_2	$\cdots$	x_k	$\cdots$
P	p_1	p_2	$\cdots$	p_k	$\cdots$

分布律$\{p_k\}$具有下列性质:

① $p_k \geqslant 0, k=1,2,\cdots$;

② $\sum_{k=1}^{\infty} p_k = 1$.

1. 离散型随机变量的分布函数

由离散型随机变量的分布律可求出离散型随机变量 X 的分布函数,即

$$F(x)=P(X \leqslant x)=\sum_{x_i \leqslant x} P(X=x_i)$$

例 1 袋中有 6 个乒乓球,其中有 2 个黄色,4 个白色,从中任取 3 个,求取到白色乒乓球的分布律,并求其分布函数.

解 (1) 白色球的取值范围为 1,2,3,且

$$P(x=1)=\frac{C_4^1 \cdot C_2^2}{C_6^3}=\frac{4}{20}=\frac{1}{5}$$

$$P(x=2)=\frac{C_4^2 \cdot C_2^1}{C_6^3}=\frac{6 \cdot 2}{20}=\frac{3}{5}$$

$$P(x=3)=\frac{C_4^3 \cdot C_2^0}{C_6^3}=\frac{4}{20}=\frac{1}{5}$$

则其分布律为

X	1	2	3
P	$\frac{1}{5}$	$\frac{3}{5}$	$\frac{1}{5}$

(2) 当 $x<1$ 时,$F(x)=P(X \leqslant x)=0$;

当 $1 \leqslant x<2$ 时,$F(x)=P(X=1)=\frac{1}{5}$;

当 $2 \leqslant x<3$ 时,$F(x)=P(X=1)+P(X=2)=\frac{1}{5}+\frac{3}{5}=\frac{4}{5}$;

当 $x \geqslant 3$ 时,$F(x)=P(X=1)+P(X=2)+P(x=3)=\frac{1}{5}+\frac{3}{5}+\frac{1}{5}=1$.

故分布函数为

$$F(x)=\begin{cases}0, & x<1\\ \dfrac{1}{5}, & 1\leqslant x<2\\ \dfrac{4}{5}, & 2\leqslant x<3\\ 1, & x\geqslant 3\end{cases}$$

2. 几种常见的离散型分布

几种常见的离散型分布如表 6.2 所列.

表 6.2　几种常见的离散型分布

名　称	分布律	表　示
两点分布	$P(X=1)=p,P(X=0)=1-p,(0<p<1)$	$X\sim(0,1)$
二项分布	$P(X=k)=C_n^k p^k(1-p)^{n-k}(k=0,1,2,\cdots,n;0<p<1)$	$X\sim B(n,p)$
泊松分布	$P(X=k)=\dfrac{\lambda^k}{k!}e^{-\lambda}(k=0,1,2,\cdots;\lambda>0)$	$X\sim P(\lambda)$

例 2　某工厂生产的螺丝的次品率为 0.05,设每个螺丝是否为次品是相互独立的,这个工厂将 10 个螺丝包成一包出售,并保证若发现一包内多于一个次品即可退货,求某包螺丝次品个数的分布律和售出的螺丝的退货率.

解　根据题意对 10 个一包的螺丝进行检验显然有 $X\sim B(10,0.05)$,其概率函数为

$$P(A)=P(X=k)=C_{10}^k(0.05)^k(0.95)^{10-k}\quad(k=0,1,2,\cdots,10)$$

设 $A=\{$该包螺丝被退回工厂$\}$,则

$$P(A)=P(X>1)=1-P(X\leqslant 1)=1-\sum_{k=0}^{1}P(X=k)=$$

$$1-\sum_{k=0}^{1}C_{10}^k(0.05)^k(0.95)^{10-k}=$$

$$1-0.9139=0.00861\approx 0.09$$

即退货率为 9%.

6.2.3　连续型随机变量及其分布

1. 连续型随机变量的概率密度及其分布函数

定义 3　设 X 为随机变量,若存在非负函数 $f(x)$,使得对任意实数 $a\leqslant b$,有

$$P(a<x\leqslant b)=\int_a^b f(x)\mathrm{d}x$$

成立,则称 X 为连续型随机变量,并称 $f(x)$为 X 的概率密度函数,简称密度函数或概率密度.

由定义知概率密度的性质:

① $f(x)\geqslant 0$;

② $\int_{-\infty}^{+\infty}f(x)\mathrm{d}x=1$.

定义 4 若对于随机变量 X 的分布函数 $F(x)$，存在非负可积函数 $f(x)$，使得对于任意实数 x，则有分布函数

$$F(x)=P\{X\leqslant x\}=\int_{-\infty}^{x}f(t)\mathrm{d}t$$

例 3 设随机变量 X 的概率密度为

$$f(x)=\frac{A}{1+x^2}\quad(-\infty<x<+\infty)$$

其中 A 为待定常数，求：(1)系数 A；(2)分布函数 $F(x)$；(3) X 落入区间 $(-1,\sqrt{3})$内的概率.

解 (1) 由概率密度的性质 $\int_{-\infty}^{+\infty}f(x)\mathrm{d}x=1$，

$$\int_{-\infty}^{+\infty}f(x)=\int_{-\infty}^{+\infty}\frac{A}{1+x^2}dx=A\arctan x\Big|_{-\infty}^{+\infty}=A\pi$$

所以 $A=\frac{1}{\pi}$.

(2) $F(x)=\int_{-\infty}^{x}f(t)\mathrm{d}t=\int_{-\infty}^{x}\frac{1}{\pi}\frac{1}{1+t^2}\mathrm{d}t=$

$$\frac{1}{\pi}\arctan t\Big|_{-\infty}^{x}=\frac{1}{\pi}\arctan x+\frac{1}{2}.$$

(3) $P(-1<x\leqslant\sqrt{3})=\int_{-1}^{\sqrt{3}}\frac{1}{\pi(1+x^2)}\mathrm{d}x=\frac{1}{\pi}\arctan x\Big|_{-1}^{\sqrt{3}}=$

$$\frac{1}{\pi}\frac{\pi}{3}-\frac{1}{\pi}\left(-\frac{\pi}{2}\right)=\frac{5}{6}.$$

2. 几种常见的连续型随机变量

几种常见的连续型随机变量如表 6.3 所列.

表 6.3 几种常见的连续型随机变量

名 称	密度函数	表 示
均匀分布	$f(x)=\begin{cases}0, & \text{其他},\\ \frac{1}{b-a}, & a\leqslant x\leqslant b\end{cases}$	$X\sim U(a,b)$
指数分布	$f(x)=\begin{cases}0, & x<0,\\ \lambda e^{-\lambda x}, & x\geqslant 0\end{cases}$	$X\sim e(\lambda)$
正态分布	$f(x)=\frac{1}{\sqrt{2\pi}\sigma}e^{-\frac{(x-\mu)^2}{2\sigma^2}}$ $\sigma>0,\quad -\infty<x<+\infty$	$X\sim N(\mu,\sigma^2)$

例 4 公共汽车站每隔 8 min 有一辆汽车通过，一名乘客在任一时刻到达汽车站是等可能的，求：(1)该名乘客候车时间 X 的分布；(2)乘客候车时间超过 5 min 的概率.

解 (1) X 服从 $[0,8]$ 上的均匀分布，由于 $\frac{1}{8-0}=0.125$，所以，其密度函数为

$$f(x)=\begin{cases}0.125, & 0\leqslant x<8\\ 0, & \text{其他}\end{cases}$$

(2) $P\{X>5\}=\int_5^{+\infty}f(x)\mathrm{d}x=\int_5^8 0.125\mathrm{d}x=0.375.$

例 5　设 $X\sim N(3,4^2)$，求：(1) $P(-1<X<7)$；(2) $P(X\leqslant 5)$；(3) $P(X>10)$.

解　(1) $P(-1<X<7)=P\left(\frac{-1-3}{4}<\frac{X-3}{4}<\frac{7-3}{4}\right)=$

$\Phi(1)-\Phi(-1)=2\Phi(1)-1=$

$2\times 0.841\,3-1=0.682\,6.$

(2) $P(X\leqslant 5)=P\left(\frac{X-3}{4}<\frac{5-3}{4}\right)=\Phi\left(\frac{1}{2}\right)=0.691\,5.$

(3) $P(X>10)=P\left(\frac{X-3}{4}>\frac{10-3}{4}\right)=1-\Phi\left(\frac{7}{4}\right)=1-0.959\,9=0.040\,1.$

习题 6.2

1. 已知随机变量 X 的分布律为

X	-3	0	2	4
P	0.1	0.45	0.15	0.3

求(1) 随机变量的分布函数；(2) $P(-1<X\leqslant 2)$.

2. 已知随机变量 X 的概率密度函数为

$$f(x)=\begin{cases}k\cos x, & -\frac{1}{6}\pi<x<\frac{1}{6}\pi\\ 0, & \text{其他}\end{cases}$$

求(1) 常数 k；(2) $P\left(0<X<\frac{\pi}{2}\right)$；(3) X 的分布函数.

3. 设 $X\sim N(1,2^2)$，求(1) $P(X<1)$；(2) $P(-1<X<3)$.

6.3　随机变量的数字特征

6.3.1　随机变量的数学期望

1. 数学期望的定义

引例　甲、乙两人参加射击比赛，命中率的分布律如下：

$X_{甲}$	8	9	10
P	0.1	0.8	0.1

$X_{乙}$	8	9	10
P	0.05	0.75	0.2

问甲、乙两人谁的命中率更高？

此时，用分布律不能很好地反映甲、乙两人的技术，可以求出两人的平均命中率.

甲：$8\times0.1+9\times0.8+10\times0.1=9$

乙：$8\times0.05+9\times0.75+10\times0.2=9.15$

可以看出，乙的稳定性更强.

在概率论中，一般以平均值来反映其数学期望.

定义1 设离散型随机变量 X 的分布律为

$$P\{X=x_k\}=p_k,\quad k=1,2,\cdots$$

则定义 X 的数学期望（简称均值或期望）为 $E(X)=\sum_i x_i p_i$.

例1 设随机变量 X 的分布律为

X	-1	0	1	2
P	0.3	0.2	0.4	0.1

试求 $E(X)$.

解 由题意有 $E(X)=-1\times0.3+0\times0.2+1\times0.4+2\times0.1=0.3$.

定义2 设连续型随机变量 X 的概率密度为 $f(x)$，则称

$$E(X)=\int_{-\infty}^{+\infty}xf(x)\mathrm{d}x$$

为随机变量 X 的数学期望（简称均值或期望）.

例2 设 X 的概率密度为

$$f(x)=\begin{cases}0.5x, & 0\leqslant x\leqslant 1\\ 3-0.5x, & 1<x\leqslant 2\\ 0, & \text{其他}\end{cases}$$

求 $E(X)$.

解

$$E(X)=\int_{-\infty}^{+\infty}xf(x)\mathrm{d}x=\int_0^1 x\cdot 0.5x\mathrm{d}x+\int_1^2 x\cdot(3-0.5x)\mathrm{d}x=$$

$$\frac{0.5}{3}x^3\Big|_0^1+\frac{3}{2}x^2\Big|_1^2-\frac{0.5}{3}x^3\Big|_1^2=$$

$$\frac{0.5}{3}+6-\frac{3}{2}-\frac{4}{3}+\frac{0.5}{3}=\frac{7}{2}$$

2. 数学期望的性质

随机变量的数学期望具有如下性质：

性质1 设 c 为任意常数，则 $E(c)=c$.

性质2 设 c 为任意常数，则 $E(cX)=cE(X)$.

性质3 设 a、b 为任意常数，则 $E(aX+b)=aE(X)+b$.

性质4 设 X、Y 为两个随机变量，则 $E(X\pm Y)=E(X)\pm E(Y)$.

6.3.2 随机变量的方差

1. 方差的定义

引例 甲、乙两位运动员参加射击比赛，其命中率的概率分布如下：

X	6	7	8	9	10
$P_{甲}$	0.1	0.2	0.25	0.4	0.05
$P_{乙}$	0.15	0.10	0.35	0.3	0.1

试比较甲、乙两位运动员的射击命中率谁更高？

很显然，甲、乙两位运动员的平均命中率为 8.1，无法比较甲、乙谁更优秀。但是，我们可以看出，甲、乙二人偏离 8.1 的程度不同，所以只了解其均值是不够的，还必须了解它们的取值与平均值之间的偏离程度.

定义 3 设 X 是一个随机变量，如果 $E[X-E(X)]^2$ 存在，那么称 $E[X-E(X)]^2$ 为随机变量 X 的方差，记作 $D(X)$，即

$$D(X)=E[X-E(X)]^2$$

随机变量 X 的方差表达了 X 的取值与其均值的平均偏离程度. 实际应用中也常用 $\sqrt{D(X)}$ 来刻画 X 取值的分散程度，我们称 $\sqrt{D(X)}$ 为 X 的标准差.

随机变量 X 的方差的另一个常用的计算公式如下：

$$\begin{aligned}D(X)=E[X-E(X)]^2=&E[X^2-2XE(X)+E^2(X)]=\\&E(X^2)-E[2XE(X)]+E[E^2(X)]=\\&E(X^2)-2E(X)E(X)+E^2(X)=\\&E(X^2)-E^2(X)\end{aligned}$$

对于引例中甲、乙两位运动员的方差计算如下：

$$E(X_{甲})=6\times0.1+7\times0.2+8\times0.25+9\times0.4+10\times0.05=8.1$$

$$E(X_{甲}^2)=6^2\times0.1+7^2\times0.2+8^2\times0.25+9^2\times0.4+10^2\times0.05=66.8$$

$$D(X_{甲})=E(X_{甲}^2)-E^2(X_{甲})=66.8-8.1^2=1.19$$

$$E(X_{乙})=6\times0.15+7\times0.1+8\times0.35+9\times0.3+10\times0.1=8.1$$

$$E(X_{乙}^2)=6^2\times0.15+7^2\times0.1+8^2\times0.35+9^2\times0.3+10^2\times0.1=67$$

$$D(X_{乙})=E(X_{乙}^2)-E^2(X_{乙})=67-8.1^2=1.39$$

由于 $D(X_{甲})<D(X_{乙})$，可以得出甲运动员射击命中率更高.

例 3 求例 2 中随机变量 X 的方差.

解

$$\begin{aligned}E(X^2)=&\int_0^1 x^2\cdot0.5x\,\mathrm{d}x+\int_1^2 x^2(3-0.5x)\,\mathrm{d}x=\\&\frac{0.5}{4}x^4\Big|_0^1+\left(x^3-\frac{0.5}{4}x^4\right)\Big|_1^2=\\&0.125+6-0.875=5.25\end{aligned}$$

2. 方差的性质

随机变量的方差具有以下性质：

性质 1 设 k 为任意常数，则 $D(k)=0$.

性质 2 设 k 为任意常数，则 $D(kX)=k^2D(X)$.

性质 3 设 k、C 为任意常数，则 $D(kX+c)=k^2D(X)$.

性质 4 设 X、Y 为两个随机变量，则 $D(X\pm Y)=D(X)\pm D(Y)$.

为便于应用，我们把几个常用分布的数学期望(均值)与方差列入表 6.4 中.

表 6.4 常见分布的数学期望和方差

常见分布	分布律或概率密度	数学期望	方 差
0-1 分布 $B(1,p)$	$P\{X=0\}=q, P(X=1)=p$, $0<p<1, q=1-p$	p	$p(1-p)$
二项分布 $B(n,p)$	$P\{X=k\}=C_n^k p^k q^{n-k}$, $k=0,1,2,\cdots,n, 0<p<1, q=1-p$	np	$np(1-p)$
泊松分布 $P(\lambda)$	$P\{X=k\}=\dfrac{\lambda^k e^{-\lambda}}{k!}$, $k=0,1,2,\cdots,\lambda>0$	λ	λ
均匀分布 $U(a,b)$	$f(x)=\begin{cases}\dfrac{1}{b-a}, & a\leqslant x\leqslant b\\ 0, & \text{其他}\end{cases}$	$\dfrac{a+b}{2}$	$\dfrac{(b-a)^2}{12}$
指数分布 $e(\lambda)$	$f(x)=\begin{cases}\lambda e^{-\lambda x}, & x>0\\ 0, & x\leqslant 0\end{cases}$, $\lambda>0$	$\dfrac{1}{\lambda}$	$\dfrac{1}{\lambda^2}$
正态分布 $N(\mu,\sigma^2)$	$f(x)=\dfrac{1}{\sqrt{2\pi}\sigma}e^{-\frac{(x-\mu)^2}{2\sigma^2}}$, $\sigma>0$	μ	σ^2

习题 6.3

1. 设随机变量 X 的分布律如下：

X	-1	0	3
P	0.3	0.2	0.5

求：$E(X)$，$E(3X+2)$，$E(X^2)$，$D(X)$.

2. 设 $\xi\sim B(n,p)$，且 $E(\xi)=24$，$D(\xi)=15$，求 p，n.

3. 设随机变量 ξ 的分布密度为 $f(x)=\begin{cases}ke^{-x}, & x>0\\ 0, & x<0\end{cases}$，求：(1) 常数 k；(2) $E(X)$，$D(X)$；(3) $E(3X-1)$，$D(3X-1)$.

4. 已知 $X\sim N(1,4)$，$Y\sim N(0,3)$，且 X，Y 相互独立，求 $E(2X-3Y+1)$，$D(2X-3Y+1)$.

本章小结

概率论是现代数学的重要分支，作为文管类的学生适当掌握一些概率论的知识，对以后的工作和生活都有很大的帮助。本章主要介绍了三个方面的内容：

① 随机事件及概率论部分主要介绍随机试验和随机事件的概念，随机事件间的关系及运算；概率的古典定义；古典概型，概率的加法公式、乘法公式，条件概率及事件的独立性.

② 简单介绍离散型概率:两点分布、二项分布、泊松分布的分布律和分布函数;连续型概率:均匀分布、指数分布、正态分布的密度函数和分布函数.

③ 对离散型随机变量和连续型随机变量的数字特征即数学期望和方差进行简单介绍.

数学文化六——对策论与概率

田忌赛马

据《史记》载,战国时代的齐国国君齐威王喜欢和臣下赌以赛马.一次,齐王找到手下大将田忌,要与他以千金为每场赛马的赌注,连赌三场,双方约定的赛规是:每人都从上、中、下三个等级的马中各选出一匹,每匹马都参加比赛,而且只参加一次,这样连赛三场,每场胜者赢千金,败者输千金.

当时的情况是:参赛双方每人的上等马要优于中等马,中等马要优于下等马;而田忌养的马与齐王养的马相比,每一等级的马都要略输一筹.这样看来,田忌显然处于劣势,要想取胜似乎异想天开.

在第一次比赛中,田忌的对策是:以上等马对付齐王的上等马,以中等马对付齐王的中等马,以下等马对付齐王的下等马.因此,每场比赛都是田忌的马"慢半拍",三场连输,田忌付出了三千金.

齐王赢得开心,常找田忌赛马,以赢金子为乐,而田忌屡战屡败,心里很是不快活.后来,齐王又一次提出要和田忌赛马,田忌正在暗自思忖之际,让他的朋友孙膑知道了,孙膑便为田忌出了个主意,谁也没想到,这次比赛在孙膑的策划下,田忌居然转败为胜,反赢了齐王一千金.

原来对于这次赛马,孙膑作出了这样的安排:第一场比赛,让田忌把最好的辔头、鞍子备在下等马上,把它当作上等马与齐王的上等马比赛,比赛的结果当然输了,这一场齐王赢得一千金,第二、三场比赛,孙膑却是让田忌的上、中等马分别对付齐王的中、下等马。因此,从第二场起,形势急转直下,反倒是齐王连输二场,付出二千金.总起来看,田忌是一负两胜,二比一反败为胜,计算赌金,当然是田忌赢得一千金了.

下面就"田忌赛马"这件事,用通俗的对策论语言,作一简明的分析,凡对策现象,不管如何变化,都同具有以下三个要素:

局中人:一场竞争称为一局对策,在一局对策中的参加人称为局中人,局中人可以是一个人,也可以是几个人、一个团体、一个国家,乃至几个国家,他们有权选择制定对付对手的行动方案.例如"田忌赛马"中,齐王和田忌都是局中人.

策略:在一局对策中,每个局中人选择的实际可行的方案是指导从头至尾行动的方案.如田忌赛马中田忌的出马对策(上、中、下)是一种方案,孙膑的出马对策(下、上、中)也是一种方案。这种由局中人选择制定的并在实际中始终贯彻的一种行动方案,就是一个策略.如果在一局对策中,局中人所能采取的全部策略的个数为有限个,就称为"有限策略",否则称为"无限策略".

一局对策的得失:在一局对策之后,对每个局中人来说,不外乎胜利或是失败,或是排名的先后,或是物质上的收益、支出等,这种实际的结果就叫作一局对策的得失.例如齐王出策略(上、中、下),田忌出策略(下、上、中)与之相对,田忌最终成为胜方,赢一千金;而田忌如果也出策略(上、中、下),结果就成为负方,输三千金.

在一局对策中，从每一局中人的所有策略（即策略集合）中各取出一个进行配对，组成一个策略组，称为“局势”。一般来说，“局势”决定着“得失”，“得失”取决于“局势”.

有了以上三个要素，我们就可以从对策论的观点来分析“田忌赛马”的问题了.

不难知道，齐王和田忌出马对阵，其实对每个人来说，所有可能的策略都有 6 种，即（上、中、下），（上、下、中），（中、上、下），（中、下、上），（下、中、上），（下、上、中）. 这样搭配起来，实际上应当共组成 36 种策略组，也即共应有 36 种局势. 局势不同，各局得失情况也就不尽相同. 我们分别以“-3”“-1”“1”表示三场比赛过后田忌的收入，则田忌的输赢如表 6.5 所列.

表 6.5　田忌的输赢表

田忌策略 / 田忌收入 / 齐王策略	上中下	上下中	中上下	中下上	下上中	下中上
上中下	-3	-1	-1	-1	1	-1
上下中	-1	-3	-1	-1	-1	1
中上下	-1	1	-3	-1	-1	-1
中下上	1	-1	-1	-3	-1	-1
下上中	-1	-1	-1	1	-3	-1
下中上	-1	-1	1	-1	-1	-3

显然，在 36 种对阵格局中，田忌赢一千金的局势有 6 种，输一千金的局势有 24 种，输三千金的局势有 6 种。因此，总的来看，田忌输的概率为 $\frac{5}{6}$，赢的概率为 $\frac{1}{6}$. 从以上情况看，田忌赢的可能性是很小的，但孙膑是如何制胜的呢？孙膑赢就赢在摸准了齐王的策略，他事先知道了齐王安排出马的顺序，这就掌握了对抗的主动权，从而有的放矢地制定了“先退后进”“退一步、进二步”的制胜策略. 齐王败就败在既定策略一成不变，从而为对方所用，只要齐王的对策稍有变通，这次赌赛就极可能不是这般结局.

同步练习题六

同步练习题 A

一、选择题

1. 设 A，B 为随机事件，则 $(A\cup B)B=($　　$)$.

A. A　　B. B　　C. AB　　D. $A\cup B$

2. 设随机事件 A 与 B 互不相容，且 $P(A)>0$，$P(B)>0$，则（　　）.

A. $P(A)=1-P(B)$　　B. $P(AB)=P(A)P(B)$

C. $P(A\cup B)=1$　　D. $P(\overline{AB})=1$

3. 某人连续向一目标射击，每次命中目标的概率为 $\frac{2}{3}$，他连续射击直到命中为止，则射击次数为 3 的概率为（　　）.

A. $\left(\frac{2}{3}\right)^{3}$　　B. $\left(\frac{1}{3}\right)^{2}\times\frac{2}{3}$　　C. $C_3^2\left(\frac{1}{3}\right)^{2}\times\frac{1}{3}$　　D. $\left(\frac{2}{3}\right)^{2}\times\frac{1}{3}$

4. 某公司有 200 件产品，其中次品为 10 件，从中随机地、有放回地抽取 100 件产品，抽到次品数为 5 的概率 $P(X=5)=($　　$)$.

A. $\frac{A_{10}^{5}A_{190}^{5}}{A_{200}^{100}}$　　B. $\frac{C_{10}^{5}C_{190}^{5}}{C_{200}^{100}}$　　C. $C_{100}^{5}(0.05)^{5}(0.95)^{95}$　　D. $\frac{5}{100}$

5. 设连续型随机变量 X 的概率密度为 $f(x)=\begin{cases}\frac{x}{2}, & 0<x<2\\ 0, & \text{其他}\end{cases}$，则 $P\{-0.5<X\leqslant 1\}=$ (　　).

A. 0.25　　B. 0.75　　C. 0.5　　D. 1

6. 设随机变量服从参数为 2 的指数分布，则下列各式正确的是(　　).

A. $E(X)=2, D(X)=4$　　B. $E(X)=2, D(X)=2$

C. $E(X)=4, D(X)=4$　　D. $E(X)=0.5, D(X)=0.25$

二、填空题

1. 从 0，1，2，…，9 中随机抽取 3 个数，其中这 3 个数全为奇数的概率为________.

2. 设 A，B 为随机事件，且 $P(A)=0.8$，$P(B)=0.4$，$P(B|A)=0.25$，则 $P(A|B)=$________.

3. 已知随机变量的分布律如下：

X	-1	0	1	2	3
P	0.1	k	0.3	$3k$	0.2

则常数 $k=$________.

4. 设随机变量 X 的概率密度函数为 $f(x)=\begin{cases}\frac{a}{x^{2}}, & x>10\\ 0, & x\leqslant 10\end{cases}$，则常数 $a=$________.

5. 设 $X\sim N(1.5,4)$，则 $P\{1.5<X<3.5\}=$________.

6. 已知随机变量 X，Y 相互独立，且 $D(X)=1$，$D(Y)=4$，则 $D(X-Y)=$________.

三、计算题

1. 已知甲袋中有 3 个白球、2 个红球，乙袋中有 1 个白球、2 个红球，现在从甲袋中任取一球放入乙袋，再从乙袋中任取一球，求该球是白球的概率.

2. 设某种动物活到 30 岁的概率为 0.9，活到 40 岁的概率为 0.6，问年龄为 30 岁的动物活到 40 岁的概率为多少？

3. 某工厂一共有 3 个车间生产统一产品，占产品总数分别为 30%，40%，30%，它们生产产品的次品率分别为 2%，3%，4%，先从某批次的产品中随机抽取一件，是次品的概率为多少？已知抽取的是次品，该次品是 3 个车间生产的概率分别为多少？

4. 已知 $X\sim N(0,4)$，求：(1)$P\{X<3\}$；(2)$P\{0<X<2\}$；(3)$P\{|X|<2.5\}$.

5. 若连续型随机变量 X 的概率密度为

$$f(x)=\begin{cases}ax^{2}+bx+c, & 0<x<1\\ 0, & \text{其他}\end{cases}$$

且 $E(X)=0.5$，$D(X)=0.15$，求常数 a,b,c.

同步练习题 B

一、选择题

1. 设 A,B 为随机事件，$P(B)>0$，$P(A|B)=1$，则必有（　　）.

A. $P(AB)=P(A)$　　B. $P(A)=P(B)$　　C. $P(A\cup B)=P(A)$　　D. $A\subset B$

2. 设随机事件 A 与 B 互不相容，且 $P(A)=0.4$，$P(B)=0.2$，则 $P(A|B)=$（　　）.

A. 0　　B. 0.2　　C. 0.4　　D. 0.5

3. 设随机变量 $X\sim B(5,0.3)$，则 $P(X<2)=$（　　）.

A. 0.360 15　　B. 0.528 22　　C. 0.671 28　　D. 0.668 85

4. 某公司生产的产品次品率是 5%，在正品中一等品占 80%，随机从该厂的产品中抽取一件产品来检验，是一等品的概率为（　　）.

A. 80%　　B. 85%　　C. 95%　　D. 76%

5. 设连续型随机变量 $X\sim U(1,5)$，则密度函数 $f(x)=$（　　）.

A. $\begin{cases}\frac{1}{5}, & 1<x\leqslant 5\\ 0, & 其他\end{cases}$　　B. $\begin{cases}\frac{1}{5}, & 1\leqslant x\leqslant 5\\ 0, & 其他\end{cases}$　　C. $\begin{cases}\frac{1}{4}, & 1\leqslant x\leqslant 5\\ 0, & 其他\end{cases}$　　D. $\begin{cases}\frac{1}{4}, & 1<x\leqslant 5\\ 0, & 其他\end{cases}$

6. 设随机变量 $X\sim N(3,4)$，$Y=2X+3$，则下列各式正确的是（　　）.

A. $E(Y)=9,D(Y)=16$　　B. $E(Y)=6,D(Y)=16$

C. $E(Y)=9,D(Y)=19$　　D. $E(Y)=6,D(Y)=8$

二、填空题

1. 小王共有 10 本书放在书架上，则指定两本书放在一起的概率为________.

2. 设 A,B 为随机事件，且 $P(A)=0.5$，$P(A\overline{B})=0.3$，则 $P(B|A)=$________.

3. 已知随机变量的分布律如下：

X	-3	-1	0	1	3
P	0.2	0.15	k	$2k$	0.05

则常数 $P(-2<X\leqslant 1)=$________.

4. 设随机变量 X 的概率密度函数为 $f(x)=\begin{cases}ax, & 0\leqslant x\leqslant 1\\ 0, & 其他\end{cases}$，则常数 $a=$________.

5. 设 $X\sim N(0,1)$，则 $P\{X>1.65\}=$________（$\Phi(1.65)=0.950\ 5$）.

6. 已知随机变量 X 的密度函数为 $f(x)=\begin{cases}3e^{-3x}, & x>0\\ 0, & x\leqslant 0\end{cases}$，则 $D(X)=$________.

三、计算题

1. 已知共有 10 个零件，其中有 2 个次品，8 个正品，每次从中任取一个不放回，共取 2 次，求：

(1) 2 次都是次品的概率；

(2) 在 2 次中至少有一次是正品的概率.

2. 一个工厂生产的产品中废品率为 0.005，任取 1 000 件，求：

(1) 其中至少有 2 件是废品的概率；

(2) 其中不超过 5 件废品的概率.

3. 已知某地区男女比例分别为 51.5%，48.5%，其中男性中色盲的比例为 4.9%，女性色盲的比例为 0.9%，求：

(1) 该地区色盲的概率是多少？

(2) 随机选取 1 人，已知是色盲，则分别是男、女的概率是多少？

4. 已知连续型随机变量 X 的分布函数为 $F(x)=A+B\arctan x$，$-\infty<x<+\infty$，求：(1) 常数 A 和 B；(2) $P(0<X<1)$；(3) 概率密度 $f(x)$.

5. 已知随机变量 X 的概率密度为

$$f(x)=\begin{cases} x, & 0\leqslant x<1 \\ 2-x, & 1\leqslant x<2 \\ 0, & \text{其他} \end{cases}$$

求：(1) $P\{X<1\}$；(2) $P\left\{\frac{1}{2}<X<2\right\}$；(3) $E(X)$，$D(X)$.

同步练习题参考答案

同步练习题一

同步练习题 A

一、选择题

1. B　2. A　3. D　4. A　5. C

二、填空题

1. $(-\infty,-1)\cup(-1,+\infty)$　　2. $(0,16]$

3. $x, x>0$　　4. 2

5. $y=\ln u, u=\sin v, v=2x$

三、计算题

1. (1) $y=3^u, u=\arcsin v, v=2x$　　(2) $y=\ln u, u=\sqrt{v}+3, v=x^2+1$

(3) $y=\sin u, u=e^v, v=\dfrac{1}{x}$

2. (1) $[-3,1]\cup(-1,3]$　　(2) $(1,+\infty)$

3. $e^{-1}, 0, e^{-2}$　　4. $f(x)=(x-1)^2$

四、应用题

1. 250　　2. $R(q)=\begin{cases}130q, & 0\leqslant q\leqslant 700\\ 117q+9\,100, & 700<q\leqslant 1\,000\end{cases}$

同步练习题 B

一、选择题

1. D　2. B　3. D　4. C

二、填空题

1. $e^{-1}, -8, -2, e^{-2}$　　2. $y=\ln u, u=\arccos v, v=e^t, t=x+1$

3. $[-5,-1]\cup[4,5]$　　4. $C(x)=3\,000+8x, \overline{C(x)}=\dfrac{3\,000}{x}+8$

三、计算题

1. (1) $y=\sqrt[3]{u}, u=1+\cos v, v=3x$　　(2) $y=\ln u, u=v^2, v=\cos t, t=\sqrt{x}+1$

2. $-\dfrac{\pi}{2}, 0, \dfrac{\pi}{3}$　　3. $\dfrac{(x-1)^4}{(2x-x^2)^2}, \dfrac{1}{(x^2-2x)^2}$

4. (1) $f(x)=\ln\left(\dfrac{x+1}{x-1}\right)$　　(2) 奇函数

四、应用题

$x_1=4, p_1=\dfrac{71}{3}; x_2=50, p_2=\dfrac{25}{3}$

同步练习题二

同步练习题 A

一、判断题

1. × 2. × 3. √ 4. × 5. ×

二、选择题

1. B 2. D 3. B 4. A 5. D 6. C

三、填空题

1. 2 2. $x\to+\infty$或$x\to0^+$,$x\to1$ 3. $-\frac{1}{4}$ 4. $e^{-\frac{1}{2}}$

5. 0 6. 2 7. $x=-1,x=2;x=-1$

四、计算题

1. (1) 1 (2) $\frac{1}{3}$ (3) $\frac{5}{2}$ (4) $-\frac{1}{2}$

(5) $\frac{5}{3}$ (6) e^6 (7) $\frac{1}{2}$ (8) $\frac{1}{4}$

2. (1) $x=1$ 可去,$x=-\frac{3}{2}$无穷 (2) $x=0$ 跳跃

3. $k=3$

同步练习题 B

一、选择题

1. A 2. D 3. C 4. B 5. C 6. A

二、填空题

1. 1 2. $\sqrt{2}$ 3. 0 4. 3 5. $[-1,1]$

三、计算题

1. (1) $\frac{\sqrt{16+\pi^2}}{4}$ (2) 0 (3) $-\frac{5}{2}$ (4) $e^{-\frac{1}{2}}$

2. 2

3. $x=0$ 可去间断点

四、证明题略

同步练习题三

同步练习题 A

一、选择题

1. B 2. D 3. A 4. D 5. C 6. C

二、填空题

1. $-\sin x$ 2. $\sin^2 x\, e^{\cos x}-(\cos x)e^{\cos x}$ 3. $\frac{y-2x}{2y-x}$

4. $\frac{1}{1+x}\cdot\frac{1}{2\sqrt{x}}$　　5. $\left(e^x\ln x+\frac{e^x}{x}\right)dx$　　6. $\left(3x^2+\frac{1}{1+x}\right)dx$

三、计算题

1. $3f'(x_0)$　　2. $6x-y-9=0$　　3. 证明略

4. (1) $6x-1$　　(2) $(a+b)x^{a+b-1}$　　(3) $x-\frac{4}{x^3}$　　(4) $\frac{1}{\sqrt{2x}}(3x+1)$

(5) $x\cos x$　　(6) $\frac{1-\cos x-x\sin x}{(1-\cos x)^2}$

5. (1) $\frac{x}{\sqrt{x^2-a^2}}$　　(2) $\frac{2x}{(1+x^2)\ln a}$　　(3) $(3x+5)^2(5x+4)^4(120x+161)$

(4) $\frac{1}{\sqrt{(1-x^2)^3}}$　　(5) $\frac{(x+4)(x+2)}{(x+3)^2}$　　(6) $\frac{-2x}{x^2-a^2}$

(7) $\frac{1}{\sqrt{x}(1-x)}$　　(8) $\frac{1}{2x}\left(1+\frac{1}{\sqrt{\ln x}}\right)$

6. (1) $\frac{1}{\sqrt{4-x^2}}$　　(2) $\frac{1}{1+x^2}$　　(3) $\frac{2}{1+x^2}$

(4) $-\frac{1}{1-x^2}+\frac{x\arccos x}{(1-x^2)\sqrt{1-x^2}}$　　(5) $\frac{2\arcsin\frac{x}{2}}{\sqrt{4-x^2}}$　　(6) $2\sqrt{1-x^2}$

(7) 0

7. (1) $\frac{3\cos 3x-3x^2}{3y^2+6}$　　(2) $\frac{y(y-x\ln y)}{x(x-y\ln x)}$

8. (1) $4e^{4x}$　　(2) $a^x e^x(\ln a+1)$　　(3) $-2xe^{-x^2}$

(4) $-e^{e^{-x}}e^{-x}$　　(5) $ax^{a-1}+a^x\ln a$　　(6) $\frac{1}{x^2}e^{-\frac{1}{x}}$

(7) $-e^{-x}(\cos 3x+3\sin 3x)$　　(8) $(2x+1)e^{x^2+x-2}\cos e^{x^2+x-2}$

9. (1) $x\sqrt{\frac{1-x}{1+x}}\left(\frac{1}{x}-\frac{1}{1-x^2}\right)$　　(2) $\frac{x^2}{1-x}\cdot\sqrt[3]{\frac{3-x}{(3+x)^2}}\cdot\left[\frac{2}{x}+\frac{1}{1-x}+\frac{x-9}{3(9-x^2)}\right]$

(3) $(x-a_1)^{a_1}(x-a_2)^{a_2}\cdots(x-a_n)^{a_n}\left(\frac{a_1}{x-a_1}+\frac{a_2}{x-a_2}+\cdots+\frac{a_n}{x-a_n}\right)$

(4) $(\ln x)^x\left[\ln(\ln x)+\frac{1}{\ln x}\right]$

10. (1) $\frac{2-2x^2}{(1+x^2)^2}$　　(2) $-8e^{-2x}$

11. (1) $6x\,dx$　　(2) $-\frac{x}{\sqrt{1-x^2}}dx$　　(3) $\frac{2}{x}dx$

(4) $\frac{1+x^2}{(1-x^2)^2}dx$　　(5) $-e^{-x}(\cos x+\sin x)dx$　　(6) $\frac{1}{2\sqrt{x-x^2}}dx$

12. (1) 2　　(2) 0　　(3) ∞　　(4) 0　　(5) 0　　(6) 1

13. (1) $x\in(-1,3)$，y 单调递减；$x\in(-\infty,-1)\cup(3,+\infty)$，$y$ 单调递增

(2) $x\in(-\infty,+\infty)$，y 单调递增

(3) $x\in(-2,0)\cup(0,2)$，y 单调递减；$x\in(-\infty,-2)\cup(2,+\infty)$，$y$ 单调递增

14. 略

15. (1) 极大值 $y|_{x=0}=7$ ，极小值 $y|_{x=2}=3$

(2) 极大值 $y|_{x=1}=1$ ，极小值 $y|_{x=-1}=-1$

16. (1) 极大值 $y|_{x=-1}=0$ ，极小值 $y|_{x=3}=-32$

(2) 极大值 $y\Big|_{x=\frac{7}{3}}=\dfrac{4}{27}$ ，极小值 $y|_{x=3}=0$

17. (1) 最小值 $y|_{x=2}=2$ ，最大值 $y|_{x=10}=66$

(2) 最小值 $y|_{x=0}=0$ ，最大值 $y|_{x=2}=\ln 5$

(3) 最小值 $y|_{x=0}=0$ ，最大值 $y\Big|_{x=-\frac{1}{2}}=y|_{x=1}=\dfrac{1}{2}$

(4) 最小值 $y|_{x=0}=0$ ，最大值 $y|_{x=4}=6$

18. (1) 水平渐近线 $y=0$

(2) 铅垂渐近线 $x=2$，水平渐近线 $y=0$

四、应用题

1. 底边长 6 m，高 3 m

2. $-8p^2+8\ 000p$

3. 产量 800 时利润 6 300 最大

4. (1) $900+4q$ $\quad$ $10q$ $\quad$ $6q-900$

(2) 150 $\quad$ (3) $C'(q)=4$

同步练习题 B

一、选择题

1. D　2. D　3. C　4. B　5. B　6. D

二、填空题

1. $2f'(x_0)$　2. 0　3. $(\ln 10)^n$

4. $a^x\ln a-\dfrac{1}{1+x^2}$　5. $\dfrac{1}{3}$　6. 1

三、计算题

1. $a=2\quad b=-1$　2. $y=4x+5$

3. $(0,1)$　4. 略

5. (1) $n\sin^{n-1}x\cos x$　(2) $n\cos nx$　(3) $nx^{n-1}\cos x^n$

(4) $n\sin^{n-1}x\cos(n+1)x$　(5) $\dfrac{1}{\sqrt{x^2-a^2}}$　(6) $2x\sin\dfrac{1}{x}-\cos\dfrac{1}{x}$

6. (1) $\dfrac{e^x f'(e^x)}{f(e^x)}$　(2) $-\dfrac{1}{x\sqrt{x^2-1}}f'\left(\arcsin\dfrac{1}{x}\right)$

7. $y^{(n)}=m(m-1)\cdots(m-n+1)(1+x)^{m-n}$，特别当 m 为正整数时，若 $m>n$，则结果与前相同；若 $m=n$，则 $y^{(n)}=m!$；若 $m<n$，则 $y^{(n)}=0$

8. 略

9. (1) 0.795 4　　(2) 2.01

10. (1) 0　(2) $\frac{1}{2}$　(3) e

11. (1) 存在　　(2) 不能用洛必达法则

12. 略

13. (1)

x	$\left(-\infty,\frac{1}{3}\right)$	$\frac{1}{3}$	$\left(\frac{1}{3},+\infty\right)$
y	∪	$\frac{2}{27}$(拐点)	∩

(2)

x	$(-\infty,-1)$	-1	$(-1,1)$	1	$(1,+\infty)$
y	∩	ln 2(拐点)	∪	ln 2(拐点)	∩

(3)

x	$(-\infty,-2)$	-2	$(-2,+\infty)$
$f(x)$	∩	$-e^{-2}$(拐点)	∪

(4) 上凹,无拐点

四、应用题

1. 长 18 m,宽 12 m

2. (1) $b\times\frac{p_0}{a-bp_0}$　　(2) $p=1.2$　$Q=1.2$

(3) 当 $p<\frac{a}{2b}$时,价格上升能带来销售额的增加

同步练习题四

同步练习题 A

一、选择题

1. C　2. B　3. A　4. C　5. A

二、填空题

1. x^2-2^x+C　2. $2xe^{x^2+1}$　3. $\frac{\pi}{2}$　4. 0　5. $\frac{25}{4}$

三、计算题

1. (1) $x-3\ln|x+3|+C$　　(2) $\ln|x|-3\arcsin x+C$

(3) $\frac{2}{5}x^{\frac{5}{2}}-\frac{1}{5}x^5+\frac{2}{3}x^{\frac{3}{2}}-\frac{1}{4}x^4+C$　　(4) $2\sqrt{x}-\ln|x|+\frac{2}{5}x^{\frac{5}{2}}-\frac{1}{2}x^2+C$

(5) $\arctan e^{x}+C$　　(6) $-\frac{1}{6}\cos^{6}x+C$

(7) $2\sqrt{x+2}-2\ln(1+\sqrt{x+2})+C$　　(8) $\frac{1}{3}x^{3}\ln x-\frac{1}{9}x^{3}+C$

2. (1) $\frac{5}{2}$　　(2) 1

四、综合题

1. $\frac{15}{2}-\ln 4$

2. (1) $C(q)=\frac{5}{2}q^{2}-6q+200, R(q)=74q-\frac{3}{2}q^{2}, L(q)=80q-4q^{2}-200$

(2) $q=10, L(q)_{\max}=200$

(3) 总利润将减少 400

同步练习题 B

一、选择题

1. D　2. D　3. B　4. C　5. A

二、填空题

1. 不定积分　2. 4　3. $\int_{0}^{x^{3}}\cos t^{2}\mathrm{d}t+3x^{3}\cos x^{6}$　4. $\frac{\pi}{2}$　5. 1

三、计算题

1. (1) $-\frac{1}{2}\cos x^{2}+C$　　(2) $-\sqrt{3-2\ln x}+C$

(3) $-\sqrt{1-x^{2}}-\frac{1}{2}(\arccos x)^{2}+C$　　(4) $\frac{3}{2}x^{\frac{2}{3}}-3\sqrt[3]{x}+3\ln\left|1+\sqrt[3]{x}\right|+C$

(5) $\sqrt{x^{2}-4}-2\arccos\frac{2}{x}+C$　　(6) $\frac{1}{3}x\cos(3x-2)+\frac{1}{9}\sin(3x-2)+C$

2. (1) $\sin 1$　　(2) $1-\ln\frac{e+1}{2}$

(3) $\frac{4}{3}$　　(4) $2-2\ln\frac{3}{2}$

(5) $4\sin 1$　　(6) $\frac{2}{9}e^{3}+\frac{1}{9}$

3. (1) 1　　(2) $\frac{\pi}{4}$

四、综合题

1. $\frac{16}{3}$　　2. $f(x)=\sqrt{1-x^{2}}+\frac{\pi}{4-\pi}\cdot\frac{1}{1+x^{2}}$

3. $\frac{1}{2}$　　4. 2

五、证明题略

同步练习题五

同步练习题 A

一、选择题

1. B　2. C　3. B　4. B　5. C　6. B

二、填空题

1. 0　2. $\begin{pmatrix} 3 & 2 \\ 7 & 4 \end{pmatrix}$　3. $\begin{bmatrix} 2 & 1 \\ 6 & 3 \\ -2 & -1 \end{bmatrix}$

4. -1　5. $\lambda^n |A|$　6. $\begin{bmatrix} 0 & -1 & 1 \\ -1 & 1 & 0 \\ 1 & 0 & 0 \end{bmatrix}$

三、计算题

1. (1) $ab(b-c)$　(2) 51

2. (1) $\begin{bmatrix} -2 & 2 & 0 \\ -2 & 0 & -6 \\ -3 & 7 & 2 \end{bmatrix}$　(2) $\begin{bmatrix} 1 & 5 & 7 \\ 5 & 2 & 4 \\ 3 & 4 & 8 \end{bmatrix}$

(3) $\begin{bmatrix} 2 & 5 & 10 \\ 5 & 3 & 8 \\ 9 & 7 & 10 \end{bmatrix}$　(4) $\begin{bmatrix} 0 & 7 & 10 \\ 3 & 2 & 2 \\ 6 & 14 & 12 \end{bmatrix}$

3. (1) $\begin{bmatrix} \dfrac{d}{ad-bc} & \dfrac{-b}{ad-bc} \\ \dfrac{-c}{ad-bc} & \dfrac{a}{ad-bc} \end{bmatrix}$　(2) $\begin{bmatrix} 1 & -2 & 1 \\ 0 & 1 & -2 \\ 0 & 0 & 1 \end{bmatrix}$

4. (1) 1　(2) 2

5. (1) $x=\begin{bmatrix} 1 \\ 2 \\ 1 \end{bmatrix}$　(2) $x=\begin{bmatrix} 5 \\ -1 \\ 0 \end{bmatrix}+c\begin{bmatrix} 1 \\ -2 \\ 1 \end{bmatrix}$

(3) $x=\begin{bmatrix} -2 \\ 0 \\ 1 \\ 0 \end{bmatrix}+c_1\begin{bmatrix} 2 \\ 1 \\ 0 \\ 0 \end{bmatrix}+c_2\begin{bmatrix} 1 \\ 0 \\ -2 \\ 1 \end{bmatrix}$

(4) $x=\begin{bmatrix} -3 \\ -4 \\ 0 \\ 0 \end{bmatrix}+c_1\begin{bmatrix} 1 \\ 1 \\ 1 \\ 0 \end{bmatrix}+c_2\begin{bmatrix} -1 \\ 1 \\ 0 \\ 1 \end{bmatrix}$

四、应用题

1. 生产过程中的消耗依次为:613 元,2 169 元,974 元,1 450 元

2. 总收入分别为:824 万,853 万,800 万

总利润分别为:193 万,201 万,188 万

同步练习题 B

一、选择题

1. C　2. A　3. A　4. C　5. D　6. B

二、填空题

1. 24　2. $\begin{bmatrix}1&2&3\\2&4&6\\3&6&9\end{bmatrix}$　3. $\begin{bmatrix}6&-4&0\\0&2&0\\0&0&3\end{bmatrix}$

4. 3　5. -96　6. $c_1(-1,1,0)^T+c_2(1,0,1)^T+(1,0,0)^T$

三、计算题

1. $-\frac{4}{3}<a<1$

2. (1) 0　(2) $-a_{31}a_{42}a_{53}a_{15}a_{24}$　(3) $(a^2-b^2)^n$

(4) $b(a_1-b)(a_2-b)\cdots(a_n-b)\left(\frac{1}{b}+\sum_{i=2}^{n}\frac{1}{a_i-b}\right)$

3. 证明略.

4. (1) $\begin{bmatrix}26&-10&-1\\3&3&3\\5&-4&5\end{bmatrix}$　(2) 略

5. (1) $\begin{bmatrix}3&-5&0&0\\-1&2&0&0\\0&0&-2&3\\0&0&3&4\end{bmatrix}$　(2) $\begin{bmatrix}22&-6&-26&17\\-17&5&20&-13\\-1&0&-2&-1\\4&-1&-5&3\end{bmatrix}$

6. (1) 3　(2) 2

7. (1) $x=\begin{bmatrix}-7\\0\\6\\0\\0\end{bmatrix}+c_1\begin{bmatrix}-4\\1\\0\\0\\0\end{bmatrix}+c_2\begin{bmatrix}1\\0\\-2\\1\\0\end{bmatrix}+c_3\begin{bmatrix}-3\\0\\1\\0\\1\end{bmatrix}$

(2) $x=\begin{bmatrix}2\\1\\-2\end{bmatrix}$　(3) $x=O$(零解)

(4) $x=c_1\begin{bmatrix}-8\\0\\5\\1\\0\end{bmatrix}+c_2\begin{bmatrix}-1.5\\0\\0.5\\0\\1\end{bmatrix}$

8. (1) 唯一解　　　(2) 无解

四、应用题

1. 分别取 30 kg,20 kg,50 kg

2. 价格因素首先考虑

同步练习题六

同步练习题 A

一、选择题

1. B　2. D　3. B　4. C　5. A　6. D

二、填空题

1. $\frac{1}{12}$　2. 0.5　3. 0.1　4. 10　5. 0.341 3　6. 5

三、计算题

1. $\frac{1}{3}$　2. 0.67　3. 3%;20%,40%,40%

4. (1) 0.933 2　(2) 0.341 3　(3) 0.788 8

5. $a=12,b=-12,c=3$

同步练习题 B

一、选择题

1. C　2. A　3. B　4. D　5. C　6. A

二、填空题

1. $\frac{1}{9}$　2. 0.4　3. 0.75　4. 2　5. 0.049 5　6. $\frac{1}{9}$

三、计算题

1. (1) $\frac{1}{45}$　(2) $\frac{44}{45}$　2. (1) 0.959 6　(2) 0.616 0

3. (1) 2.96%　(2) 男 85.3%,女 14.7%

4. (1) $A=\frac{1}{2},B=\frac{1}{\pi}$　(2) $\frac{1}{4}$　(3) $\frac{1}{\pi}\cdot\frac{1}{1+x^2}$

5. (1) $\frac{1}{2}$　(2) $\frac{7}{8}$　(3) $1,\frac{1}{6}$

附录　标准正态分布表

$$P(X \leqslant x)=\int_{-\infty}^{x} \frac{1}{\sqrt{2\pi}} e^{-\frac{t^2}{2}} dt=\Phi(x)$$

x	0	0.01	0.02	0.03	0.04	0.05	0.06	0.07	0.08	0.09
0.0	0.500 0	0.504 0	0.508 0	0.512 0	0.516 0	0.519 9	0.523 9	0.527 9	0.531 9	0.535 9
0.1	0.539 8	0.543 8	0.547 8	0.551 7	0.555 7	0.559 6	0.563 6	0.567 5	0.571 4	0.575 3
0.2	0.579 3	0.583 2	0.587 1	0.591 0	0.594 8	0.598 7	0.602 6	0.606 4	0.610 3	0.614 1
0.3	0.617 9	0.621 7	0.625 5	0.629 3	0.633 1	0.636 8	0.640 6	0.644 3	0.648 0	0.651 7
0.4	0.655 4	0.659 1	0.662 8	0.666 4	0.670 0	0.673 6	0.677 2	0.680 8	0.684 4	0.687 9
0.5	0.691 5	0.695 0	0.698 5	0.701 9	0.705 4	0.708 8	0.712 3	0.715 7	0.719 0	0.722 4
0.6	0.725 7	0.729 1	0.732 4	0.735 7	0.738 9	0.742 2	0.745 4	0.748 6	0.751 7	0.754 9
0.7	0.758 0	0.761 1	0.764 2	0.767 3	0.770 3	0.773 4	0.776 4	0.779 4	0.782 3	0.785 2
0.8	0.788 1	0.791 0	0.793 9	0.796 7	0.799 5	0.802 3	0.805 1	0.807 8	0.810 6	0.813 3
0.9	0.815 9	0.818 6	0.821 2	0.823 8	0.826 4	0.828 9	0.831 5	0.834 0	0.836 5	0.838 9
1.0	0.841 3	0.843 8	0.846 1	0.848 5	0.850 8	0.853 1	0.855 4	0.857 7	0.859 9	0.862 1
1.1	0.864 3	0.866 5	0.868 6	0.870 8	0.872 9	0.874 9	0.877 0	0.879 0	0.881 0	0.883 0
1.2	0.884 9	0.886 9	0.888 8	0.890 7	0.892 5	0.894 4	0.896 2	0.898 0	0.899 7	0.901 5
1.3	0.903 2	0.904 9	0.906 6	0.908 2	0.909 9	0.911 5	0.913 1	0.914 7	0.916 2	0.917 7
1.4	0.919 2	0.920 7	0.922 2	0.923 6	0.925 1	0.926 5	0.927 8	0.929 2	0.930 6	0.931 9
1.5	0.933 2	0.934 5	0.935 7	0.937 0	0.938 2	0.939 4	0.940 6	0.941 8	0.943 0	0.944 1
1.6	0.945 2	0.946 3	0.947 4	0.948 4	0.949 5	0.950 5	0.951 5	0.952 5	0.953 5	0.954 5
1.7	0.955 4	0.956 4	0.957 3	0.958 2	0.959 1	0.959 9	0.960 8	0.961 6	0.962 5	0.963 3
1.8	0.964 1	0.964 8	0.965 6	0.966 4	0.967 1	0.967 8	0.968 6	0.969 3	0.970 0	0.970 6
1.9	0.971 3	0.971 9	0.972 6	0.973 2	0.973 8	0.974 4	0.975 0	0.975 6	0.976 2	0.976 7
2.0	0.977 2	0.977 8	0.978 3	0.978 8	0.979 3	0.979 8	0.980 3	0.980 8	0.981 2	0.981 7
2.1	0.982 1	0.982 6	0.983 0	0.983 4	0.983 8	0.984 2	0.984 6	0.985 0	0.985 4	0.985 7
2.2	0.986 1	0.986 4	0.986 8	0.987 1	0.987 4	0.987 8	0.988 1	0.988 4	0.988 7	0.989 0
2.3	0.989 3	0.989 6	0.989 8	0.990 1	0.990 4	0.990 6	0.990 9	0.991 1	0.991 3	0.991 6
2.4	0.991 8	0.992 0	0.992 2	0.992 5	0.992 7	0.992 9	0.993 1	0.993 2	0.993 4	0.993 6
2.5	0.993 8	0.994 0	0.994 1	0.994 3	0.994 5	0.994 6	0.994 8	0.994 9	0.995 1	0.995 2
2.6	0.995 3	0.995 5	0.995 6	0.995 7	0.995 9	0.996 0	0.996 1	0.996 2	0.996 3	0.996 4
2.7	0.996 5	0.996 6	0.996 7	0.996 8	0.996 9	0.997 0	0.997 1	0.997 2	0.997 3	0.997 4
2.8	0.997 4	0.997 5	0.997 6	0.997 7	0.997 7	0.997 8	0.997 9	0.997 9	0.998	0.998 1
2.9	0.998 1	0.998 2	0.998 2	0.998 3	0.998 4	0.998 4	0.998 5	0.998 5	0.998 6	0.998 6
3.0	0.998 7	0.999 0	0.999 3	0.999 5	0.999 7	0.999 8	0.999 8	0.999 9	0.999 9	1.000 0

注：表中末行系数值 $\Phi(3.0),\Phi(3.1),\cdots,\Phi(3.9)$.

参考文献

[1] 周孝康,唐绍安. 高等数学[M]. 北京:北京航空航天大学出版社,2016.
[2] 骈俊生,黄国建,蔡鸣晶,等. 高等数学:上下册[M]. 2 版. 北京:高等教育出版社,2018.
[3] 同济大学数学系. 高等数学:上下册[M]. 7 版. 北京:高等教育出版社,2014.
[4] 马明环. 高等数学[M]. 4 版. 北京:高等教育出版社,2022.